인공지능의 편향과 챗봇의 일탈

인공지능의 편향과 챗봇의 일탈

초판 1쇄 인쇄 2022년 6월 15일
초판 1쇄 발행 2022년 6월 30일

–

엮은이 정원섭
펴낸이 이방원
편 집 안효희 · 박은창 · 김명희 · 정조연 · 정우경 · 송원빈
디자인 박혜옥 · 손경화 · 양혜진 **마케팅** 최성수 · 김 준 · 조성규

–

펴낸곳 세창출판사

신고번호 제1990-000013호 **주소** 03736 서울특별시 서대문구 경기대로 58 경기빌딩 602호
전화 02-723-8660 **팩스** 02-720-4579 **이메일** edit@sechangpub.co.kr **홈페이지** http://www.sechangpub.co.kr
블로그 blog.naver.com/scpc1992 **페이스북** fb.me/Sechangofficial **인스타그램** @sechang_official

–

ISBN 979-11-6684-111-8 93550

이 저서는 2019년 대한민국 교육부와 한국연구재단의 지원을 받아 수행된 연구임
(NRF-2019S1A5A2A03046571)

정원섭 엮음

인공지능의 편향과 챗봇의 일탈

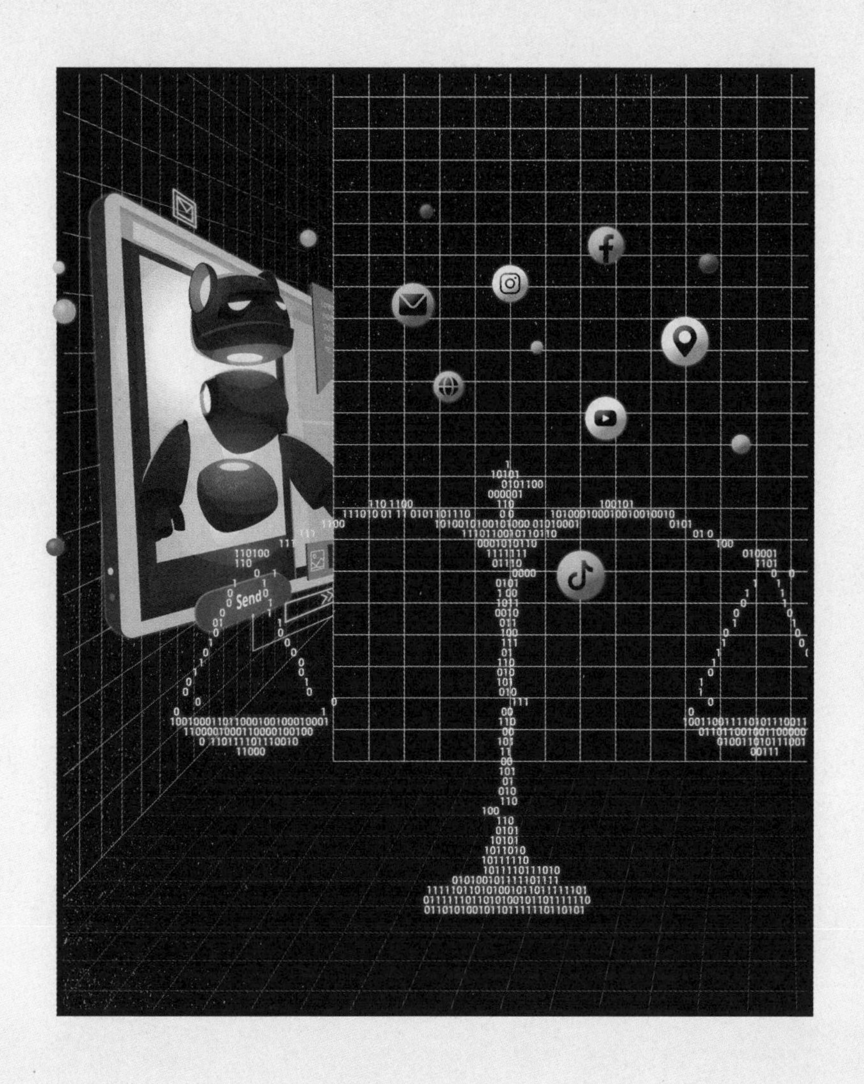

인공지능과 챗봇으로 알아보는 AI의 현주소!

세창출판사

엮은이의 말

2021년 벽두, 챗봇 '이루다'의 짧은 활동 과정에서 벌어진 상황은 우리 사회에 적지 않은 충격을 주었다. '이루다'는 이용자들에게서 성 노리개 취급을 받는가 하면, 그 스스로 소수자에 대한 혐오 발언을 내뱉으며 논란의 중심이 되었고, 그 여파로 거센 사회적 비난을 받고 온라인 세상에서 곧 퇴장당하였다. 마이크로소프트사의 챗봇 '테이Tay'가 이미 비슷한 문제로 퇴출된 지 거의 5년이나 지난 시점에서 사실상 같은 문제가 다시 일어난 것이다.

이에 인공지능편향성최적화연구단(한국연구재단 일반공동연구지원사업단)에서는 지난 2021년 5월 'AI의 편향과 챗봇의 일탈Bias in AI and the Deviance of a Chatbot'이라는 제목 아래 긴급 학술대회를 개최하였다. 발표자를 포함한 연구진 모두가, 인공지능 기술의 일반적인 특성뿐만 아니라 우리 사회의 고유성까지 함께 고려하여 이 사건을 면밀하게 살펴볼 필요가 있다는 점에 공감하고 있었다.

'이루다' 사태와 관련하여, 개인정보보호위원회는 개발업체의 「개인정보보호법」 위반을 적시한 후, 거액의 과징금을 부과하였다. 아울러 이 위원회에서는 인공지능 개발자나 운영자가 현장에서 활용 가능한 'AI서비스 개인정보보호 자율점검표'를 발표했고, 현장 컨설팅을 지원하는 대책을 제시하기도 하였다. 이렇듯 이미 다양한 조치가 이루어졌음에도 불구하고, 이번 사태에 관련하여 고려해야 할 요소는 여전히 많다.

본서는 이번 학술대회의 발표문을 발전시켜, 이러한 요소들을 더욱 심도 있게 논의하고자 기획되었다. 1부에서는 '인공지능의 편향성'에 대하여 개괄하고자 한다. 2부에서는 '이루다' 사태에 관하여 구체적으로 논의한다. 이를 위해 2부에서는 '이루다'의 등장 배경을 한국 사회의 벤처문화라는 관점에서 살피고, 이를 바탕으로 챗봇 구현 기술을 공학적으로 살핀 후, 이 과정에서 데이터의 편향뿐만 아니라 인간 존재 자체의 편향이 개입될 수 있는 여러 가능성을 살펴보고자 한다.

우리 인간은 혼자서는 살아갈 수 없는 불완전한 존재이며, 고독하고 외로운 존재이다. 그래서 우리는 부단히 타자와 소통하고자 한다. 그러나 타인과의 대화는 일그러지기 일쑤이다. 코로나COVID-19 팬데믹 동안 경험하였듯이 가족이나 이웃과의 친밀한 대화는 더욱 힘들어지고 있다. 게다가 1인 가구가 급속하게 증가하고 있는 현상, 특히 새로운 기술을 쉽게 수용할 수 있는 20~30대에서 이러한 현상이 가속화되고 있다는 점은 앞으로도 제2, 제3의 '이루다'가 등장할 우려를 배제할 수 없게 만든다.

그러하기에 인공지능에 대한 윤리 가이드라인이 각국에서 쏟아져 나오고 있지만, 이러한 지침이 현장의 개발자들에게 실질적인 효력이 있으리라 장담할 수 없는 상황이다. 오히려 지금까지 등장한 다양한 가이드라인이 '윤리적 세탁'의 도구로 악용되어 왔다는 점을 부정하기 어렵다. 인공지능 기술을 개발하는 과정에서 우리가 진정 고민해야 할 지점이 어디쯤인지 다 함께 머리를 맞대야 하는 시점이 아닐 수 없다.

'이루다' 사태 초기부터 대처 방안은 말할 것도 없지만 사실 판단에서조차 상이한 의견들이 등장하여 지금까지도 상충하고 있다. 우리 연구단 역시 예외일 수 없으며, 이 책을 발간하는 과정에서도 수

많은 논쟁이 있었고 의견 차이는 여전히 지속되고 있다. 그리고 이 점을 본 연구서에 어떻게 담을 것인가에 대해서조차 이견이 적지 아니하였다. 적지 않은 토론을 거친 후 연구책임자로서 나는 공동연구원 선생님들의 고유한 입장을 잘 드러낼 수 있도록 이러한 차이와 갈등을 그대로 담고자 한다.

따라서 이 연구서는 상이한 배경의 연구자들이 함께 연구단을 꾸려 공통의 사태에 주목하며 소통하고자 한다는 점에서는 분명 융합 연구를 지향하고 있다. 그러나 개별 연구자들 간의 견해 차이를 그대로 노정하고 있다는 점에서는 융합 연구의 의의뿐만 아니라 한계를 그대로 보여 주고 있다. 이에 대해 본 연구단이 출범하자마자 등장하여 지금까지 지속되고 있는 팬데믹이라는 전대미문의 사건을 핑계로 삼고 싶은 마음이 없지 않다. 그럼에도 불구하고 새로운 상황에 맞게 더욱 원활한 소통을 통해 연구자들의 견해 차이가 그야말로 융합하는 데까지 나아가지 못한 것은 전적으로 연구책임자의 몫이다.

본서가 출판되기까지 많은 이들의 노고가 있었다. 무엇보다도 본 내용이 책으로 탄생할 수 있도록 옥고를 집필하여 주신 연구진께 감사드린다. 특히 '인공지능 편향성 최적화'라는 본 연구의 기획부터 지난 5월 학술대회를 조직하고, 본서의 출판에 이르기까지 실무를 도맡은 정성훈 교수와 최은광 교수에게 참으로 심심한 감사를 표한다. 또한 본 연구 과정에서 국내외 인공지능 기술 관련 생태계의 구체적인 모습에 대해 생생한 자문을 맡아 준 신영택 선생님과 오요한 선생님의 도움도 꼭 기억하고 싶다. 본 연구의 언저리에서 드러나지 않게 꼼꼼히 실무를 챙겨 온 서울대 대학원에 재학 중인 문아현, 백인경, 이현우, 이우창, 서세동, 박태환, 이한주 연구원에게 큰 감사를 드린다.

이렇게 다양한 연구가 한 권의 단행본으로 융합하여 결실을 맺도록 아낌없이 도와주신 세창출판사에 큰 감사의 말씀을 드린다. 특히 기획에서 편집과 교열에 이르기까지 온갖 수고를 도맡아 주신 김명희 이사님, 안효희 과장님, 박은창 씨의 노고를 잊을 수 없다.

마지막으로 인문사회 분야 연구자들과 이공 분야 연구자들이 함께 지혜를 모을 수 있도록 일반공동연구지원 사업에서 문화융복합 분야를 독자적으로 열어 주신 한국연구재단에 깊은 감사를 드린다.

아무쪼록 인공지능이 바람직한 방향으로 발전해 나가는 데 본서가 조금이나마 보탬이 될 수 있기를 바라 마지않는다.

필자들을 대신하여

정원섭

Contents

편집 원칙

1. 본문에 등장하는 용어는 다음과 같이 통일하였다. 단, 고유명사와 인용문 등에서 사용될 때, 기타 불가피할 때는 그대로 사용하였다.
   (1) AI / Artificial Intelligence / 인공지능 → '인공지능'으로 통일
   (2) 기계학습 / 머신러닝 / 머신 러닝 → '머신러닝'으로 통일
   (3) 심층학습 / 딥러닝 / 딥 러닝 → '딥러닝'으로 통일
   (4) NLP / Natural Language Processing / 자연어처리 / 자연어 처리 → '자연어처리'로 통일
   (5) Data Set / 데이터셋 / 데이터세트 / 데이터 세트 → '데이터 세트'로 통일
   (6) Big Data / 빅데이터 / 빅 데이터 → '빅데이터'로 통일

2. 외래어 표기는 국립국어원에서 제안하는 규범 표기법과 규정 용례를 준수하였다. 단, 국립국어원의 지침이 없는 경우에는 구글 검색에서 가장 많이 검색되는 결과에 따라 표기하였다.

3. 대체가능성replaceability, 적용가능성applicability 등 잘 알려진 학술용어는 학계의 관행을 따라 단위별 붙여쓰기를 적용하였다.

본문 요약

1부 인공지능의 편향

1장 김정룡·정원섭
인공지능의 공정성과 데이터의 편향성

인공지능은 기술·공학 분야를 넘어 사회적 분야에도 활용되기 시작하면서 윤리적 고려의 대상이 되고 있다. 최근 네이버에 대한 공정거래위원회의 시정명령과 과징금 부과 처분은 인공지능의 편향성과 공정성에 대한 논의가 이루어져야 한다는 점을 보여주는 사건이다. 이 글에서는 인공지능 편향성에 대한 몇 가지 사례를 살펴보고, 편향성이 등장할 수 있는 요인들을 '데이터'를 중심으로 소개한다.

2장 김건우
인공지능으로 인한 불공정과 불투명의 문제를 다루는 제도적 방안

인공지능에 관한 여러 쟁점은 인공지능이 편향성을 가지고 차별을 떨 수 있다는 '불공정성에 관한 문제'와 인공지능 알고리즘의 결과가 어떻게 얻어진 것인지 알아내기 힘들다는 '불확실성에 관한 문제'로 나뉜다. 이러한 문제에 대응하기 위한 방안으로 법적인 방법을 활용하는 '경성규범'의 활용과 윤리 가이드라인과 규약을 설정하고 시민의 역량을 활용하는 '연성규범'의 활용을 생각할 수 있다. 이 글에서는 연성규범의 활용을 강조하고 있다. 그 구체적인 방안으로 '인공지능 윤리 가이드라인과 인공지능 개발자 선서 및 행동 규약', '선한 인공지능의 설계 및 활용', '인공지능 영향 평가 및 감사', '인공지능 시민권 및 시민 역량 강화'를 제시하고 검토한다.

3장 정성훈
인공지능의 편향과 계몽의 역설에 대한 반성적 접근

인공지능은 의사결정 과정에서 인간보다 공정할 것이라 흔히 기대된다. 그러나 일각의 우려에 따르면 알고리즘이 오히려 차별과 불평등을 심화시킬 수도 있다. 이 글은 인공지능의 편향에 대해 '역설에 대처할 수 있는 반성적 접근'이라는 다소 어려운 길을 제시한다. 이 접근은 '인간의 편향'에 맞섰던 '계몽'이 이미 인공지능의 꿈을 함축하

고 있었다는 점, 20세기에 이미 우리는 '계몽의 자기파괴' 혹은 '칸트주의자 아이히만' 이라는 역설에 빠졌다는 점 등에 주목한다. 20세기 중후반 철학·사회학의 노력을 참조한 이 반성적 접근은 인공지능에 대한 견제과정과 절차를 마련할 것을 제안한다.

2부 챗봇의 일탈

1장 오요한

스캐터랩은 '연애의 과학'과 '일상대화 인공지능' 사이의 관계를 인공지능 연구개발 커뮤니티에 어떻게 설명해 왔는가?

이루다 서비스는 '연애의 과학'에서 수집한 카카오톡 대화 데이터를 이용하였다. 이는 과거부터 이미 알려져 있는 사실이었는데, 이전에는 데이터 수집에 대한 윤리 문제가 공론화된 적이 없었다. 왜 과거에는 이러한 문제가 발생하지 않았을까? 이 글은 두 파트로 구성된다. '분석' 파트에서는 전문가 커뮤니티에서 행해진 스캐터랩의 공식 발표를 바탕으로 스캐터랩이 카카오톡 데이터의 취득 경로에 대해 어떻게 설명해 왔는지 분석한다. 이를 토대로 하여, '제안' 파트에서는 연구자들이 데이터 수급 채널 및 데이터 세트에서 잠재적으로 피해를 일으킬 수 있는 요소들을 설명케 하도록 제안한다.

2장 정성훈

'연애의 과학'이라는 주술과 챗봇 '이루다'라는 전략 게임

이 글은 이루다 사건이 남긴 여러 문제 중 상대적으로 널리 논의되지 못한 문제를 다룬다. 첫째, '연애의 과학'에서 주장하는, 카카오톡 데이터를 통해 애정도를 분석하고 적합한 연애 유형 등을 알려 준다는 것은 과학이라기보다 주술에 가까운 것이며, 이는 편향된 연애 모델을 재생산할 수 있다. 둘째, 'AI 친구'를 표방한 챗봇에서 활용된 데이터는 '실제 연인' 간의 대화를 수집한 것으로, '훈련데이터 편향'을 가지고 있다. 셋째, 사람들의 외로움을 덜어 주기 위한 챗봇이 '친밀도' 설정을 통해 사용자로 하여금 사실상 '성공 지향적'인 전략적 행위를 하도록 유도한다.

3장 강승식

자연어이해와 대화형 챗봇 엔진의 구현 기술

챗봇은 사용자와 대화를 수행하는 인공지능이 활용된 기술로 다양한 분야에 활용되고 있다. 챗봇의 구현 기술에 대한 이해도를 높이는 것은 향후 챗봇을 활용하는 데에도 유용할 것이다.
이 글은 대화형 챗봇에 활용되는 기술을 개괄한다. 챗봇 엔진을 구성하는 가장 기본적인 자연어이해 기술에서 시작하여, 초기 대화형 챗봇 시스템인 '일라이자ELIZA'에 활용된 규칙 기반 기술부터 아이폰 시리의 '울프람 알파' 엔진을 거쳐, 이루다 시스템에서 활용했다고 주장하는 딥러닝 기술까지 살핀다. 그리고 이를 토대로 이루다에서 사용된 챗봇 엔진의 구현 기술을 검토한다.

4장 장윤정

인간다운 인공지능 챗봇의 지향에 대한 경계: 우리는 어떤 챗봇을 기대하는가?

인공지능 기술을 활용한 챗봇은 우리 생활에 이미 깊이 스며들어 있다. 스마트폰을 사용하는 사람이라면 자신의 목소리에 반응하는 챗봇 하나 정도는 가지고 있을 것이다. 그것이 '시리'가 됐든 '구글 어시스턴트'가 됐든 '빅스비'가 됐든 말이다. 이 글에서는 챗봇의 개념과 역사, 그리고 챗봇 산업의 긍정적인 효과를 살펴보고, '튜링 테스트'와 '일라이자 효과'를 고려하여 '인간다운 챗봇'을 만들기 위한 요인이 무엇일지 검토한다. 더불어 이루다 사태가 보여 준 챗봇의 위험요인을 분석하고 챗봇을 활용하기 위한 윤리적인 대응 방안을 고민해 본다.

5장 윤미선

챗봇 '이루다'가 남겨야 하는 것

이루다는 20여 일이라는 짧은 서비스 기간 동안 많은 논란을 남겼다. 한데 이 서비스는 아직 종료된 것이 아니며, 일부 문제만을 수정한 채로 재개될 우려가 농후하다. 제2의 이루다 사태를 방지하기 위해 인공지능 윤리에 대한 논의를 진행해 나가야 할 필요가 있다. 이 글에서는 인공지능 업계에서 왜 챗봇에 구태여 '여성'의 이름과 어투를 부여하는지에 대한 문제부터 '20대' 여성의 인격을 한 인공지능 챗봇을 통해 재생산되는 성별 권력관계 문제, 그리고 개발자들에게 필요한 사회적 지성 문제 등을 다룬다.

6장 양일모

챗봇의 사회적 능력: 이루다·샤오빙·린나

인공지능에 대해서는 '새로운 미래를 예고한다'는 낙관적 관점과 '인류사에 대한 도전'이라는 비관적 관점이 교차한다. 챗봇 '테이'의 인종차별과 성차별 발언, '이루다'의 성 소수자에 대한 혐오 발언 등을 보면 아직 인간사회에 적응하기에 인공지능의 역량은 부족해 보인다. 이 글에서는 챗봇의 사회적 능력에 대해 살펴본다. 이루다 및 '샤오빙'과 '린나'의 사례를 보면 챗봇 역시 감시의 대상이자 또한 윤리의 대상이라는 점이 분명해진다. 챗봇도 '윤리적 판단 능력'과 '사회적 능력'을 갖추어야 하는 것이다.

7장 오요한

'이루다'의 후속 이슈들: 개인정보보호위원회의 행정처분, 스캐터랩의 정중동 행보, 대화형 인공지능 연구성과, '연애의 과학' 일본어 사용자들의 데이터, 최소한의 비식별화 조치, 그리고 자본의 문제

이 글은 이루다 관련 사건 중 검토가 필요한 이슈, 그리고 중요성이 간과될 우려가 있는 이슈를 검토한다. 개인정보보호위원회가 스캐터랩에 내린 행정처분 과정의 속기록을 보면, '카카오톡 데이터'로 대화형 인공지능을 만드는 개발 방법에 양측의 입장차가 있음이 여실히 드러난다. 과연 행정처분 이후 스캐터랩 및 이루다는 '정중동'으로 대외 행보를 재개하고 있다. 이 글에서는 이러한 문제와 함께 '연애의 과학' 일본어 사용자들의 대화 데이터 수집 문제 및 스캐터랩의 경영에 일정부분 관여했던 '엔씨소프트'의 행적까지 살핀다.

1부 인공지능의 편향

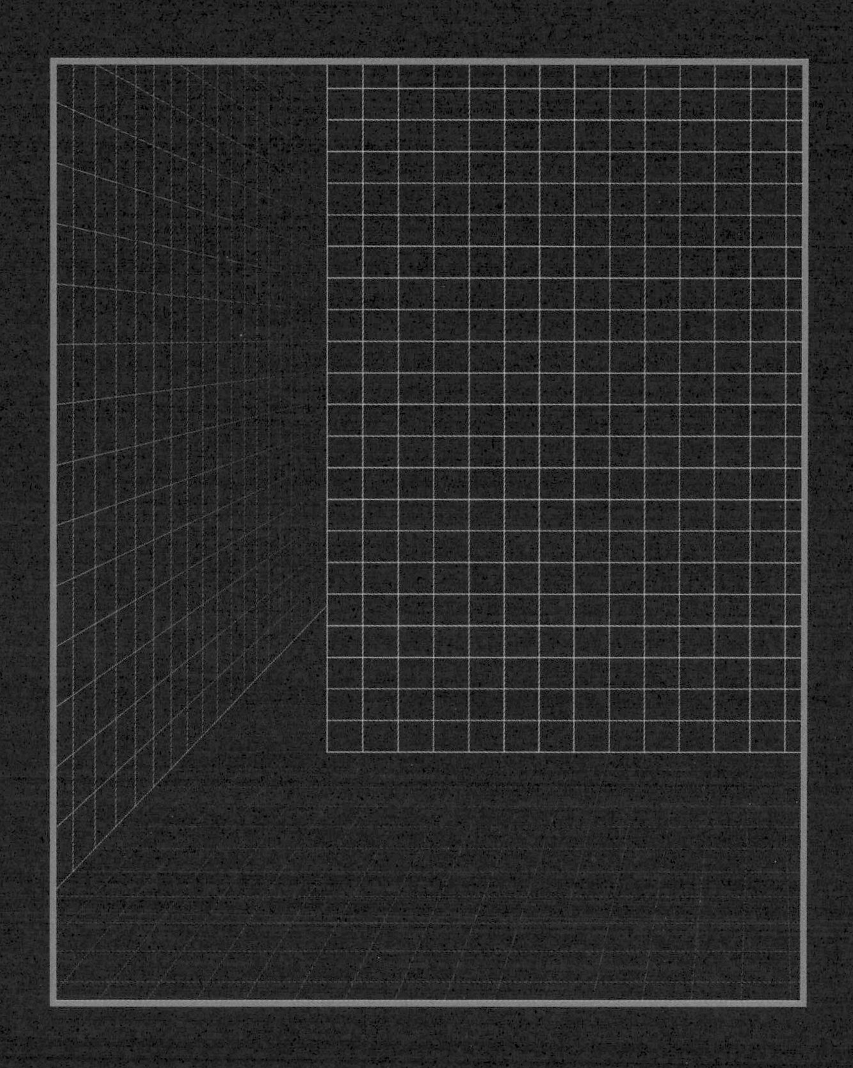

1장 김정룡·정원섭

인공지능의 공정성과 데이터의 편향성

1. 알고리즘 개입과 공정성 논란

2020년 10월 6일 공정거래위원회는 주식회사 네이버에 대해, 자사의 검색 알고리즘을 인위적으로 조정·변경한 것에 대한 시정명령과 함께 약 267억의 과징금을 부여하였다.[1] 물론 네이버측은 즉각 반발하였지만, 공정거래위원회는 이 사건을 "네이버가 자신의 검색 알고리즘을 조정·변경하여 부당하게 검색결과의 노출순위를 조정함으로써 검색결과가 객관적이라고 믿는 소비자를 기만하고 오픈마켓 시장과 동영상 플랫폼 시장의 경쟁을 왜곡한 사건"으로 규정하였다.

공교롭게도 같은 날 미국 하원에서도 아마존, 애플, 페이스북, 구글 등 4대 온라인 업체에 대해 디지털 시장에서의 지배력 남용을 비판하는 보고서를 발표하였다.[2] 뉴스 배치에서 정치적 편향성이 문제될 때마다 네이버는 '뉴스 배열 공론화 포럼' 등 다양한 기구를 발족하여 반론을 무마하면서 의견을 수렴하는 듯하였다. 그러나 이번 사건은 정부 기관이 직접 시정명령을 내렸다는 점에서 인공지능 기술의 차별과 공정에 대한 논란을 구체적으로 검토해야 할 필요성을 잘 보여 주고 있다.

인공지능의 편향성은 대체로 '알고리즘'이나 '데이터'에 의해 비롯되므로, 인공지능의 공정성과 차별에 대한 논의는 알고리즘 구성과 데이터 처리 과정의 적절성에 주목하게 된다. 그런데 이번 사태에서는 기업 내부자가 자사의 시스템에 인위적으로 개입한 것이 확인되면서, 단순히 알고리즘의 공정성이나 데이터의 적절성에 대한 것에 그치던 기존 논의와는 맥락을 달리하였다. 기업이 시장에서 유리한 위치를 차지하기 위해 불공정 행위를 하는 것은 시장경제의 근본원칙을 훼손하는 것이다. 그럼에도 이런 일은 시장경제 체제가 등장한 이후 지속적으로 반복되고 있기에, 그 해결 방식도 상당히 구체화되어 있다. 즉 특정한 행위의 불법 여부를 확인한 후 그 결과에 따라 관련 법률에 의해 처벌하고, 현행 법률로 해결할 수 없는 부분에 대해서는 기업윤리를 강조하거나 내부 고발을 권장하면서 각종 법률과 제도를 꾸준히 정비해 온 것이다.

그런데 이번 사건은 인공지능 알고리즘에 대한 인위적 개입이라는 점에서 통상적인 불공정 행위와는 그 성격이 매우 달라 보인다. 왜냐하면 네이버에서는 자신들의 행위가 시장의 공정 경쟁을 침해하는 불법행위가 아니라 알고리즘의 성능을 향상하기 위한 불가피한 개입이라고 주장하고 있기 때문이다. 더욱 좋은 결과를 얻기 위해서 기존의 알고리즘에 개입해야 한다면 우리는 인공지능이 제시한 결과를 어떻게 받아들여야 하는가?

인공지능의 편향성과 공정성에 대한 논의는 최근 인공지능 학술대회에서 두드러지게 등장하고 있다. 가령 2018년 7월 스웨덴 스톡홀름에서 개최된 제35차 머신러닝국제학술대회에서는 2,473편의 논문이 투고되어 5편의 논문이 수상하였는데, 그중 2편이 공정성에 대한 것이었다. 컴퓨터 과학자인 아리엘 프로카차Ariel Procaccia에 의하면, 철학 분야의 경우 인공지능을 다루는 논문에서 오랫동안 심리철학의 거장, 존 설John Searl이 가장 빈번히 언급되어 왔지만, 이제는 정의를 '공정성'으로 규정한 존 롤즈John Rawls가 그 자리를 대신하고 있다 해도 과언이 아니라 한다.

특히 인공지능이 기술 혹은 공학 분야를 넘어 대출, 세금, 치안, 사법 등과 같이 이해관계가 복잡하게 얽혀 있는 민감한 사회적 사안에도 활용되면서 공정성과 편향성에 대한 논란이 더욱 심화되고 있다. 우리는 2절 인공지능 편향성 논의에서 주목할 만한 몇 가지 사례를 중심으로 쟁점들을 살펴보고자 한다. 3절에서는 이런 편향성이 등장할 수 있는 구체적인 요인들을 데이터를 중심으로 소개하고자 한다.

2. 인공지능의 편향성 사례들

2016년 3월, 마이크로소프트사의 챗봇 테이Tay는 사람들에게 큰 충격을 주었다. 빅데이터로 학습한 것으로 알려진 테이가 출시 후 하루도 되지 않아 여성, 흑인, 유대인 등 사회적 약자에 대해 거침없이 여러 혐오 발언을 하였기 때문이다. 테이가 준 충격이 더욱 컸던 것은 바로 직전 구글 딥마인드DeepMind의 알파고AlphaGo가 이세돌과의 대국에서 보여 준 엄청난 위력 때문이었다. 이렇듯 큰 힘을 갖춘 인공지능이 우리의 통제력을 벗어나 악당처럼 비윤리적으로 행동한다면 참으로 난감하지 않을 수 없을 것이다.

그런데 테이가 이런 발언을 하게 된 것은 일부 트위터 사용자들이 테이를 특정 방향으로 적극적으로 학습시킨 결과라는 점이 알려지면서, 개발자에 대해 책임을 묻는 것을 넘어 두 가지 쟁점이 새로이 부각되었다.

첫째 쟁점은 인공지능 기술이 불특정의 사용자에 의해 남용 또는 오용될 가능성, 나아가 특정 집단에 의한 해킹으로 조직적으로 악용될 가능성이다. 최근 대규모 자동차 회사들이 무인 자율주행 자동차의 상용화와 관련된 일정을 앞다투어 발표하고 있는 상황에서, 테이가 특정 방향으로 학습'당한' 결과로 엉뚱한 발언을 했다는 소식은 인공지능 기술을 활용하여 제작된 '킬러 로봇' 등 군사용 살상 무기가 통제 불능의 상황에 놓일 수 있다는 가능성을 잘 보여 준다. 그 결과 인공지능 윤리 및 거버넌스에 대한 논의와 함께, 이와 관련된 다양한 가이드라인들이 국내·외에서 봇물 터지듯 쏟아지고 있다. 그러나 이런 가이드라인이 전문가들에게 실질적 효과가 있는지에 대해서 또한 많은 논란이 제기되고 있다.

둘째 쟁점은 바로 머신러닝 기술, 더 나아가 인공지능을 통해 기존의 사회적 편견이나 고정관념이 오히려 강화 혹은 정당화될 수 있다는 점이다. 사실 새로운 기술은 한편으로는 기존의 골치 아픈 사회적 문제를 해결하지만, 또 한편으로는 다른 영역으로 확대 적용되는 과정에서 새로운 문제를 낳는다. 바둑은 근본적으로 수학에 기반하고 있으므로 기보棋譜가 누적적으로 발전하나, 이에 비해 우리의 언어는 '지금 여기'라는 특정한 사회 문화적 맥락에서 진행된다. 테이 사건은 데이터의 축적만으로는 해결될 수 없는 문제가 엄연히 존재한다는 점을 상징적으로 보여 주었다고 할 수 있다. 왜냐하면 테이가 학습한 언어는 바로 사회 자체가 가진 편향성과 깊이 연관되어 있기 때문이다.

더욱이 인간의 결정은 이해관계의 상충, 문화적 상대성, 정보의 한계, 판단력 부족, 가치관의 차이 등등으로 동일 사안에 대해 사람마다 다르게 이루어질 수 있으며, 경우에 따라서는 오류가 생길 수도 있다. 그리고 이렇게 다른 판단을 하는 것이 가치의 다양성이라는 측면에서 볼 때 오히려 바람직할 수도 있다는 점을 우리는 잘 인식하고 있다. 그러나 기술, 특히 인공지능 기술의 경우 이해관계의 상충이나 문화적 상대성 혹은 가치관의 차이를 가질 것이라고 생각하기는 쉽지 않다. 그래서 사회적으로 논란이 되는 사안에 대해서조차 인공지능 기술에 의한 결정이 인간의 결정보다 더 공정할 것이라고 기대하면서 골치 아픈 결정을 인공지능에 위임하고자 하는 유혹에 더욱 솔깃할 수 있다.

그 결과 이미 오래전부터 세금, 대출, 치안, 입시 등 다양한 분야에서 축적된 데이터를 바탕으로 더욱 향상된 결정을 제시하는 수많은 알고리즘이 활용되고 있다. 급기야 2020년 여름, 코로나 사태로 인해 고등학교들이 졸업시험을 시행할 수 없게 되자, 영국 정부는 인공지능 기술을 활용하여 학생들에게 성적을 부여하고자 하였다. 인공지능이 예측한 바에 대해 주로 서민층인 공립학교 학생들이 부유층 자녀인 사립학교 학생들에 비해 불리하다는 주장이 제기되면서 이것은 하나의 해프닝이 되고 말았다. 하지만 이런 결과가 "전국적인 차원에서는 공정하다고 주장할 수 있으나, 개인별로는 공정함을 완전히 상실한 것"이라는 옥스퍼드 컴퓨터 공학과 선임연구원인 헬레나 웹Helena Webb의 발언은, 인공지능 기술 활용과 관련하여 그 한계를 다시 한번 생각하게 한다.

3. 데이터에서 나타날 수 있는 편향

(1) 데이터가 만드는 인공지능

인공지능을 '똑똑한' 인공지능으로 학습시키기 위한 최초의 과정이자 가장 노력이 많이 소요되는 작업은 바로 양질의 훈련 데이터를 확보하는 것이다. 데이터를 습득하는 방법과 그 과정은 인공지능이 적용되는 범위만큼이나 다양해서 기존의 실험계획법과 통계적 문법을 성실히 준수한다 하더라도 여러 문제를 야기할 수 있으므로, 이에 대해 사전에 인지하고 충분한 주의를 기울일 필요가 있다.

'데이터의 객관성'은 데이터가 지향하는 목표를 달성하기 위해 필요한 조건을 만족하는 '객관적인' 데이터 습득을 전제하며, 이 과정에서 당연히 '주관적인' 개입은 배제되어야 한다. '데이터 습득과정에서의 주관적 개입'이라 함은, 연구자의 임의적인 의사결정 혹은 태업에 의한 부도덕한 일탈 행위라기보다는, 복잡한 실험과정과 데이터 처리 과정이 야기하는 데이터 연구자의 한계 정도로 이해하는 편이 본 논의에서는 적절할 것으로 생각된다. 이는 인간공학적 관점에서는 '인간 정보처리시스템의 정보처리용량의 한계'로 표현되기도 한다.

(2) 학습 데이터의 양적 성장

인공지능이 의미 있는 성능을 갖추기 위해 다량의 학습 데이터가 필요하다는 점은 이제 상식처럼 되었다. 다량의 학습 데이터를 사용한 예는 1998년 얀 르쿤Yann Lecun 교수가 1998년 공개한 엠니스트MNIST, Modified National Institute of Standards and Technology의 데이터 세트를 들 수 있다. 엠니스트는 손으로 쓴 숫자로 이루어진 대형 데이터베이스로, 머신러닝 분야의 트레이닝 및 테스트 데이터로 널리 사용되어 왔다. 오늘날에도 딥러닝심층 학습, deep learning을 연구하려는 사람들이 엠니스트로 학습을 시작하기도 한다.

그리하여 빅데이터를 확보하기 위한 노력이 각국에서 경주되고 있다. 미국에서는 오바마 정부가 공공데이터를 확보하기 위하여 공유 플랫폼data.gov을 시작하였고, 우리나라도 공공데이터 포털data.go.kr을 구축하였다. 현재는 한국정보화진흥원NIA의 'AI 허브aihub.or.kr'와 같은 프로젝트가 진행되고 있기도 한데, 이는 정부 주도로 산업 분야를 선정하여 새로운 데이터를 수집·공개하는 작업이다. 'AI 허브'에서는 데이터를 공공/법률, 과학기술/정보통신, 교육/문화/스포츠, 교통/물류, 농업/축산/수산/임업/식품, 보건/복지/의료, 재난/안전, 환경/기후 등의 카테고리로 분류하여 학습 데이터의 지속적인 양적 성장을 도모하고 있다. 한편, 개별 연구자들이 축적한 학습 데이터도 캘리포니아대학교어바인UCI의 머신러닝 저장소, 캐글Kaggle, 깃허브github 등 다양한 오픈소스 플랫폼을 통해 일반 연구자에게 공개되고 있다.

(3) 학습 데이터의 품질

데이터 품질 지표는 데이터의 일반적 성질을 기반으로 작성되어 추상적인 경우가 많고, 데이터가 인공지능의 학습에 얼마나 유용한지에 대해서도 표준화된 평가가 이루어지지 않고 있다. 이는 인공지능 학습의 목적과 적용 환경 등에 따라 데이터의 유용성이 다르게 정의되기 때문으로 보인다.[3]

클라우드 서비스 품질 모델 표준안인 ISO/IEC 25012에서는 소프트웨어 품질에 영향을 미치는 데이터 품질 모델을 '데이터의 고유 성질'과 '소프트웨어 종속적 성질'로 나누고 있다. 여기서 데이터의 고유 성질에는 '정확성, 완전성, 일관성, 신뢰성, 현재성'이 있다고 했으며, 소프트웨어 종속적 성질에는 '가용성, 이식성, 복구성, 유용성, 적합성, 기밀성, 효율성, 정밀성, 추적성, 이해성'이 있다고 말하고 있으나, 대부분의 경우 정량적 품질을 특정하기는 어렵다.

(4) 편향된 학습 데이터로 문제가 발생한 국내외 인공지능 이용 서비스 사례

'게이더Gaydar'는 인공지능이 오남용된 대표적 사례로 꼽힌다. 게이gay와 레이더radar의 합성어인 게이더는 인물 사진을 보고 해당 인물의 성적 지향을 판별하는 머신러닝 기반 인공지능으로 지난 2017년 개발되었으나, 사회적 편견을 강화하는 방향으로 오용될 가능성에 대한 우려가 제기되었다. 이에 따르면 사람의 자세, 조명, 화장 여부에 따라 알고리즘 분류 기준이 달라질 수 있고, 그 외 다양한 변수들에 의해서도 결과가 달라질 수 있다.

(5) 실험 데이터가 편향될 수 있는 12가지 이유

인공지능의 기능을 향상하기 위한 학습 데이터는 자연·사회

현상을 기록한 기존 자료로부터 추출되거나 특별한 목적을 가지고 설계된 실험을 통해서 추출된다. 그런데 이 과정에서 연구의 객관성을 유지하는 데 필요한 시도를 충실히 수행하더라도 연구자의 의도와 달리 편향성을 가지고 데이터를 선택하는 경우가 적지 않다. 본 절에서는 기존에 알려진 데이터 편향성의 원인과 함께, 연구 경험을 통해 우리가 새로이 분류한 편향성의 원인을 나열해 보았다.

① 선택 편향 Selection Bias

데이터에서는 대표성representativeness of data이 매우 중요하다. 특히 머신러닝을 포함한 통계적 추론statistical inferences에서 모델이 학습할 데이터는 반드시 전체 데이터를 대표해야 하는 것이 기본이다.

그러나 연구자가 실험에 참가할 대상을 선정하는 과정에서 시간적·지역적 한계 등을 고려하여 대표성이 있는 데이터를 설계하는 경우가 있고, 연구자의 의도가 없더라도 제한된 데이터가 모집되어 대표성이 훼손될 가능성도 배제할 수 없다. 현실적인 연구 여건에서는 무한대의 데이터를 추출할 수 없으므로, 이런 상황은 언제든지 발생할 수 있다. 이렇듯 상시적인 선택 편향이 이루어질 수 있다는 점을 고려하지 않을 경우 편향된 학습 데이터를 활용하게 될 가능성이 있다. 이러한 선택 편향에는 다음과 같은 세 가지 종류가 있다.

첫째는 포함/배제 편향inclusion/exclusion bias이다. 이는 상기한 연구 여건의 한계로 인해 연구자가 실험 참가자 또는 실험 환경을 단순화하는 과정에서 발생하는 편향이다. 이때 연구자는 특정 성별, 특정 지역, 특정 나이, 특정 온도, 특정 시간 등을 포함 또는 배제하게 되는데, 이러한 단순화 과정을 이용하면 데이터의 단일성homogeneity이 잘 유지되어 종속변수의 통계적 유의미성을 추출하는 데 도움을 준다고 알려져 있다. 이러한 과정은 연구자에게 필요한 데이터를 집중적으로 수집할 수 있도록 해주는 반면, 연구자가 예상하지 못했던 중요한 연구 정보를 유실케 하기도 한다.

둘째는 자가 선택 편향self-selection bias이다. 이는 편향이 특정한 의도를 가지고 발생하는 경우로, 실험 참가자가 특정한 실험 조건을 선호 또는 비선호한 결과로 특정한 성향의 실험 참가자만이 자발적으로 연구에 참여하는 경우이다.

셋째는 보고 편향reporting bias이다. 연구 결과를 보고하는 작업에는 복잡한 정보를 일목요연하게 정리하는 과정이 포함된다. 이 과정에서 보고자가 중요하다고 생각하거나 빈번히 관찰되었던 정보는 보고의 우선순위를 차지하게 되고, 이러한 연구자의 주관적 선택에 의하여 데이터의 우선순위가 결정될 수 있다.

② 인구통계 편향Demographic Bias

빅데이터라고 부르는, 데이터를 구성하는 통계수치나 인구통계적 분포 자체가 편향되어 있는 경우이다. 이는 연구자가 인구통계적인 선택 편향을 가지고 있지 않은 경우에도 발생하며, 데이터 세트 또는 플랫폼에 표시된 사용자 인구가 원래 거주하고 있는 대상 인구와 다를 때 발생한다. 가령 여성은 페이스북과 인스타그램을 더 많이 사용하는 반면 남성은 레딧, 트위터와 같은 서비스를 더 많이 사용하며, 이 때문에 연구자에게 선택 편향이 없는 경우에도 인구 편향 현상을 관찰할 수 있다. 또한, 콤파스COMPAS[4]를 사용해 추출한 내용에 따르면 소수민족 출신 범죄자의 체포율이 더 높은 탓에 인공지능이 소수민족 출신 인종의 재범 가능성도 크게 평가하게 되는 등 예측의 객관성이 훼손될 위험성이 있다. 이러한 편향은 연구자가 통제하기 어려우므로, 데이터에 의한 의사결정 책임이 연구자에게 있지 않더라도 그 한계를 인식하고 명시하는 것이 중요하다.

③ 자료 노출 편향Data Exposure Bias

실제로 발생하는 사건의 빈도와는 무관하게 사건이나 현상을 관찰하는 특정 도구의 특징으로 인해 발생하는 편향으로, 눈에 잘 띄거나 빈번히 검출되는 데이터가 우선적으로 학습되는 데이터 편향이다. 가령 소비자가 선호하는 서비스, 제품, 콘텐츠는 포털에서 자연스럽게 더 많이 노출되는 경향이 있다. 이러한 현상은 때로는 기업의 의도적인 마케팅 결과로 나타날 수도 있고, 제품에 대한 가짜 리뷰의 형태로 발생할 수도 있다. 특히 검색엔진에서 이러한 편향이 자주 발견되는데, 검색엔진이라는 도구가 소비자의 선호도에 따라 좌우되는 경향을 띠기 때문이다. 검색엔진에서 노출된 데이터를 기반으로 특정한 경향이나 사실을 발견하려고 할 때, 사용자의 선호도나 인기 자체를 평가하는 경우가 아니라면 이러한 자료 노출 편향을 피해 가기 어렵다.

④ 자료 지연 편향Aged Data Bias

과거에 이미 편향되었던 결과들이 누적되는 경우, 이 데이터를 사용하는 사람은 편향된 결정을 연이어 할 수 있다. 이러한 편향의 경우는 데이터가 완벽하게 측정되고 샘플링된 경우에도 발생한다. 가령 2018년에 "CEO"를 이미지 검색한 결과, 포춘Fortune 500대 기업 CEO 중 5%만이 여성이었던 까닭에 '여성은 CEO가 되기 어렵다'는 이미지가 발생하였다. 이는 과거의 누적된 데이터를 반영하고 있으나, 여성 CEO의 위치와 권한 등 현재와 미래를 반영하는 데는 매우 제한적인 정보만을 제공하고 있어 과거 데이터로 인한 편향이 이루어질 수 있는 경우이다.

⑤ 누락 편향Missing Variable/Data Bias

꼭 필요한 사항을 누락시키는 편향은 변수variable와 자료data 모두에 해당할 수 있다.

누락 변수 편향omitted variable bias은 개념모델이나 수학모델에 포함되어 있어야 할 변수들이 누락된 탓에, 정상적이었다면 충분히 분석 또는 예측 가능한 내용을 놓치는 경우이다. 특히 누락된 요소가 종속변수에 유의미한 영향을 미치면서 독립변수와 상관관계가 있다면 누락 편향이 심각하게 발생할 수 있다. 그러나 분석 전 단계에서 이러한 사항을 알 수 없으므로, 현장에서는 분석 결과를 처음 대했을 경우 편향의 발생 여부조차 확인되지 않을 위험이 있다.

누락 자료 편향missing data bias은 중요자료들이 측정 단계나 후처리 단계에서 다양한 이유로 유실되는 경우로, 많은 연구자들이 경험하고 있다. 통계적으로는 누락 자료 처리를 통해 통계적 왜곡을 다소 줄여 나갈 수 있다. 그러나 누락 자료의 규모나 중요도에 따라 통계적으로 문제 삼지 않을 수 있는 것과는 별개로, 내용상의 편향을 완전히 배제할 수 없는 경우도 있다.

⑥ 측정 편향Measurement Bias

측정 편향은 특정 변수를 측정하는 방식에서 발생하며, 연구자가 선택한 측정 대상에 대한 특수 상황과 같은 중요한 요소를 생략하거나 고려하지 않아 발생하기도 한다.

가령 생산직 근로자 그룹을 더 엄격한 기준으로 관찰하거나 자주 모니터링하는 경우, 해당 그룹의 심리적 압박이나 피로감으로 더 많은 오류가 관찰될 수 있다. 이처럼 특정 그룹에서 더 많은 오류가 관찰되면 추가적인 모니터링이 요구되므로, 오류의 악한 피드백 순환으로 이어질 수 있다. 또한, 설문조사를 실시할 때도 익명성의 유무에 따라 도덕적으로 예민한 질문의 결과가 달라질 수 있다. 연구에 따르면 '학교에서 부정행위를 한 적이 있는가?'라는 질문에서, 기명 조건에서는 25%의 학생만이 '있다'고 답한 반면, 익명 조건에서는 74%의 학생이 부정행위를 저질렀다고 고백했다.

의학, 생물학 및 사회과학 등의 분야에서 실험을 통해 측정 데이터를 수집하는 과정에서도 편향이 발생할 수 있다. 이 과정에서는 실제 값과 측정값의 차이인 '오차error'가 발생하는데, 존재하는 오류의 유형 및 정도에 대한 연구자의 지식이 부족하면 부정확한 데이터가 측정되고 있는지 판단하기 어렵다. 따라서 측정을 실시하기 전에 측정자의 경험과 노력에 따라 오차의 크기와 원인을 알 수 있는 정오차systematic error를 줄이거나 보정하려는 노력이 필요하다. 한편, 이러한 오차를 표현하는 방식에 따라서도 연구자가 오차를 용인할 것인지에 대한 편향이 발생할 수 있다. 가령 측정값 간의 차이를 절댓값으로 표현했을 경우와 백분율로 표시했을 경우 오류의 중요성이 상대적으로 다르게 보일 수 있다. 1㎜의 오차란 키가 1m인 어린아이의 0.001%에 해당하는 작은 값에 불과하지만, 동시에 길이가 10㎜인 나사의 10%나 되는 큰 값이기도 하다.

⑦ 모델 한계 편향Bias of Statistical Modeling

인공지능이 수학적 연산을 통해 사용자에게 의사결정의 용이성을 제공하기 위해서는 학습 데이터를 기반으로 한 수학적 모델을 만드는 작업이 필수적이다. 그러나 수학적 모델은 데이터의 역동적 현상을 설명하는 데 있어 수학적 한계를 가진다.

어떠한 현상을 설명하기 위해 구축되는 수학적 모델의 경우, 현상에 대한 설명력을 R^2값으로 표현하고, 이 값이 0.8 이상일 경우 우수한 설명력을 가지고 있다고 판단하는 것이 상례이다. 이는 수학적/통계적 모델의 경우 일반적으로 오차항을 가진다는 뜻이다. 이 오차는 종속변수에 영향을 미치게 되고, 그 영향이 미미하더라도 경우에 따라서는 중대한 의사결정에 영향을 미칠 수도 있다.[5] 따라서 인공지능이 제공하는, 의사결정의 기초가 되는 모델의 성능을 이해하는 것이 중요하다.

⑧ 이상치 결정 편향Outlier Determination Bias

통계적으로는 3-시그마 규칙3-sigma rule을 벗어난 데이터를 모두 이상치로 보는 것이 일반적이다. 평균값으로부터 과다하게 떨어진 자료를 이상치로 보는 것은 수학적으로 매우 합리적인 판단이다. 그러나 사람의 생리적 현상이나 행위를 분석하는 행동과학의 경우, 단순히 데이터의 크기가 너무 크거나 작다고 해서 이상치로 배제한다면 과다한 자료 배제의 위험성이 있고, 이것이 또 다른 편향을 발생시킬 수 있다.

행동과학적 측면에서 정상/이상 데이터의 판별 기준은 데이터의 크기가 아니라, 그 데이터를 추출하는 과정의 정합성 여부이다. 첫째, 데이터를 추출하기 위한 조건과 환경이 연구자가 설계한 범위 안에서 안정적으로 취득되었는가? 둘째, 데이터를 제공하는 실험 참가자의 신체적, 생리적 상태가 연구자가 설계한 조건을 만족하고 있는가? 셋째, 추출된 데이터의 범위가 현실 상황에서 발생 가능한 범위 안에 있다고 판단되는가?

가령 위의 질문에 대해 차례로, 자료를 정상 온도에서 추출하기로 했는데 날이 갑자기 추워지는 바람에 히터를 튼 상황에서 자료가 추출되었다든가, 실험 참가자가 집중한 상태에서 실험을 하는 것이 전제로 되어 있음에도 중간에 전화벨이 울린 상태를 방치했다든가, 사람에게 가해지는 충격량을 측정하는 과정에서 치사량을 넘기는 수치가 기록이 되었다든가 하는 경우를 생각할 수 있다.

여기서 이상치를 결정하는 기준은 데이터의 사용 목적과 성격에 따라 달라질 수 있는데, 이를 무시하고 단순히 통계적 기준만을 따른다면 귀중한 자료를 잃거나 편향된 자료를 제공받는 상황이 발생하게 된다.

⑨ 모델 과적합 편향 Overfitting Bias

이는 수학적 모델이 제공하는 설명력을 증대시키기 위해서 독립변수의 수를 과다하게 늘린 경우이다. 이 경우는 모델 한계 편향과는 반대로 매우 작은 오차만이 발생하여, 수학적 모델이 현상을 너무나 정확하게 파악하고 있다는 착각을 일으킬 수 있다.

머신러닝 알고리즘은 연구자가 통제하지 않을 경우 존재하는 데이터를 설명하거나 판별하는 데 있어 최적화된 수학적 해법을 제시하도록 프로그램되어 있다. 예로, 데이터가 100% 무작위로 분산되어 있더라도 독립변수 5~6개 이상을 사용하면 대부분의 데이터를 수학적으로 설명할 수 있는 방정식을 구할 수 있다. 이때 수학적 모델의 설명력은 90%를 넘게 되고, 데이터가 가지고 있는 특정한 패턴을 수학적 모델이 설명 또는 예측하는 것으로 착각될 수 있다. 과적합하게 만들어진 수학적 모델은 연구자에게 모델의 적합성에 대한 과신을 주게 되고, 자체적으로 통제하지 않는다면 과적합화된 수학적 모델을 의사결정의 기준으로 사용하게 되는 우를 범할 수 있다. 이러한 현상은 데이터 상호검증을 통해 관리하는 것이 일반적이다.

⑩ 대리변수 편향 Proxy Bias

현실에서 발생하는 현상은 아날로그적 형태를 가지고 있어서 직접적인 측정이 어려운 경우가 있다. 그럼에도 다양한 현상을 분석하기 위해서는 정량화가 필요하고, 이때 연구자들은 대리변수를 사용하여 분석을 시도하기도 한다. 문제는 이러한 대리변수의 활용 과정에서 실제로 존재하는 사회현상 또는 자연현상과의 차이가 발생할 수 있다는 것이다. 국가의 부의 수준과 삶의 질을 평가할 때 우리는 흔히 GDP 수치를 사용한다. 그러나 국내 총생산을 의미하는 GDP 수치는 개인별 생활수준이나 구매능력을 충분히 반영하지 못하기 때문에 개인의 삶의 질을 평가하는 데 필요충분한 대리변수라고 보기 어렵다.

⑪ 신뢰성 우선(효용성 무시) **편향**Significance Over Utility Bias

대부분의 통계적 의사결정은 통계검정 결과의 유의미성significance level 정도를 따른다. 그러나 이러한 95/99% 신뢰도만을 기준으로 삼는 경우 중요한 의사결정에서 오류를 범할 수 있다.

일반적으로 의사결정의 기준이 되는 효용성utility은 [가치value × 발생확률event probability]로 표현된다. 가령 사람의 생명을 구할 수 있는 안전장치의 신뢰도가 75%라면 이 안전장치의 작동 발생확률은 75%라 할 수 있다. 이 장치가 위험에 빠진 사람 100명 중 75명을 구할 수 있다면 생명의 가치를 고려할 때 전체적인 효용가치는 매우 높다는 것을 쉽게 이해할 수 있다. 그럼에도 불구하고 안전장치의 신뢰도가 90%에 이르지 않으므로 사용할 수 없다는 의사결정을 하게 된다면, 구할 수 있는 생명을 잃게 되는 오류를 범하는 것이다. 그러므로 신뢰도가 낮은 데이터라도 통계적으로 유의미하지 않다는 이유만으로 무시해 버리는 오류를 범하지 않아야 한다.

⑫ 데이터 레이블링 편향 Data Labelling Bias

머신러닝을 진행하기 위해서는 안정적으로 학습할 수 있도록 레이블링labeling이 가능한 대량의 데이터가 있어야 한다. 특정 카테고리의 데이터가 충분히 레이블링 되지 않을 경우 인공지능의 수학적 모델이 통계적 편향성을 띠거나 통계적 정확성을 담보하기 어려울 수 있다.

레이블링 작업은 기계를 통해 수행하기 어려운 경우가 많으므로 레이블링을 위한 충분한 시간과 우수한 인력을 확보하는 것이 무엇보다 우선되어야 한다. 이를 위해서는 해당 산업 분야에 대한 정확한 이해와 넓은 배경지식을 갖춘 인력이 필요하다. 높은 이해도를 가진 작업자만이 적절한 기준을 세우고 레이블링에 필요한 고품질의 주석 작업을 거쳐 일관된 레이블링을 할 수 있기 때문이다. 실제로 대량의 데이터를 레이블링하기 위해서는 여러 명의 인원이 작업해야 하는 경우가 발생하기 때문에, 고품질의 주석 작업에 따른 레이블링이 필수적이다.

텍스트의 경우 주석 작업은 강조highlighting, 밑줄underline, 댓글comment, 요약summary, 바꿔쓰기paraphrasing 등을 활용하여 주어진 데이터를 쉽고 정확하게 이해할 수 있도록 도와준다. 이미지의 경우 선, 상자, 3D 표시 등 다양한 기호와 도구를 사용할 수 있다. 그러나 이 경우에도 궁극적으로는 사람의 지식에 의한 눈과 손의 움직임으로 작업이 진행되므로, 오류의 가능성은 항상 존재한다.

4. 인공지능에 의한 데이터 편향성을 바라보는 시각

데이터의 입력 오류, 사용 오류, 분석 오류, 판단 오류 등은 인공지능이라는 도구가 활발히 이용되기 전부터 있었다. 오늘날 달라진 점은 인공지능의 활용으로 연구자의 수학적 분석 능력이 극대화됨과 동시에 결과를 해석하는 인간의 주관적 오류를 다소 감소시킬 수 있다는 것이다. 총체적으로 보면 인공지능은 인간이 범할 수 있는 데이터 오류와 이로 인한 의사결정의 편향을 줄여 주는데 기여하는 방향으로 발전했다고 할 수 있다.

문제는 이러한 인공지능이 만들어 낸 결과물에 대해서 연구자나 데이터 소비자가 지나친 신뢰를 가질 수 있다는 것이다. 이러한 신뢰 오류의 가능성은 인공지능 자체의 잘못은 아닌 것으로 보인다. 이는 오히려 과거 연구자들이 극복하지 못했던 연구 과정상의 오류에 대한 책임을 어느 정도 인공지능에게 떠넘기고 연구 결과의 신뢰성을 더 확보하고 싶은 마음의 결과물은 아닐까 생각해 본다. 인공지능이 제공하는 결과를 누군가가 과신하여 사용하는 경향이 있다면, 인공지능이 만들어 내는 결과가 편향되었다는 의심의 굴레를 벗어나기 쉽지 않을 것 같다.

빅데이터와 알고리즘을 결합한 인공지능의 의사결정은 한 개인으로서는 이해조차 하기 힘든 복잡한 사안을 효율적으로 처리할 수 있을 뿐만 아니라, 일관적인 결정을 함으로써 개인의 판단에서 흔히 나타나는 자의성을 배제할 수 있다는 장점이 있다. 그러나 빅데이터를 기초로 알고리즘에 따라 판단하는 인공지능은 우리 사회에 만연한 차별을 반영할 뿐만 아니라 오히려 이를 정당화할 수도 있다. 인공지능 알고리즘은 차별적인 사회가 낳은 '역사적 데이터historic data'를 가지고 차별적인 결과를 만들어 낸다.

그럼에도 우리는 인공지능의 내부를 들여다볼 수 없다. 즉 우리는 알고리즘이 어떤 이유로 판단을 내린 것인지 그 내부 기제나 작동 원리를 볼 수 없다. 다만 매우 개략적인 수준의 설명으로 어렴풋하게 추정하는 정도만 가능하며, 설사 상세한 방식이 공개되더라도 일반인으로서는 알고리즘을 동작시키는 패턴 인식이나 통계적 방법론 등을 전문적으로 이해하기 어렵다. 더 나아가 이에 대한 전문가들의 분석이 있다 하더라도 알고리즘이 자동적으로 생성한 분류 기준들이 때때로 인간의 판단 기준이나 직관에 배치되기도 한다. 이런 여러 이유 때문에, 우리는 인간의 머리로는 도저히 분석할 수 없는 빅데이터를 순식간에 분석해 내는 인공지능 알고리즘이 산출하는 결과물을 가리켜 인간이 낳은 결과물보다 더 낫고 더 공평하다고 생각한다.

우리나라에서는 아직 이런 알고리즘 자체에서 비롯되는 차별이나 편향이 큰 사회적 문제가 되고 있지는 않다. 그러나 이런 알고리즘은 이미 여러 분야에서 사용되고 있으며, 특히 정부 규제기관이나 금융기관에서는 여러 종류의 자동화된 결정 알고리즘을 쓰고 있다. 정부의 4차 산업혁명 추진과 스타트업의 장려로 이런 알고리즘은 확산될 것이고, 결국은 이로 인한 차별 문제가 표면으로 부상할 것임이 분명하다.

주석

1 공정거래위원회, 「부당하게 자사 서비스를 우선 노출한 네이버 쇼핑·동영상 제재: 온라인 플랫폼 사업자가 검색 알고리즘을 조정·변경해 자사 서비스를 우대한 행위를 제재한 최초 사례」, 보도자료, 2020.10.6., https://eiec.kdi.re.kr/policy/materialView.do?num=205722&topic=O&pp=20&datecount=&recommend=&pg=.

2 Jerrold Nadler et al, *Investigation of Competition in Digital Markets: Majority Staff Report and Recommendations*, *Subcommittee on Antitrust, Commercial and Administrative Law of the Committee on the Judiciary*, The United States House of Representatives, 2020.

3 데이터의 품질을 다룬 최초의 연구는 크리스토 이바노프(Kristo Ivanov)의 1972년 박사학위 논문이다. 이 논문은 데이터의 완전성, 보안성, 신뢰성, 유효성, 정확성의 품질 특성을 다루고 있다.

4 재범죄 위험 예측 도구(COMPAS): 유사한 다른 범죄자들의 기록과 특정범죄자 정보에 대한 빅데이터 분석을 통해 재범 가능성을 계량화한 인공지능으로, 미국의 유타주, 버지니아주, 인디애나주에서 활용하고 있다.

5 이러한 수학적 모델의 한계를 인식하는 연구자들은 모델의 의사결정 정확도를 민감도(sensitivity)나 특이도(specificity)의 확률로 표현하기도 한다.

2장 김건우

인공지능으로 인한 불공정과 불투명의 문제를 다루는 제도적 방안[1]

사회 각 분야에 인공지능이 도입되고 활성화됨에 따라, 인공지능과 관련된 다양한 사회적·윤리적·법적 쟁점도 제기되고 있다. 그중 주요한 것으로 다음 세 가지를 들 수 있다. 첫째, 인공지능이 내린 판단이나 결정의 결과가 사회의 일반적 가치 기준의 측면에서 받아들이기 어려운 편향이나 차별(불공정성)을 띨 수 있다(공정성 문제). 둘째, 인공지능 알고리즘은 블랙박스와도 같아서 알고리즘의 결괏값이 어떻게 해서 얻어진 것인지를 알기 어렵기 때문에 그것에 대한 책임을 누가 질 것인지를 밝히기가 어렵다(투명성 및 책임성 문제). 셋째, 해킹과 피싱, 그리고 딥페이크 등으로 인해 프라이버시나 기타 보안상의 위험이 발생할 수 있으며, 나아가 진실과 허위가 식별하기 어려워짐에 따라 사회정치적 신뢰가 취약해질 수 있다(프라이버시, 보안 및 사회정치적 신뢰의 문제). 이들 문제가 초래할 사회적 위험은 심각함을 넘어 사회적으로 치명적일 수 있기에, 알고리즘을 개발하고 활용하는 전 과정에서 반드시 적절한 규율과 관리가 이루어져야 할 것이다.

그렇다면 이러한 규율의 과제를 어떤 방법으로 행해야 할 것인가? 일차적으로 이른바 '경성적hard' 규율을 생각할 수 있다. 법적(입법적, 사법적) 규율이 바로 그것이다. 일차적으로, 인공지능의 설계와 활용 및 평가 등 각 단계마다 기존의 국제 인권 규범이나 국내 법규상의 차별 금지에 관한 일반적 규율을 준용할 수 있을 것이다. 나아가 인공지능의 발전 양상에 따라, 아예 인공지능에 특화된 법규를 제정하여 규율해야 할 수도 있다.

그러나 이러한 경성적 규율에 대해 우려할 점도 있다. 정작 규율의 강제성이 확보될 수 있는 반면, 마땅히 규율되어야 할 위험과 해악을 제대로 규율하지 못하거나 기술의 발전을 저해할 수 있다는 것이다. 따라서 경성적 규율을 적용하기에 앞서, 연성적 규율의 방안을 최대한 적극적으로 활용하고 제도화하는 것이 바람직하다. 이런 취지에서, 이미 국가와 정부 기구에서부터 국제기구나 전문가집단, 그리고 민간 기업에 이르기까지 여러 주체들이 인공지능의 활용에 관한 윤리 규범과 가이드라인, 혹은 윤리 헌장 등을 제정하여 공표한 바 있다. 다음으로, 인공지능 개발자 선서나 행동 규약을 제정하여 준수하게 할 수도 있다. 이는 윤리 규범과 같은 것을 제정하여 준수하는 방안과 유사하면서도 좀 더 세밀한 규율의 효과를 기대할 수 있다. 아니면 더 근본적이고 직접적인 해결책으로서, 애초에 '선한' 인공지능을 설계하고 제조하기 위한 연구개발에 노력하고 그것을 제도적으로 규율하고자 노력할 수도 있을 것이다. 또한 인공지능(알고리즘)에 대한 사전 영향 평가나 사후 감사를 의무화하고, 인공지능의 입·출력물을 공개하거나, 혹은 이용자로부터 설명 요청이 있을 때 컨트롤러(인공지능을 활용하는 기업체)가 이에 응하도록 의무화하는 것과 같은 실제적이고 구체적인 시도도 해 볼 만하다. 끝으로, 이른바 인공지능 시민권을 보장해야 하며, 이를 위해서는 인공지능과 관련한 시민의 전반적 이해도와 역량을 강화해야 한다. 다만 이 모든 연성적 규율 방안들은 경성적 방안들과 달리 각 이해 당사자가 자율적으로 제정하고 준수하도록 하는 것이어서 그 이행을 강제할 수 없다고 하는 한계점이 있다. 따라서 연성적 방안들과 경성적 방안들을 적절히 결합하여 운용하는 지혜가 발휘될 필요가 있다.

1. 무엇이 문제인가?

(1) 공정성 문제

요즘 자연어처리NLP, 컴퓨터 비전, 음성 인식 등 각종 인공지능 기법이 발전하면서 이를 활용한 챗봇과 가상 비서virtual assistant, 그리고 소셜 로봇social robot 등이 우리 삶에 깊이 침투하고 있다. 교육, 엔터테인먼트, 의료, 금융, 기타 각종 서비스업 등 사회 각 분야에서 그렇다. 그리고 이러한 추세와 더불어, 인공지능과 관련하여 사회적, 윤리적, 법적 차원에서 다양한 논란거리도 떠오르고 있다. 그중에서 가장 두드러진 것은 인공지능의 판단이나 의사결정으로 인해 얻어진 결과가 사회적으로 부적절한 편향과 차별을 띨 수 있다는 점이다. 인공지능 알고리즘에 따른 의사결정도 인종, 젠더, 나이, 외모 등 여러 측면에서 편향을 드러낼 수 있으며, 이러한 편향도 인간의 의사결정에서 드러나는 편향 못지않게 심각한 문제일 수 있다는 것이다. 이것이 이른바 인공지능의 '공정성'에 관한 문제이다.

이를 부연 설명하면 다음과 같다. 머신러닝 방법 중 현재 가장 성공적이라고 평가받고 있는 방법인 딥러닝에 기반한 인공지능이 어떻게 '학습'을 하는지를 떠올려 보자. 이러한 인공지능의 목표는 입력 데이터(가령 고양이 사진의 특정한 선, 모양, 색깔 등)와 이미 확정된 타깃(고양이라는 레이블) 간에 정확한 매핑mapping을 얻는 것이다. 이를 위해 그러한 인공지능은 알고리즘(모델)의 수많은 심층 신경망 층layer의 각 노드node에 부여된 가중치들을 변화시켜가면서, 손실함수loss function 값을 줄여주는 가중치들이 무엇인지를 근사적으로 찾아 나간다. 처음에는 미완성 상태였던 알고리즘으로부터 시작하지만, 입력 데이터와 실제 타깃 값을 학습 자료로 삼아 점차 그러한 알고리즘을 구체화해나가는 것이다. 이런 식으로 가중치를 추정함으로써 알고리즘을 구체화해가는 과정이 곧 딥러닝에서의 '학습'이다.

이때 문제는 주어진 데이터(입력 데이터+실제 타깃)나 설계된 기계 학습 모델(미완성 알고리즘) 자체에 이미 일정한 편향이 내재해 있을 수 있다는 점이다. 이러한 편향은 그러한 인공지능 알고리즘이 산출할 결괏값의 편향을 통해 드러나는데, 이 경우 학습을 통해 얻어진 기계 학습 모델(완성된 알고리즘)이나 이를 바탕으로 한 인공지능 자체가 그러한 편향을 띠는 것으로 간주할 수 있다. 예를 들어, 구인·구직 온라인 플랫폼이나 교육, 엔터테인먼트, 의료, 금융 등 많은 분야에서 자연어 처리 알고리즘을 활용할 경우, 그 결과로 성별이나 인종에 따른 편향이 나타날 수 있다. 혹은 재범률을 예측해주는 인공지능을 적용할 경우, 역시 결과적으로 인종이나 성별에 따른 편향이 나타날 수 있다.

오늘날 이러한 문제가 그리 새로운 것은 아니다. 일찍이 인공지능이 새로운 부흥기를 맞이하면서 그 활용에 대한 여러 가지 우려가 쏟아져 나온 바 있고, 그중 가장 주목받은 것이 불공정성과 불투명성 문제였기 때문이다. 다만 이러한 문제를 대중에게 널리 알리는 데에는 비슷한 시기에 출간된 두 권의 책이 큰 역할을 했다. 먼저 미국의 법학자 프랭크 파스콸레Frank Pasquale의 『블랙박스 사회Blackbox Society』를 들 수 있다. 그는 이 책에서 미국 사회가 알고리즘의 블랙박스에 갇혀 있음을 역설하였다. 미국에서 널리 행해지고 있는 평판도reputation 조사, 인터넷 정보 검색, 신용평점 산정 등의 작업에는 인공지능 알고리즘이 활용되고 있으며, 이러한 알고리즘은 가공할 만한 영향력을 갖고 있다. 하지만 이러한 알고리즘상에서, 비록 입력값(즉 주어진 현실 상태에 대한 기술)과 출력값(즉 그러한 현실 상태에서의 특정한 판단이나 행위와 관련하여 내린 결정) 각각은 알 수 있을지언정, 어떻게 해서 해당 입력값으로부터 출력값이 나온 것인지 그 메커니즘과 연원을 알 수는 없다. 따라서 그러한 인공지능 알고리즘의 사회는 블랙박스 사회, 즉 정보의 산출과 유통이 불투명하고 불공정하기 쉬운 사회라는 것이다.[2]

다음으로, 미국의 데이터과학자 캐시 오닐Kathy O'Neil의 책 『대량살상수학무기Weapons of Math Destruction』를 들 수 있다. 이 책은 알고리즘의 불평등한 결과와 편향이라는 문제를 적나라하게 드러내어 큰 반향을 일으켰다.[3] 오닐은 알고리즘이 기본적으로 (이론적) 모형과 비슷하며, 알고리즘이 만들어질 때 개발자가 가진 여러 편향된 가정assumption이 포함되기에 그러한 알고리즘은 결코 중립적이지 않다고 주장하였다. 예를 들어 신용평가 알고리즘을 만들 때, 어떤 고객이 대출을 갚지 않은 횟수가 몇 차례가 되어야 신용불량자로 분류할 것인가의 여부는 개발자가 직접 결정해야 하는 사안인데, 여기에는 개발자만의 편향이 개입될 수밖에 없으므로 그러한 알고리즘은 중립적이기 힘들다는 것이다.

여기서 독자는 이런 의문이 들 것이다. 어차피 인간사회에는 여러 편향과 차별적 인식이나 처우가 흔하게 일어나는데, 인공지능을 활용한 결과가 유사한 편향과 차별을 드러낸다고 해서 그것이 왜 특별히 문제가 되는가?

그 답은 크게 두 가지로 말할 수 있다. 첫째, 편향과 차별이라는 문제는 그러한 알고리즘이나 관련 기술을 매개로 하여 발생하는 데에도 불구하고 그것을 그러한 인공지능 알고리즘이나 기술과 분리하여 생각한다면, 그러한 문제의 중요성을 자칫 간과하기 쉽다. 인공지능은 인간으로서는 도저히 분석할 수 없는 빅데이터를 다루기에, 우리는 인공지능이 산출해 주는 결과물이 인간이 작업한 결과물보다 더 낫거나 더 공정할 것이라고 생각하기 쉽다. 마치 우리가 인간보다 더 뛰어난 바둑 인공지능이 알려 주는 수의 의미를 이해하지 못하면서도 그것이 인간이 생각해 낼 수 있는 수보다 당연히 더 나은 수일 것이라고 맹목적으로 받아들이게 되는 것처럼 말이다.

둘째, 빅데이터 및 인공지능 알고리즘은 우리 사회에 이미 존재하는 차별을 단순히 반영하기만 하는 것이 아니라 그것을 더욱 증폭하고 영속화할 수 있다. 앞서 지적한 것처럼, 모든 현대 사회에서는 다양한 유형의 차별이 여전히 어떤 식으로든 행해지고 있으며, 그것이 사람들의 인식 속에 내재화되어 있기도 하다. 따라서 그러한 사회에서 얻어진 데이터가 인공지능 알고리즘에 투입되면, 그러한 인공지능 알고리즘 역시도 일정한 차별을 담은 결과를 만들어 내기 마련이다. 문제는 인공지능 알고리즘의 학습과 결과물 산출을 통해, 우리가 가진 기존의 편견과 차별적 의식·행위가 더욱 강화되거나 새로이 재생산될 수 있다는 점이다. 이 경우 그러한 문제가 없어지거나 완화되는 것은 요원해질 수 있으며, 이는 우리가 결코 원치 않는, 사회적으로 매우 위험한 결과일 수 있다.

따라서 정부와 업계, 그리고 시민사회 등 관계자 모두는 마땅히 이런 새로운 위험을 제대로 인식하고 적극적으로 대처해야 한다. 특히 인공지능 기술로부터 얻어질 혜택과 번영은 가능한 한 많은 사람에게 주어져야 하며, 특히 소수나 특정 계층이 아닌 다수 구성원이 그것을 공유할 수 있어야 할 것이다(이른바 '이익 공유'의 원칙). 이를 고려한다면 인공지능 기술로 인한 차별과 불공정성 문제에 능동적으로 대처해야 할 필요성은 더욱 커진다.

(2) 투명성 및 책임성 문제

인공지능 알고리즘과 관련한 사회적·윤리적·법적 문제로서 또 하나 중요한 것은 그것의 '투명성' 혹은 '책무성accountability'에 관한 문제다. 앞서 말했듯이, 우리는 주어진 입력값에 대해 인공지능 알고리즘이 구체적으로 어떠한 인과적 메커니즘에 의해 특정한 출력값을 산출하는지를 알 수 없다. 이 점에서 흔히 인공지능 알고리즘을 '블랙박스'에 비유한다. 인공지능 알고리즘은 심지어 개발자조차도 이해할 수 없을 정도로 복잡할 수 있다. 특히 딥러닝에 기반한 인공지능에서는 수많은 신경망 층을 이루는 개개의 노드 간에 부여된 가중치값이 그 인공지능의 작동에 결정적 역할을 함에도 불구하고, 특정 결괏값 산출 시에 노드의 가중치값이 얼마인지를 밝혀내기란 불가능에 가까울 수 있다. 그래서 인공지능에 의한 판단이나 의사결정 결과를 정확히 이해하는 것, 혹은 그것을 정확히 해명하거나 설명한다는 것은 사실상 불가능하다. 이 점에서 인공지능 알고리즘에 대한, 혹은 그것이 내린 의사결정에 대한 '투명성', 나아가 인공지능 개발 및 활용의 전 과정에 대한 '책무성'이 요청되는 것이다.

인공지능 알고리즘이 불투명하다는 사실은 이미 2016년 바둑 인공지능 알파고AlphaGo와 프로기사 이세돌 간의 시합에서도 드러난 바 있다. 알파고가 결정한 착점(수) 각각에 대해, 알파고를 개발한 구글 딥마인드DeepMind 측 역시 그러한 착점 선택의 이유를 설명할 수 없다고 토로한 바 있다.

그렇다면 이러한 불투명성은 어디에서 기인하는가? 그 원인(원천)은 단일하지 않다. 앞서 알고리즘 자체의 불투명한 속성을 거론했지만, 이것이 전부는 아니다. 어떤 사람들은 인공지능 알고리즘은 제도적 차원과 물리적 차원에서도 불투명할 수 있다고 말한다.[4] 제도적 차원으로는, 인공지능 알고리즘의 소스 코드source code가 영업비밀이나 지적 재산권 제도를 통해 법적으로 보호받고 있을 가능성이 높기 때문에 법원과 같은 외부 주체가 공개를 강제하기 어렵다는 것이다. 한편 물리적 차원에서 보면, 인공지능 알고리즘에 대한 조사와 검증에는 막대한 시간과 비용이 들 수 있어 그러한 조사와 검증을 제도로서 현실화하기 어려울 수 있다.

다음으로 개념적 차원에서 하나 짚어 둘 것이 있다. 인공지능의 불투명성 문제와 인공지능 알고리즘의 편향이나 차별 강화의 문제 간에는 서로 어떤 관계가 있는가 하는 점이다. 이 두 문제가 동일하지는 않다. 두 문제는 서로 유사하고 밀접하면서도 다소간 강조점을 달리하는 문제라 할 수 있다. 인공지능이 불투명하다고 해서 반드시 그것이 편향이나 차별 강화를 일으킨다는 보장은 없으며, 인공지능이 투명하다고 해서 반드시 그것에 편향이나 차별이 없음을 의미하지도 않기 때문이다. 하지만 인공지능이 불투명하다는 것은 거기에 편향이나 차별이 있다고 의심할 만한 유의미한 단서가 될 수 있다. 따라서 이 두 문제를 완전히 무관한 것으로 분리해서 볼 수는 없다.

인간이 인공지능의 모든 출력값을 예측하거나 설명할 수 없다는 것은 인간이 인공지능을 온전히 통제할 수 없음을 의미한다. 물론 이러한 한계점은 바둑과 같이 승패를 가리는 게임에서는 크게 문제되지 않을 수 있다. 하지만 인간의 생명이나 안전, 그리고 재산과 직결된 의사결정을 하는 인공지능이라면, 오작동 등으로 인해 통제가 불가능할 경우 그것은 인간에게 돌이킬 수 없는 피해를 줄 수 있다. 예를 들어, 살상용 드론이나 킬러 로봇 등은 자칫 무차별적 살상을 일으킬 수 있으며, 자율주행 자동차에서 발생한 오류는 사고로 이어져 심각한 인명피해를 일으킬 수 있다. 의료로봇에서 발생한 오작동도 무고한 인명의 희생으로 이어질 수 있다. 따라서 인공지능 기술이나 서비스는 인간에 의해 어떤 식으로든 제어(통제)될 수 있어야 한다. 인공지능이나 로봇의 작동 결과를 사전에 예측할 수 없어 완벽한 제어가 불가능하고 오작동 발생이 불가피하다면, 그것에 대한 예방책을 선제적으로 마련해야 한다. 심지어 사고에 대한 예방은커녕 사고발생 이후에 왜 그러한 결과가 나왔는지를 설명조차 할 수 없다면, 이는 인공지능 및 로봇 산업 전반에 대한 큰 불신을 낳을 수밖에 없을 것이다.

(3) 프라이버시, 보안 및 사회정치적 신뢰의 문제

앞서 발전된 인공지능 기술을 통해 사회적 위험이 발생할 수 있다고 하였다. 그런데 이러한 위험이 누군가의 실수나 시스템상의 오류만으로 발생하는 것은 아니다. 그러한 위험은 기술 개발과 활용에 관계된 인간이 그러한 기술을 고의적으로 악용한 탓일 가능성도 있기 때문이다. '해킹'이나 '피싱phishing', 혹은 '딥페이크deepfake'로 인한 위험이 바로 그것이다. 또한 기계학습 기반의 인공지능은 이용자들에 대한 방대한 데이터를 필요로 하기에, 이용자들의 (암호화되지 않은) 민감한 사적 정보를 수집하고 분석하는 과정 그 자체로부터 프라이버시 침해가 일어날 수 있다. 게다가 사회 전반이 '지능정보화'된다는 것은 개별 시스템이나 영역 간의 연결이 극대화되는 방향으로의 변화라는 점에서, 여러모로 보안이 취약해지기 쉽다. 요컨대, 딥페이크의 악용과 더불어, 개인과 사회의 물리적 안전과 관련된 위험은 물론 프라이버시 침해의 위험이나 정보 보안상의 위험이 모두 초래될 수 있다.

해킹과 피싱에 이어 최근에 더 부각되고 있는 문제가 '딥페이크'이다. 최근 딥러닝의 한 모형인 GANGenerative Adversarial Network을 활용한 딥페이크 기법이 널리 활용되면서, 그것의 효용 못지않게 심각한 부작용도 있다는 경고가 나오고 있다. GAN과 딥페이크를 간단히 설명하면 이렇다. GAN을 변형한 인공지능 모델은 다양한 산업에서 비용 절감을 위해 활용될 수 있는 장점이 있어, 일각에서는 콘텐츠 혁명이라고 불리기도 한다. 하지만 이 모델을 활용하면 사람의 이미지를 써서 가짜 이미지나 가짜 동영상을 생성할 수 있기도 하다. GAN의 놀라운 기술은 가짜 뉴스 생성, 유명 인사들의 발언 영상 생성, 리벤지 포르노revenge porn, 금융 사기 등 범죄에 악용되기 쉬운데, 이러한 가짜 생성 기술을 통칭하여 딥페이크라고 한다. 딥페이크 기술을 써서 만들어진 가짜 뉴스는 점점 진짜 뉴스와 구별하기 어려워지고 있다. 실제로 2018년 4월 미국 전 대통령인 버락 오바마의 가짜 연설 동영상이 생성되어 전 세계에 큰 파장을 일으킨 바 있다.

넘쳐나는 정보 속에서 진실은 점점 더 찾기 어려워지고 있으며, 이는 민주적 정치 과정에 결정적 악영향을 미칠 수 있다. 진실과 거짓이 철저히 식별 불가능하다면, 이는 민주주의라는 근대 인류의 성취에 사형선고가 될지 모른다. 이러한 우려는 공공의 정치 과정에서만 아니라 경제활동이나 기타 사적 활동에서도 피할 수 없다. 만약 딥페이크 기술을 써서 기업의 CEO의 얼굴이나 음성을 그대로 모방하여 직원에게 송금을 요청하거나, 혹은 자식의 얼굴이나 음성을 그대로 모방하여 부모에게 송금을 요청한다고 상상해보자. 대부분의 직원이나 부모는 손쉽게 송금을 해 줄지 모른다. 이는 심각한 범죄이며 큰 피해를 낳을 수 있다. (이러한 사건은 중국 등에서 실제로 발생한 바 있다.) 또한 딥페이크 기술은 개인정보를 악용하여 정밀한 스팸 메일을 생성하여 피싱 공격을 하는 데에도 이용될 수 있다. 이렇게 사회에 유통되는 정보가 크게 왜곡된다면, 사회의 신뢰 기반 자체가 무너질 것이다.

이러한 문제의 심각성을 인식하여, 2019년 10월 캘리포니아 주지사는 공직 출마자를 상대로 한 악성 딥페이크 음성물이나 영상물을 유포하는 것을 금지하는 법안에 서명하기도 했다. 이렇듯 법률가나 법학자들, 정부의 정책담당자들은 딥페이크의 문제에 대응하려 하고 있다. 구글이나 페이스북과 같은 IT 전문 기업들도 마찬가지다. 이들 기업은 스스로가 딥페이크 기술 자체를 개발해 온 주역이면서도 역으로 딥페이크 기술에 의한 가짜를 진짜로부터 구별하기 위한 '감식' 기술 개발을 서두르고 있다. 바야흐로 세계는 딥페이크와의 전쟁, 나아가 정보 보안을 위한 전쟁으로 접어들고 있는 것이다.

끝으로, 한국의 문제 상황에 대해 한 마디 덧붙여 두자. 그동안 인공지능의 차별과 투명성, 그리고 책무성과 관련한 논란은 대체로 미국과 유럽을 중심으로 이루어졌다. 하지만 이러한 논란이 그들만의 문제는 아니다. 한국 사회는 인공지능 알고리즘으로 인한 문제가 자라나기에 용이한 토양을 갖춘 면이 있다. 한국 사회는 이미 성별,

나이, 지역, 경제적 계층, 상이한 문화 등에 따라 집단 간에 편견과 혐오가 넘쳐나고 있다. '조선족'이라는 말로 대표되는, 특정 국가나 지역 출신의 사람들에 대한 거부감이 확산되고 있다. 또한 근래 페미니즘의 이념이 사회 문화와 정부 정책으로 수용되는 경향 속에서, 인터넷 공간을 중심으로 남성을 비하하는 표현들이 크게 증가하자 그 반작용으로 페미니즘 전반에 대한 역공격이 일어나고 있기도 하다. 뿐만 아니라, 한국은 세계 어느 나라보다도 디지털화와 자동화, 그리고 인공지능의 도입에 앞장서 왔고 그로 인한 변화와 혁신을 적극적으로 수용해 왔다. 이미 정부 규제기관이나 금융기관 등에서는 여러 종류의 자동화된 의사결정 알고리즘을 사용하고 있다. 2018년부터 대기업과 중견기업에서 취업 면접에 인공지능 알고리즘이 도입되기 시작했으며, 대검찰청과 경찰청에서는 각각 사법 알고리즘과 범죄 예측 알고리즘을 개발하기 시작했다.[5] 특히 한국 정부가 나서서 제4차 산업혁명과 인공지능 기반 기술혁신을 추진하고 있는 지금의 현실을 놓고 볼 때, 그러한 알고리즘의 활용은 사회적으로 더욱 널리 확산할 것이다. 이처럼 한국 사회에서 확산해 가는 혐오의 정서나 문화가 디지털-알고리즘 사회로의 급진적 진화를 만났을 때, 그 스파크는 중차대한 사회적, 윤리적 문제로 분출될 수밖에 없다. 비록 아직까지는 한국에서 이러한 문제가 사회적으로 크게 부각되지 않았다고 해도, 구미에서와 같이 한국에서도 그러한 문제가 표면화되는 일은 결국 시간 문제일 뿐이다.

2. 이러한 문제를 어떻게 다룰 것인가?

(1) 개요

이처럼 인공지능이 일으킬 중대한 사회적·윤리적 문제에 대한 인식이 점차 확산하면서, 주로 그러한 인공지능을 개발하고 확산시키는 입장에 있는 거대 IT 기업과 스타트업에서는 최근 다각도로 자체적 노력을 기울이기 시작하였다. 그러한 문제가 자신들의 영업활동에 심각한 걸림돌이 될 수 있음을 우려한 것이다. 그리하여 그러한 업체에서는 여러 기술적 방법을 개발하여 인공지능(알고리즘)의 설명 및 해석 가능성을 확보하려 하거나, 애초에 가능한 한 더 공정한 알고리즘을 설계하려 하거나, 악성의 편향이나 차별과 같은 문제가 드러났을 때 이를 알고리즘상에서 걸러 내거나 교정할 수 있게 하거나, 혹은 그러한 문제의 발생 경위를 적극적으로 설명하려 하기도 한다. 물론 자신의 영업비밀을 법적·제도적으로 보호 받는 것을 전제로 하면서 말이다.

그리고 이러한 노력은 기업에 국한되지 않는다. 국제전기전자공학회IEEE와 같은 전문 학술단체의 윤리위원회는 '자율지능시스템의 윤리에 대한 국제 이니셔티브'나 '알고리즘 투명성 및 책무성에 대한 성명서' 등의 권고 사항을 제안한 바 있으며, 인공지능 연구자들은 자생적으로 '기계학습의 공정성, 책무성, 투명성을 추구하는 공동체'를 만들기도 했다.[6] 이러한 노력은 민간에서 자체적으로 행해진 것일 뿐 국가기관을 통해 공식화되거나 제도화된 것은 아니었다. 그럼에도 사회 속에서 유의미한 효과를 발휘한다는 점에서 그것의 실천적 의미를 부정할 수는 없다.

결국 이러한 문제 상황에 대처하기 위한 제도적, 실천적 방안을 다각도로 마련하는 것이 과제이다. 그렇다면 그러한 방안이 추구해야 할 목표나 당위는 무엇일까? 그것은 인공지능을, 혹은 인공지능의 개발과 활용, 그리고 관리를 어떻게든 '윤리적'이고 '사회적 가치이념에 부합'하도록 해야 한다는 것이다. 암묵적으로라도, 혹은 비록 그것이 모호할지라도, 사회가 공유한 윤리와 가치이념이 있기 마련이며, 인공지능의 운용은 바로 그러한 윤리 및 가치이념과 결을 같이 해야 한다는 것이다. 그리고 이러한 요구는 인공지능 개발과 활용의 전 과정에서 충족되어야 한다. 예컨대, 모종의 '착한' 인공지능 로봇 개발을 위한 기술적·법적·윤리적 원칙과 평가 척도 등을 고안하여 이를 전 과정에 적용해야 하는 것이다.

이러한 목표를 달성하기 위한 현실적 대응책으로 다양한 방안이 가능한데, 규율의 시점에 따라 이는 크게 '사전적' 대응과 '사후적' 대응으로 나눌 수 있다. 사전적 대응으로는 대략적으로 기술 개발이나 서비스 설계, 그리고 제품 기획 등 의사결정 과정에서 이해관계자라고 할 수 있는 이용자, 소비자, 시민 등의 의견이 적극적으로 반영되어야 한다는 것, 이용 단계에서 예상되는 위험과 관련된 정보가 공개되고 공유되어야 한다는 것, 그리고 개인정보 처리의 전 과정이 최대한 투명하고 적절하게 이루어져야 한다는 것을 생각할 수 있다. 사후적 대응으로는 인공지능 기술과 서비스로 인한 사고가 발생하거나 문제가 제기되었을 때 그 책임의 소재와 배분을 명확히 하고, 안전과 관련한 정보를 공유하며, 이용자의 권익을 보호하는 등 사회적 책무를 충실히 수행하는 것 등이 있을 수 있다.

이하 그러한 대응 방안으로 근래에 제안되고 있는 몇몇을 좀 더 자세히 살펴보자. 다만 이 방안들 간의 관계에 대해 미리 간단히 언급해 두어야겠다. 이 방안들이 문제에 대한 해결책으로서 결코 서로 배제적이라고 생각할 필요는 없다. 이들 방안 중 일부 혹은 전부를 어떤 식으로든 선택하고 결합한다면 그것만으로도 현실에 적용할 수 있을 것이기 때문이다.

(2) 일반 규범에 의한 규율: 경성적 규율

가장 일반적이면서도 공식적인 규율 방안이라 할 것부터 생각해 보자. 바로 인공지능의 설계 단계에서부터 제작 및 활용에 이르는 전 단계에서 적용되어야 할 법규나 평가체계, 혹은 윤리 규범 등 다양한 규범체계를 미리 정립하여 공식화하는 한편, 모든 이해 당사자로 하여금 이를 지키도록 하는 것이다. 각종 국제 규범이나 국내의 관련 여러 법규에서부터 세계 각국의 기술평가체계 및 윤리 가이드라인 등이 그러한 규범의 예이다. 기존에 정립된 것이든, 논의를 통해 새로 정립해야 할 것들이든 간에 말이다.

세계 각국의 다양한 주체들은 이러한 규범을 이미 제시해 왔다. 이들 규범은 매우 다양하여 여러 기준에 따라 분류할 수 있다. 우선 규범의 성격상 법 규범과 윤리 규범으로 나눌 수 있다. 또 형식상으로는 경성법/경성규범hard law과 연성법/연성규범soft law으로 나눌 수 있다. 여기서 '연성법' 혹은 '연성규범'이란, 대략적으로 말해 '직접적으로 법적 강제력을 갖지는 않지만 간접적으로 사회구성원의 행위에 실질적 영향력을 미치기 위해 만들어진 행위규범의 일종'을 말한다. 그리고 제정 주체에 따라 분류한다면, 정부가 제정한 규범과 전문가 집단이 제정한 규범, 그리고 기업이 제정한 규범으로 구분할 수 있다.

이러한 규범 집합은 인공지능 거버넌스의 일차적 준거점이 될 수 있다. 특히 이미 확립된 경성규범이 있다면 그것을 충실히 따르는 것이야말로 그러한 거버넌스를 위한 필요조건이 될 수 있다. 마땅히 국제 법규에서부터 국내 법규에까지 차별이나 공정성, 그리고 투명성과 관련하여 시민의 접근권 등과 관련된 각종 경성법이나 경성규범을 최대한 존중하고 충실히 반영해야 할 것이기 때문이다. 인공지능 기술은 대체로 국제적 차원에서 개발되고 활용된다는 점에서 그 거버넌스에서 가장 우선적인 요건은 국제규범을 준수하는 것이다. 이는 원자력이 국제적 영향을 미치기에 그 안전관리의 우선적 원칙이 「원자력안전협약」 등 국제규범을 준수하는 것이라는 점과 마찬가지다. 그래서 그러한 거버넌스는 국제 인권 규범상의 '보호 특성protected characteristics'을 반영해야 할 것이다. 여기서 '보호 특성'이란 차별의 근거가 되어서는 안 된다고 명시한 국제인권법상의 특성을 말한다. 그러한 보호 특성으로는, 인종race, 피부색colour, 성별gender, 언어language, 종교religion, 정치적 견해political opinion, 민족적 출신national origin, 재산 상태property, 출생birth, 장애disability, 원주민 출신/정체성indigenous origin/identity, 이주민/난민 지위migrant/refugee status, 성적 지향sexual orientation, 성적 정체성gender identity 등이 있다.

또한 그러한 거버넌스가 우리 헌정 체제 하에서 작동하는 한, 국제 인권 규범과 유사한 지향 하에 있는 우리 헌법상의 평등권 조항과 개별 법률상의 평등권 조항, 차별 금지와 관련한 기존의 여러 법규에도 부응해야 할 것이다. 또한 향후 '포괄적 차별금지법'이 입법될 수 있다고 가정할 때, 이를 적정한 범위에서 반영하는 것도 고려해야 한다. 물론 이러한 다각도의 경성적 규율에 대한 요청은 사전적으로 입법이나 행정규제를 통해 이루어질 수 있고, 사후적으로 사법절차를 통해서 이루어질 수도 있다.

이러한 국내외 일반 규범이 인공지능을 간접적으로 규율하는 데에 적용될 수 있는 것이라면, 인공지능에 특화된 법규를 통해 그것을 직접적으로 규율하려는 시도도 있었다. 가장 앞장선 것은 유럽연합이다. 2017년 유럽의회 법사위원회는 「로봇공학 민사법 규칙 권고안Draft Report with Recommendations to the Commission on Civil Law Rules in Robotic」을 제정하였다. 이 권고안에서는 로봇과 인공지능 개발에 관한 일반 원칙, 연구 방향, 윤리 원칙, 안전 및 보안상의 지침에서부터 법적 책임에 관한 다각도의 제도적 방안까지 제안하였다. 특히 로봇을 '전자인electronic person'으로 규정할 고려하도록 제안한 점이 많은 논의를 낳았다. 이 권고안은 자체로 법안도 아니었고 시행된 법률은 더더욱 아니었지만, 로봇에 관한 일반법이라면 갖추어야 할 주요 내용을 가늠케 해주었다.

다음으로, 2018년 유럽연합이 제정하여 발효 중인 개인정보보호규정GDPR도 빼놓을 수 없다. 특히 GDPR은 개인정보보호 일반을 규율하기 위한 것으로, 그 자체로 인공지능 기술에 특화된 것도 아니요, 정보기술이나 산업을 일반적으로 규율하기 위한 것은 더더욱 아니지만, GDPR에는 인공지능의 개발 및 활용시에 문제될 수 있는 개인정보보호와 관련한 조항들이 다수 포함되어 있다. 우리나라를 비롯한 각국의 개인정보보호법 개정에 큰 영향을 미치기도 했다.

이러한 일련의 입법화 시도에 이어, 최근 2021년 4월 유럽연합은 「인공지능 규제법안」을 내놓기에 이르렀다. 이 법안에서는 유럽의회 및 유럽연합 각료이사회로 하여금 인공지능과 관련한 통일된 규범을 정하여 특정한 규정Regulation을 제정하도록 그 안을 제안한 것이다. 이 법안에서는 특히 '위험기반 규제 접근법risk-based regulatory approach'을 제시하고 있다는 점이 주목받고 있다. 인공지능 시스템이 산출할 수 있는 위험을 '용인가능한 위험-고위험-저위험'으로 나누어 각 단계마다 규율 내용을 달리한다는 것이 그 내용이다. 이같은 규제안의 의의와 효과에 대해서는 법안 진행의 추이를 보면서 분석하고 논의해야 할 것이다.[7]

미국의 예로는, 2019년 4월 론 와이든Ron Wyden 미 상원의원이 대표 발의한 「알고리즘 책무성 법안」이 흥미롭다. 이 법안에서 가장 주목할 만한 내용은 '자동화된 의사결정 시스템 영향 평가'로, 자동화된 의사결정 시스템의 개발 과정을 평가하는 절차를 규정하고 있다는 점이다. 그러한 평가의 최소 요건으로, 해당 시스템의 설계구조·작동 방식·목적 등을 구체적으로 설명할 것을 요구한다.[8]

한편 이러한 입법의 노력은 국내에서도 없지 않았다. 비록 인공지능 일반을 규율하는 법률로서 아직까지 시행되고 있는 것은 없지만, 2017년 이후 제20대, 21대 국회에서 관련한 여러 법안들이 발의되기도 하였다.

다만 이러한 경성적 규율 방식에 대한 중요한 논점 몇 가지를 지적해 두자. 첫째, 거버넌스가 이미 확립되어 있는 국제 인권 규범이나 국내 차별 금지 법제에 부응해야 한다는 요건을 그 자체로 공정성이라는 목표를 위한 필요충분조건으로 여겨서는 곤란하다. 그러한 요건은 단지 공정성 확보를 위한 일종의 '소극적' 기준으로만 다루는 것이 바람직하다. 쉽게 말해, 그러한 법제는 해당 인공지능이나 학습 데이터가 공정한지를 판단하는 적극적 기준이 아니라 그것이 불평등적이고 차별적인지를 판단하는 소극적 기준으로 작동하는 것이 좋다는 말이다. 왜냐하면 어떤 인공지능이 법제에 부응한다는 사실만 갖고서 그 인공지능이 차별 금지와 공정성의 요구를 충실히 실현하고 있다고 단정할 수는 없기 때문이다.

둘째, 인공지능을 경성적으로 규율하는 구체적 방식과 전략은 다양할 수 있으며, 각각에는 일정한 타당성과 맹점이 함께 존재한다. 따라서 그중에서 특정한 방식을 선택하고자 할 때에는 신중한 태도가 요구된다. 우선 일반법이나 기본법과 같은 것을 새로이 제정하여 포괄적으로 규율하고자 하는 방안을 생각할 수 있다. 분명 인공지능 로봇의 발전으로 인해 '자동차', '의료기기' 등과 같이 비교적 뚜렷하게 구획된 기존 범주들 간의 구분은 해체되고 있으며, 이는 오늘날 인공지능이 가져온 본질적 변화의 한 양상이다. 예컨대, 자동차와 의료기기 간의 차이보다는 인공지능형 자동차와 기존의 비인공지능형 자동차 간의 차이가 더 벌어질 것으로 예견할 수 있다. 자동차와 의료기기 간의 구별이 흐려지면 종전에 자동차를 규율하던 법규(가령 자동차관리법)와 의료기기를 규율하던 법규(가령 의료기기법)간 구별의 중요성도 약화될 것이다. 따라서 이러한 변화를 고려한다면, 인공지능의 시대에는 그것에 관한 일반법이나 기본법을 정립하는 것이 타당할 수 있다. 자동차와 의료기기 간의 기존의 범주 구분을 가로질러 아예 이 둘을 아우르는 '인공지능형 로봇'이라는 새로운 범주를 규율할 수 있도록 하는 것 말이다.

하지만 그 장점과 타당성에도 불구하고, 그러한 규율 방식은 여전히 현실에 충분히 적합하지 않을 수 있다. 자동차든 의료기기든 그것을 활용하는 인간의 삶의 방식과 영역의 구획, 그리고 그에 대한 인간의 인식과 실천에서, 새로운 범주보다 기존의 범주가 여전히 더욱 지배적일 수 있기 때문이다. 즉 인공지능형 자동차나 인공지능형 의료기기조차도 여전히 인공지능으로서의 특성보다는 자동차나 의료기기로서의 속성이 인간의 삶에 더욱 지배적일 수 있다. 따라서 이러한 인간 삶의 현실을 충분히 고려하지 않고서 법적 범주 구분을 성급하게 급진적으로 바꾸는 것은 유효한 규율 전략이 아닐 수 있다.

셋째, 더 근본적인 논점으로, 인공지능을 법규를 통해 경성적으로 규율한다는 생각 자체가 인공지능이라는 혁신적 기술의 본질을 놓치는 것일 수 있다. 경성규범의 규율 형식이 어떠한가에 상관없이, 그리고 인공지능 혁신이 촉발할 세계 내 범주의 근본적 재편 상황이 어떠할 것인지에 상관없이 말이다. 인공지능은 본질적으로 설계자든 이용자든, 이해관계자 누구도 완전히 이해하거나 통제하지 못하는 기술이다. 따라서 인공지능의 작동을 아무리 세세한 법규로 규율하더라도 작동 결과를 온전히 통제할 수는 없으며, 그런 법규로 규율된 작동 결과(출력값)가 경험적·기능적으로 적합하다는 보장도, 규범적으로 적절하다는 보장도 없다. 게다가 경성적 규율이 가지는 강제적이고 구속적인 성격 자체가 인공지능이라는 신기술의 발전과 혁신을 지향하는 데에 부적합할 수 있음은 두말할 나위가 없다.

(3) 일반 규범에 의한 규율: 연성적 규율

바로 위와 같은 이유로, 경성적 법률을 통한 규율은 국제 공통의 인권 규범과 같은 것을 포함하여 최소한으로만 적용하고, 가능한 한 '연성'규범을 통한 규율이나 자율규제를 중심에 두는 것이 더욱 바람직한 방식일 수 있다는 주장이 설득력을 얻고 있다. 그러한 자율규제에 부합할 연성의 규범으로는 '윤리' 규범이 대표적일 것이다. 윤리규범과 같은 연성규범의 경우, (상대적으로 경성규범에 비해) 행위자로 하여금 그것을 기계적이고 형식적으로 이행하게 하는 것이 아니라 구체적 맥락에 맞는 방식으로 적용할 수 있게 하며, 아울러 그 규범에 따른 사후 평가와 교정을 용이하고 효과적인 방식으로 할 수 있을 것이기 때문이다.

실제로 세계의 여러 국가와 기관들은 이러한 취지에서 각종 윤리 가이드라인과 윤리 지침, 윤리 헌장 등을 제정해 왔다. 2022년 현재까지 이러한 규범으로서 이미 수용되었거나 제안된 것은 백 건이 넘는다. 그중에서 국가나 정부 기관(산하 위원회 등)이 제정한 것으로는 유럽연합EU, 영국, 미국, 일본 등의 것이 있다. 예를 들어, 일본 총무성은 「인공지능 연구개발 가이드라인」(2017)을, 영국 상원의 인공지능 특별위원회는 「인공지능 윤리 규약」(2018)을 각각 제정하였고, 이어 유럽연합은 다년간의 준비 끝에 「신뢰할 만한 인공지능을 위한 윤리 가이드라인」(2019)을 제정하고 공표하였다. 그리고 대한민국 과학기술정보통신부와 한국정보화진흥원은 「지능정보사회 윤리 가이드라인 및 윤리 헌장」(2018)에 제정한 데 이어, 타 국가에서의 기존 대응을 종합적으로 참고하여 최근 「(사람이 중심이 되는)인공지능(AI) 윤리 기준」(2020)을 발표한 바 있다.[9]

이같은 윤리 규범을 제정하려는 움직임은 국가나 정부 기관(산하 위원회 등)에만 국한되지 않고, 여러 국제기구나 전문학술단체, 전문가집단, 그리고 민간 기업에서도 발견된다. 예를 들어, 전문학술단체가 제안한 사례로는, 국제전기전자공학자협의회IEEE가 내놓은 「윤리에 맞게 정렬한 설계Ethically Aligned Design」(2017)와, OECD 위원회의 「인공지능 위원회에 대한 권고 초안Draft Recommendation of the Council on Artificial Intelligence」(2019)이 있다. 전문가집단이 내놓은 것으로는 삶의 미래Future of Life 그룹의 「아실로마 인공지능 원칙Asilomar AI principles」(2017)과 「일본 인공지능학회의 윤리 지침」(2017) 등이 있다. 한편 민간 기업이 제안한 경우의 예로, 마이크로소프트의 「인공지능 원칙AI Principles」(2018)과 구글의 「인공지능 원칙」(2018)이 있으며, 국내 사례로는 IT 기업 카카오가 2019년 1월에 제정한 「알고리즘 윤리 헌장」과 네이버가 2021년 2월에 공표한 「인공지능 윤리 준칙」 등이 눈에 띈다.

이들 윤리 규범은 인공지능이 윤리적 주체로서 어떤 의의를 가지며 사고시 책임이 누구에게 귀속되어야 하는지 등 다양한 주제를 다루고 있다. 비록 그 세부 내용에서 상이한 편이지만, 대체로 인공지능 기술이 인간 존엄성과 기본권 보장을 위해 복무해야 함을 주요 내용으로 하고 있다. 구체적으로는 인공지능이 준수하거나 구현해야 할 윤리 원칙으로서 인간 자율성에 대한 존중, 공정성, 투명성, 책무성, 통제 가능성, 안전성, 그리고 개인의 프라이버시 보호 등을 요청하고 있다. 요컨대 이러한 윤리 규범은 인간 존엄이라고 하는 인류 보편의 가치를 지향하면서 그 하위 목표로서 전술한 여러 윤리 원칙들을 이루어 내고자 한다. 이러한 시도는 모두 앞서 소개한 바 인공지능이 불러일으킬 사회적, 윤리적, 법적 쟁점들에 대응하기 위한 것이다. 다만 이들 윤리 규범만으로 그러한 목적을 달성하기에 충분할지에 대해서는 더 많은 논의가 필요하다.

(4) 인공지능 개발자 선서 및 행동 규약의 제정 및 시행

윤리 규범이나 가이드라인과 더불어 종종 거론되는 또 다른 제안은 알고리즘 개발자들로 하여금 윤리적 알고리즘을 개발하겠다는 '선서'를 하게끔 하자는 것이다. 이로써 개발자들의 윤리 의식을 고취할 수 있을 것이라는 생각에서다. 이렇게 선서하는 것은 마치 의사들이 생명 존중 등 의사로서의 윤리를 지키겠다고 하는 '히포크라테스 선서'를 행하는 것과 같다. 인공지능 개발자 선서의 내용과 취지는 앞서 다룬 윤리 규범과 유사하기에, 여기에서는 선서의 의의와 효과에 대해서만 간단히 언급해 두자.

선서는 윤리 규범이나 헌장, 그리고 가이드라인의 내용과 취지를 대외적으로 표명하는 '행위'이다. 그런데 선서에는 이른바 '표현적' 기능이 있다. 즉 일반적으로 선서를 행한다는 것은 자신의 사회적 신뢰를 내거는 셈이어서, 사람들은 이후의 행위를 하는 동안 그러한 선서에 구속되기 마련이며, 이에 따라 선서의 내용이 행위에 대해 가지는 규범력이 커지는 것이다. 하지만 선언이 이러한 효과를 달성하기는커녕 단순한 퍼포먼스에 그칠 수도 있다. 따라서 개발자 선언이 단순히 선언으로만 그칠 것이 아니라, 개발자 스스로의 관심과 자각, 인식의 전환, 그리고 이를 위한 적절한 교육과 홍보가 동반되어야 한다. 또한 선언의 실천을 확보하기 위한 적극적인 제도적 뒷받침으로서, 감독과 확인 등의 절차도 필요하다.

한편 개발자 선서를 하도록 하는 제안과 유사한 것으로, '행동 규약code of conduct'을 입안하고 실천하자는 제안도 고려할 만하다. 행동 규약이란 기업이나 연구자 집단 등 인공지능 관련 연구와 산업의 주체가 해당 연구 및 산업과 관련하여 자율적으로 제정한 실천 규범을 말한다. 이는 마치 유럽의 개인정보보호규정GDPR, General Data Protection Regulation 제40조가 컨트롤러나 프로세서(인공지능을 활용하는 기업)에 해당하는 기관이 공정하고 투명한 처리, 개인정보 수집 등을 위한 행동 규약을 제정하도록 제안하고 있는 것과 유사하다. 행동 규약은 기업이나 연구자 집단이 자발적으로 정한 것이라는 점에서 앞서 소개한 윤리 지침이나 가이드라인과 기본적으로 비슷하지만, 그에 비해 더 구체적이고 실천적일 수 있다는 강점이 있다. 다만 표현적 효과의 면에서 행동 규약은 개발자 선서와 마찬가지로 기대할 만한 면과 우려할 만한 면이 모두 존재하기에, 이러한 점들을 모두 고려하여 정교한 제도적 접근이 요청된다.

(5) 선한 인공지능의 설계 및 활용 방안 연구 및 제도화

앞서 소개한 『대량살상수학무기』의 저자 캐시 오닐을 비롯한 몇몇 논자들은 애초에 설계 단계에서 '선한' 알고리즘을 만들어야 한다고 제안한다.[10] 알고리즘 자체를 '기본값으로by default' 선하게 설계해야 한다는 것이다. 윤리적 가치를 담은 규범이나 입력 데이터 세트를 명시적으로 알고리즘에 코드화하거나encode, 혹은 알고리즘으로 하여금 그러한 윤리나 규범을 학습할 수 있도록 만들어야 한다는 주장이다. 그에 따라 그러한 알고리즘이 적용될 무인 자율주행 자동차나 기타 소셜 로봇과 같은 에이전트도 사람처럼 선한 판단이나 행위를 할 것으로 기대할 수 있다는 것이다. 물론 인공지능을 선하게 설계하도록 규율한다는 것은 일차적으로 선한 설계를 기술적으로 구현해야 한다는 점에서 '기술적' 해결책이다. 하지만 그러한 설계 방식은 하나의 제도로서 규율될 때 더욱 효과적일 것이라는 점에서, '정책적' 대응의 일환이기도 하다. 이처럼 기술적 방법을 통해 정책적 효과를 겨냥한다는 점에서, 설계 차원에서 규율을 하는 것을 '알고리즘 규제algorithmic regulation'라고도 한다.

그렇다면 오닐이 말하는 선한 알고리즘이란 무엇인가? 그것은 공익성과 공정성을 목표로 한 알고리즘을 뜻한다. 오닐은 미라 번스타인Mira Bernstein의 '노예 모델slavery model'과 비영리단체 에커드Eckerd가 개발한 '자녀 학대 모델abusing model'을 예로 들고 있다. 노예 모델은 강제노동이나 노예노동을 통해 만들어진 것으로 의심되는 제품과 그러한 노동이 발생한 것으로 의심되는 지역을 추정해 내는 모델이며, 자녀 학대 모델은 자녀를 학대할 가능성이 큰 가정이 어느 가정인지를 예측하고자 하는 모델이다.[11] 오닐에 의하면, 이들 모델은 각각 노예노동 예방 및 자녀 학대 예방이라고 하는 공익성과 공정성을 위해 인공지능 알고리즘을 채용한 것들로, '선한' 인공지능에 해당한다는 것이다. 요컨대, 인공지능은 그것을 개발한 목적을 기준으로 하여 선한 인공지능과 악한 인공지능으로 나눌 수 있다는 것이다.

오닐과 같은 이들이 주장하는 "선한 알고리즘"이라는 관념에는 공통적인 생각이 깔려 있다. 그것은 곧 알고리즘 자체는 선하지도 악하지도 않지만, 알고리즘을 설계하고 활용하는 인간의 편향과 나쁜 의도가 문제이며, 그것이 알고리즘에 투영되어 있다는 인식이다. 따라서 알고리즘을 설계하고 활용하고자 하는 인간의 선한 의도가 선행되지 않을 경우, 알고리즘은 "대량살상무기"가 될 수밖에 없다는 것이다.[12] 이에 의하면, 노예 모델과 자녀 학대 모델이 선한 이유는 사용된 모델 자체가 선해서라기보다는 그러한 모델이 선한 목적을 위해 개발되었기 때문인 셈이다. 달리 말해, 이들 모델은 그 자체로 악하지는(나쁘지는) 않지만, 사람을 차별하거나 혐오하는 등 나쁜 목적을 위해 개발되었다면 악한 인공지능이 되는 셈이다.

하지만 선한 인공지능(알고리즘)을 설계하고자 하는 다양한 시도는 인공지능의 태동과 더불어 지속되어 왔다. 이때 그러한 노력은 어떻게 하면 인공지능의 목적을 선한 것으로 할 것인가 아니라, 대체로 어떻게 하면 인공지능 알고리즘의 내용이나 그 산출 값의 내용을 선한 것으로 설계할 수 있는가에 그 초점이 있었다. 이 경우 '선한' 알고리즘은 실현 가능할까? 어떻게 해야 그것을 실현할 수 있을까? 이들 질문에 대한 답은 '선한 알고리즘'을 어떻게 정의할 것인가에 따라, 그리고 그러한 알고리즘에 대해 무엇을 얼마나 기대할(목표로 할) 것인가에 따라 달라질 것이다. 하지만 선한 알고리즘을 설계한다는 것은 난제 중의 난제라 하지 않을 수 없다. 사실 '난제'라고 표현했지만, 어쩌면 '성취 불가능하다'라고 새기는 것이 더 정직할지도 모른다. 왜냐하면 현재까지 그러한 설계 작업을 객관적 성공이라 할 정도로 성취해 낸 사례가 없을 뿐 아니라, '선함'이라는 윤리적 속성은 본질적으로 모호하여 앞으로도 누군가가 그러한 작업을 해낼 것으로 기대하기는 어렵기 때문이다.

이러한 비관적 전망의 원인을 좀 더 상술해 보자. 선한 인공지능의 설계 작업에는 몇 가지 중요한 근원적인 철학적, 기술적 난제가 자리하고 있다. 우선 기계에 이식할 윤리적 규범을 확정하는 일 자체가 극히 어렵다. 인류는 언제나 서로 다른 문화와 세계관으로 나뉘어 왔으며, 윤리나 윤리 규범도 그러한 문화와 세계관에 따라 언제나 상이했기 때문이다. 이른바 '윤리적 상대주의' 혹은 '다원주의'가 이러한 인식에 따른 관점이다. 예컨대, 개인이 행한 행위나 그 결과에 따라 개인이 가져야 할 '몫desert'이 어떠한가에 대해서도 우리는 단일한 답을 갖고 있지 않다. 그 몫을 철저히 개인이 산출한 성과merit에 따라 해당 개인에게만 귀속시켜야 마땅하다고 보는 관점이 있는가 하면, 개인의 성과는 실상 직간접으로 많은 이들이 관여하여 얻어진 것이라는 점에서 그 몫은 해당 개인만이 아니라 더 큰 집단에 귀속되어야 한다고 보는 관점도 있다. 이러한 윤리적 상대주의의 관점에서 보면, 기계에 이식할 단일한 윤리 규범의 집합을 확정할 수 있으리라는 기대는 그리 현실적이지 않다.

하지만 이보다 더 큰 난점이 있다. 비록 그런 윤리적 규범을 확정하는 일이 가능하다고 하더라도, 그것을 기계적 작동으로 구현하기 위해 계량적이고 확정적인 기계 언어로 표현하고 코드화하기가 매우 어렵다는 점이다. 뿐만 아니라, 설령 윤리 규범을 확정할 수 있고 그것을 기계 언어로 표현할 수 있다고 하더라도 문제는 남는다. 현 기계학습 기반 인공지능에서 그러한 윤리 규범을 기계적으로 구현하기 위해서는 관련 정보를 담은 어마어마한 (사실상 무한대에 가까운) 양의 데이터가 구비되어야 함은 물론, 그러한 데이터를 처리할 수 있는 어마어마한(사실상 무한대에 가까운) 컴퓨팅 장비가 구비되어야 하는 것이다. 심지어 거기에 소모되는 전기 에너지도 가공할 양일 것이다. 하지만 이러한 요청을 충족시키는 것은 사실상 불가능에 가까울 수 있다.

한편 이 모든 난제가 인공지능 알고리즘에 일정한 윤리 규범을 코드화하는, 이른바 하향식 접근법top-down approach에서만 발생하는 것은 아니며, 딥러닝 기법과 같은 상향식 접근법bottom-up approach을 활용한 이른바 '학습하는 인공지능 로봇'에서도 비슷하게 발생한다. 인공지능 로봇에게 시행착오 등의 경험을 하게 하고 그것을 데이터 삼아 선한 판단과 행위를 하도록 학습시키는 과정에서도 마찬가지인 것이다. 우선 인공지능 로봇으로 하여금 어떤 내용을 학습하도록 할 것인지를 확정하기란 무척 어렵다. 설령 그러한 학습 내용을 확정할 수 있다고 하더라도, 구체적 현실에서 어떤 행동을 하도록 해야 그것을 학습할 수 있을 것인지 고정하기 어렵다. 그리고 그러한 학습의 내용과 구체적 방법을 안다고 하더라도, 그것을 온전하게 이루어 내기에는 역시 무한대에 가까운 데이터와 정보처리가 동반되어야 할지 모른다.

그렇다면 이 모든 난점에 따라 선한 인공지능 설계의 꿈은 포기해야만 하는가? 긍정적이고 적극적인 주장도 있는데, 인류 사회에서는 최소한의 보편적 윤리 규범을 정하거나 합의할 수 있다는 주장이 그것이다. 보편적 인권에 관한 규범이나 보편 도덕이라 할 만한 규범이 분명히 존재한다는 것이다. 뿐만 아니라, 제한된 합리성 혹은 휴리스틱heuristics에 의존하여 앞서 말한 난제를 극복할 수 있다는 주장도 있다. 이른바 '도덕적 혹은 윤리적 휴리스틱'이 그것이다. 다만 이러한 긍정적 주장들의 전망은 어떠할까? 이 문제는 인공지능윤리 이전에 도덕철학의 근본 문제이다. 따라서 이를 상론하는 것은 이 글의 범위를 넘는 일이며, 이와 관련하여 앞으로도 더욱 심도 있게 논의하고 연구할 필요가 있다.[13]

(6) 인공지능 영향 평가assessment, 감사auditing, 인공지능 입·출력물 공개 및 설명의 의무화

다음으로, 인공지능이 미칠 수 있는 영향에 대한 사전 평가를 제도화하는 것도 대응책으로 생각할 수 있다. 일반적으로, 적용 가능한 정책이나 사업, 혹은 기술 등이 있다고 할 때, 실제로 적용하기 전에 발생할 수 있는 문제점을 예측하고 사회적 비용 등을 미리 산출함으로써 비용과 시행착오를 줄일 수 있다. 국가가 시행하는 정책이나 사업과 관련하여 '환경'에 대한 영향 평가를 실시하는 것이 이미 제도적으로 정착되어 있는 만큼, 인공지능 알고리즘에 대한 일종의 '인공지능 영향평가'를 실시하는 것도 제도화할 만하다. 이 같은 취지에서 미국의 인공지능법학자 앤드류 젤프스트Andrew Selbst는 경찰이 범죄 예측 알고리즘을 활용하고자 한다면 "알고리즘 영향 평가서Algorithm Impact Statement"를 작성하여 제출해야 한다고 주장하기도 하였다.[14]

하지만 난점도 있다. 환경영향평가가 대기, 물, 수질, 자연생태 등에서부터 각종 생활환경이나 사회·경제적 환경에 이르기까지 극히 광범위하게 이루어지는 것처럼, 인공지능 영향 평가도 이용자에 대한 신체적, 정신적 영향에서부터 관련 산업과 국가 차원에서의 사회적, 경제적, 문화적 영향에 이르기까지 그 대상 범위는 매우 광범위할 수 있다. 또한 환경영향평가에서 정책이나 사업이 환경에 미칠 영향을 예측하기 매우 어려운 것처럼, 인공지능 영향 평가의 경우에도 해당 인공지능 활용의 영향이 어떠할지는 매우 불투명하고 예측하기 어려울 수 있다. 따라서 인공지능 영향 평가를 현실에서 효과적으로 작동하도록 제도화하는 일은 상당히 도전적인 과제가 될 수 있다.

영향 평가와 더불어 인공지능과 관련된 불공정성과 불투명성 문제에 대한 정책적 해결책으로 종종 제시되는 것은 알고리즘에 대한 '감사監査, auditing'이다. 이는 다른 대응책들에 비해 인공지능(알고리즘 및 데이터 등) 자체나 그 운용에 대해 더 '직접적으로' 개입하는 방안이다. 실제로 이 방안은 국내외 몇몇 연구자들과 정책결정자들, 그리고 여러 인권단체에 의해 주장된 바 있다.

하지만 감사와 관련해서도 중요한 질문들이 뒤따른다. 감사는 누가 할 것인가?(감사의 주체) 감사는 어떤 방법과 절차로 할 것인가?(감사의 방법) 감사의 비용은 누가 부담할 것인가?(감사의 비용 부담) 인공지능을 개발하거나 활용하는 기업은 감사자에 대해 어느 정도의 협조 의무를 가지는가?(감사에 대한 협조 의무의 소재와 범위) 이 질문들에 대해 구체적으로 답하는 일은 쉽지 않을 뿐만 아니라 여러 논란의 여지가 다분하다. 이와 관련하여 과학기술학 연구자 홍성욱의 연구가 참고할 만하다.[15]

감사는 누가 수행할 것인가? 홍성욱은 알고리즘에 대한 감사는 "사법권을 가진 정부기관이나 [정부 산하의] 위원회에 의해서 이루어지는 것이 현실적으로 가능한 방법"이라고 주장하였다.[16] 감사를 수행할 인력과 재원, 그리고 전문성과 공공성 등을 고려할 때 이는 설득력 있는 제안이다. 국내 제반 현실을 감안하면, 지방자치단체보다는 금융감독원과 같은 금융 감독기관이 그 유력한 후보가 될 것이다. 하지만 감사자가 반드시 정부기관이나 공공기관이어야 하는지는 논의의 여지가 있다. 비영리기관임에도 일정한 연구 역량과 공익성을 담보할 체제를 갖추고 있다면, 그러한 기관은 공익적 감시활동의 일환으로서 감사의 역할을 수행할 수 있을 것이기 때문이다.

감사는 어떤 방법과 절차로 할 것인가? 이는 감사 주체가 누구인가에 따라 달라질 수 있겠지만, 일단 공익성을 지향하는 신뢰할 만한 역량 있는 어떤 기관이 감사자가 된다고 가정해 보자. 우선 홍성욱은 알고리즘을 감사하는 방법으로, 데이터를 포함하여 알고리즘 자체를 들여다보는 것과, 편향 없는 중립적 데이터를 입력한 후 그 결과가 중립적으로 나오는가를 보는 두 가지를 비교한다. 여기서 그는 둘 중에서 후자의 방법이 더 현실적이라고 말한다. 왜냐하면 기업이 영업비밀 등 지적 재산권을 주장하며 알고리즘을 공개하지 않는다면 알고리즘에 대한 접근 자체가 어려울 수 있으며(인공지능 불투명성의 제도적 요인), 심지어 알고리즘을 공개한다고 하더라도 수백 개의 레이어layer로 구성된 알고리즘이 어떻게 작동하는지를 알기 어려울 것(인공지능 불투명성의 근본적·기술적 요인)이기 때문이다. 반면 비록 중립적 데이터를 얻는 일이 현실적으로 어려울 수 있다고 해도, 알고리즘의 출력 데이터를 자발적으로 제공해 줄 사용자들을 모집하는 등의 방법으로 중립적 데이터를 얻는 것을 기대할 수 있기 때문이다.[17]

어쩌면 홍성욱이 제안한 방안 중 후자의 방안이 더 현실적일 수 있다. 하지만 그렇다 하더라도 그러한 방안만으로 인공지능의 공정성과 투명성, 그리고 책무성을 확보할 수 있는지는 의문이다. 그 이유는 이렇다. 우선 감사의 주된 목적이 실제로 편향적이고 차별적인 출력값이 나왔을 경우에 무엇이 문제인지를 확인하여 책임 소재를 밝히는 데 있다고 할 때, 그러한 방안은 이러한 목적에 부응하기 어렵다. 뿐만 아니라, 설령 편향 없는 중립적 데이터를 입력했을 때 중립적 출력값이 산출된다고 하더라도, 이것만으로 해당 인공지능이 충분히 책무성 있는 인공지능이라고 단정할 수는 없다. '제대로' 책무성 있는 인공지능이라면, 그러한 방식으로 산출해 주는 것은 말할 것도 없고, 오히려 편향된 입력값에 대해서도 중립적 출력값을 산출해 주거나 혹은 애초에 입력값이 편향되어 있음을 외부에서 인지할 수 있게 해 주어야 할 것이다. 따라서 알고리즘에 대한 직접적 감사에 여러 가지 현실적 난점이 있다 하더라도 그것을 포기할 수는 없으며 일정한 방식으로 제도화하고자 해야 할 것이다. 물론 그 과정에서 인공지능 활용 주체(기업 등)와 긴밀하게 협력하고 타협해야 할 것이다.

감사의 방법과 관련한 이러한 쟁점을 고려한다면, 알고리즘의 입·출력물을 공개하도록 제도화하는 것도 하나의 방안일 수 있다. 원칙적으로, 인공지능의 활용 주체에게는 인공지능의 공정성과 투명성을 기하기 위해 개인(서비스·정보의 주체)에게 필요한 정보를 제공해야 할 의무가 있고, 개인은 그러한 정보를 제공받을 권리를 가진다. 입·출력물 공개제도는 바로 이러한 원칙의 결과라 할 것이다. 이 방안 역시 오닐이 제시하는 것의 하나인데, 그는 이를 통해 알고리즘의 투명성을 강화할 수 있다고 주장한다.[18]

유사한 취지에서, 전술한바 유럽연합의 개인정보보호규정GDPR은 '공정하고 투명한 처리의 원칙'을 천명한 바 있다. 이 원칙에 따르면, 컨트롤러는 개인정보가 처리되는 특정 상황 및 맥락을 참작하여 공정하고 투명한 처리를 보장하는 데에 필요한 모든 추가 정보를 정보 주체에게 제공해야 하며, 정보 주체는 프로파일링 유무 및 해당 프로파일링의 결과에 대해 통지받아야 한다.

이 원칙의 해석을 두고 논란이 있기는 하다. 이 원칙을 흔히 기업 등 컨트롤러의 '설명 의무'를 밝힌 것이라고 해석하기도 하고, 그것을 넘어 사용자 개인이 '설명을 요구할 권리'를 갖는 것으로 해석하기도 하는데, 이 두 해석 중 어느 쪽이 옳은가가 분명치 않은 것이다. 이 중 후자로 해석하는 관점에 의한다면, 이 권리를 명시한 GDPR은 개인정보 처리에 대한 시민의 권리와 관련하여 의미 있는 진보를 가져왔다고 평가할 수 있다. 하지만 GDPR이 명시한 것이 단지 '설명 의무'를 넘어 '설명을 요구할 권리'라 하더라도, 이 개념에 대해 비판하거나 우려할 만한 지점도 있다. 무엇보다 '설명을 요구할 권리', 즉 '설명 요구권'이라는 표현의 의미가 명확하지 않다는 점이다. 시민이나 알고리즘 담당자가 알고리즘 및 그 산출 결과에 대해 어떠한 설명을 얼마나(어느 정도로) 요구하고 제공해야 하는지에 대해 해석을 달리할 여지가 있으며, 인공지능을 통해 특정한 결정이 이루어진 논리를 일반적인 선에서 설명하는 것으로 충분한지, 아니면 거기에 관계된 알고리즘을 밝히는 선까지 나아가야 하는지, 아니면 더 나아가 특정 결정이 이루어진 인과관계가 포함된 구체적 이유까지 밝혀야 하는지에 대해 논란의 여지가 있는 것이다. 따라서 이러한 쟁점을 다루는 일은 인공지능의 입·출력물 공개와 설명의 의무화에 중대한 과제로 남는다. 하지만 이러한 과제가 남는다고 해서 그러한 방안이 가지는 당위 자체를 부정할 수는 없다. 이에 본 방안과 관련한 면밀한 논의와 연구가 뒤따라야 할 것이다.

(7) 인공지능 시민권의 보장 및 시민의 역량 강화

끝으로 시민들이 '인공지능 시민권AI citizenship'을 인식하고 이를 획득해야 한다는 요청을 고려해 보자. 여기서 '시민권'은 시민 모두가 자신의 것으로 주장하여 보장받고, 쟁취하려 할 수 있어야 한다는 점에서 적극적이고 정치적인 권리이다.

이 개념은 근래에 종종 사용되는 '과학기술 시민권'이라는 개념과 유비하여 이해하는 편이 좋다. 과학기술 시민권이라는 개념은 과거 과학기술의 지식형성 및 활용을 둘러싼 정책 수립을 소수의 전문가들(대표적으로 정책결정자나 과학기술 종사자)이 독점하던 것에 맞서, 시민이 그러한 정책 수립에 능동적으로 접근하고 참여할 수 있어야 한다는 내용을 담고 있다. 이러한 관념은 단순히 사회적 정책 결정의 민주성을 높인다는 일반적 취지를 넘어, 국가나 전문가들에게만 의존하는 것이 아니라 시민 스스로가 참여하여 위험을 통제할 수 있게 함으로써, 과학기술이 불러올 수 있는 가공할 위험으로부터 시민 자신이 보호받기 위한 실질적 장치이다.

인공지능과 관련해서도 유사한 논리를 전개할 수 있다. 인공지능 시민권하에서라면, 시민들은 비가시적으로 침투해 올 차별과 불공정, 프라이버시 침해 등의 위협을 다루는 일을 국가나 해당 전문가들에게만 맡기지 않을 것이다. 오히려 그러한 시민들이라면, ① 인공지능에 관한 지식이나 정보를 접할 권리, ② 사회 제 분야[금융, 사법, 행정, 치안, 보건 의료, 고용 노동(채용 및 승진), 교육, 언론 등]에서의 인공지능 도입과 확산에 대한 의사결정에 참여할 권리, ③ 개인정보 등의 영역에서 충분한 정보에 근거한 동의를 보장받을 권리, ④ 집단과 개인이 위험에 처하는 것을 막을 권리 등을 보장받음으로써, 자신을 최대한 자율적으로 규율하고자 할 것이다.

한편 인공지능 시민권에 상응하는 시민의 '의무'도 고려할 만하다. 중요한 몇몇 의무를 목록으로 제시해 보면, ① 관련된 지식을 배우고 이를 활용할 의무, ② 공론화에 참여하고 합의된 결과를 수용할 의무, ③ 인공지능에 대한 시민의 문해력literacy과 덕성을 실행할 의무 등을 들 수 있겠다. 이는 인공지능 알고리즘이 발전하고 확산되는 속도만큼 빠르게 그 위험이 가시화되고 있는 현 시점에서, 인공지능 시민권의 실질화를 위해서는 후술할 국가의 의무만이 아니라 시민 스스로의 의무 역시 적극적으로 이행되어야 함을 표현한 것이다.

인공지능의 시대에서 시민으로서의 권리와 의무는 인공지능 이전의 시대에서보다 더욱 중요해진다. 시민은 인공지능의 의사결정 과정이 불투명하고 그 결과가 차별을 내포할 수 있다는 것에 대해 적극적으로 의견을 내고 관여할 수 있어야 한다. 그리고 그러한 결과에 대한 설명을 요구할 수 있어야 하고, 자신의 개인정보가 활용될 때에 충분한 동의권을 행사할 수 있어야 한다. 뿐만 아니라 인공지능의 활용 등에 관한 정책을 마련하는 데에도 적극적으로 참여할 수 있어야 한다. 한 마디로, 시민은 인공지능의 개인적·사회적 활용과 관련하여 여러 각도로 '접근'할 수 있어야 하므로, 인공지능 시민권의 핵심은 인공지능에 대한 접근권이다. 한편 이러한 접근권에 상응하는 여러 의무도 시민에게 부여될 수 있으며, 시민은 그것을 이행하고자 노력해야 한다. 요컨대, 인공지능에 관해서도 시민의 주권과 민주적 과정은 여전히 결정적으로 중요한 가치이자 이념일 수 있다. 우리 모두는 이러한 논점에 대해 시민사회 내의 인식을 더욱 확산하고 실천하고자 힘쓰는 한편, 그러한 실천을 위한 구체적 방안을 고민해야 한다.

앞서 인공지능 기술의 개발 및 활용과 관련하여 시민의 접근권 보장이 긴요하다고 말했다. 문제는 인공지능 기술을 둘러싸고 너도나도 주장을 내세우며 기술에 대한 장밋빛 기대와 창백한 우려가 교차하나, 정작 그러한 기술로부터 가장 큰 영향을 받게 될 시민 스스로에게 그러한 기술은 여전히 낯설다는 점이다. 현실적으로 시민들 다수는 인공지능 기술이 어떻게 작동하며 생활에 활용되는지에 대해 제대로 알지 못한다. 여기에는 여러 가지 이유가 있겠으나, 주된 이유는 과학기술 전반이 그렇듯 인공지능에 관한 지식과 기술이 극도로 전문적이어서 특별한 교육과 경험을 가진 이들이 아니고서는 그것을 제대로 이해하기가 힘들다는 것이다. 따라서 인공지능 시민권을 시민이 온전히 향유하기 위해서는, 시민이 인공지능 기술에 대해 일정 수준 이상의 '문해력literacy'을 갖출 것이 요청된다. 일반적으로 과학기술 사회에서 시민에 대한 과학기술 교육과 훈련이 중요하듯이, 인공지능 사회에서 시민에 대한 인공지능 문해력 향상을 위한 교육과 훈련이 중요해지는 것이다. 이러한 교육과 훈련은 치열한 경쟁 사회에서 남들보다 한 발 더 앞서 나가기 위해서가 아니라, 민주시민으로서의 자기결정권, 그리고 인간으로서의 존엄을 지켜나가기 위해 필수적으로 중요한 사항이다.

나아가 인공지능 시민권과 관련하여 더 적극적으로 요청할 수도 있다. 문해력을 포함하여 인공지능 기술에 관한 개인의 전반적 역량이 개선되어야 한다는 요청이 그것이다. 여기서 개인의 전반적 역량이란 포괄적일 수 있다. 이러한 취지에서 미디어 연구자 황용석은, "디지털 리터러시는 주어진 텍스트를 비판적으로 이해하는 능력, 그리고 자신의 사고를 표현하는 능력뿐 아니라, 사회를 구성하고 있는 다양한 구성원들의 여러 의견과 그 가치를 식별함과 동시에 존중하며, 사회를 구성하는 시민으로서 소통하고 관계할 수 있는 능력, 즉 문화적 능력과 시민적 능력을 포함하는 개념"이라고 말한다.[19] 하지만 우리는 여기에서 더 나아가 '역량'의 범위를 경제학자이자 철학자인 아마티아 센Amartya Sen이 도입한 역량 개념으로까지 넓힐 수도 있을 것이다. 센의 '역량' 개념은 "[시민 개인의] 실질적 자유이자 선택하고 행동할 수 있는 기회의 집합"을 의미한다.[20] 이러한 역량에는, 훈련되거나 계발될 수 있는 시민의 지적·인식적 역량만이 아니라 시민이 그러한 역량을 발휘할 수 있는 사회적·정치적·경제적 기회를 만들어 주는 것도 포함될 수 있다. 이러한 포괄적 역량이 갖추어질 때에 비로소 시민은 인공지능 기술에 관해 자신의 시민적 권리를 '온전하게' 행사할 수 있을 것이다.

끝으로, 인공지능 시민권 및 시민의 의무와 관련한 이러한 과제는 단지 시민들만의 것으로 그치지 않는다. 그러한 권리와 의무는 제도화되어야 하며, 이는 국가가 수행해야 할 중요한 책무로 나타난다. 국가는 인공지능 기술에 관해 시민을 교육하고 훈련하는 데에 소홀함이 없어야 한다. 뿐만 아니라, 국가는 관련 공론장에서의 숙의熟議나 정책 수립 과정에 시민이 자유롭게 참여할 수 있도록 제도를 마련하고 시행해야 할 것이다.

이처럼 인공지능 개발 및 활용과 관련한 시민의 권리와 의무, 그리고 국가의 의무를 밝히고 이행을 요청하는 것은 궁극적으로 인공지능의 개발 및 활용을 공정하고 투명하도록, 즉 윤리적이도록 하기 위함이다. 물론 그러한 요청은 그 자체로 문제 해결을 위한 제도적 방안이 아니라 단지 문제 해결의 주요 요건과 목표를 제시한 것에 가깝지만 말이다.

주석

1 이 글은 필자가 앞서 출간한 논문을 본서의 취지와 성격에 맞게 수정하고 다듬은 것이다. 해당 논문은 다음과 같다. 김건우, 「차별에서 공정성으로: 인공지능의 차별 완화와 공정성 제고를 위한 제도적 방안」, 『전북대학교 법학연구』 통권 제61집, 2019, 109~143쪽.

2 프랭크 파스콸레, 『블랙박스 사회』, 이시은 옮김, 안티고네, 2016 참조.

3 캐시 오닐, 『대량살상수학무기』, 김정혜 옮김, 흐름출판, 2017 참조.

4 고학수 외 2명, 「인공지능과 차별」, 『저스티스』 제171호, 2019, 234~236쪽.

5 원호섭, 「[Science &] 명탐정 빅데이터 "범죄 예측도 맡겨주세요": 영화 '마이너리티 리포트'처럼 … 범죄율 0% 과학의 도전」, 『매일경제』, https://www.mk.co.kr/news/it/view/2016/12/871282/(최종 검색일: 2021.05.05.).

6 홍성욱, 「인공지능 알고리즘과 차별」, 『STEPI Fellowship 연구보고서』, 과학기술정책연구원, 2018, 35쪽 참조.

7 이에 대한 더욱 상세한 소개와 분석은 다음을 참조. 김송옥, 「AI법제의 최신 동향과 과제-유럽연합 법제와의 비교를 중심으로」, 『공법학연구』 제22권 제4호, 2021, II절.

8 Ron Wyden, "H.R. 2231—Algorithmic Accountability Act", https://www.congress.gov/bill/116th-congress/house-bill/2231(최종 검색일: 2021.05.16.).

9 과학기술정보통신부, "「인공지능(AI) 윤리기준」 마련 - 보도자료", https://www.msit.go.kr/bbs/view.do?sCode=user&mId=113&mPid=112&bbsSeqNo=94&nttSeqNo=3179742(최종 검색일: 2022.05.16.).

10 캐시 오닐, 앞의 책, 결론.

11 같은 곳.

12 같은 곳.

13 관련하여 현대적 논의를 정리한 문헌으로 다음을 참조. 웬델 월러치·콜린 알렌, 『왜 로봇의 도덕인가』, 노태복 옮김, 메디치, 2014, 6~10장.

14 Andrew D. Selbst, "Disparate Impact in Big Data Policing", *Georgia Law Review 52*, 2018, pp.10~95.

15 홍성욱, 앞의 글, 33~34쪽.

16 같은 곳. 그러나 사실 '사법권을 가진 정부기관이나 위원회'라는 말은 어폐가 있다. 대한민국 헌법상 사법권은 사법부에만 귀속되기 때문이다. 따라서 그 말은 아마도 집행기능 외에 일정한 제재의 권한도 가지는 정부기관이나 위원회를 의도한 것으로 선이해할 수 있을 것이다.

17 홍성욱, 앞의 글, 14쪽.

18 캐시 오닐, 앞의 책, 결론.

19 황용석, 「디지털과 리터러시」, 『디지털미디어와 사회』, 나남, 2017, 375~406쪽.

20 이는 미국의 철학자 마사 누스바움(Martha Nussbaum)의 표현이다. 마사 누스바움, 『역량의 창조』, 한상연 옮김, 돌베개, 2013, 34~35쪽.

3장 정성훈

인공지능의 편향과 계몽의 역설에 대한 반성적 접근[1]

1. 인공지능의 편향과 역설

바둑, 자율주행, 음성 인식, 번역 등에서 머신러닝 알고리즘machine learning algorithm을 이용한 인공지능AI 기술이 급속도로 발전하면서 한편으로는 그것이 이룩할 성과에 대한 기대감이 높아지는 반면, 다른 한편으로는 인공지능이 불러올지도 모를 여러 부정적 결과에 대한 우려도 동시에 커지고 있다. 그러한 부정적 전망 중에는 초지능이 인간을 지배할지도 모른다는 우려를 비롯해 현재의 기술 수준에서는 기우에 불과한 것도 있지만, 이미 현실화되기 시작한 것도 있다. 효율성과 편리는 물론이고 공정성도 높일 수 있을 것이라는 기대 속에서 도입된 알고리즘이 오히려 차별과 불평등을 확산하거나 정당화한 것으로 드러난 일들이 그러하다.

지난 몇 년간 주로 미국에서 많은 사례들이 보고되었다. 미국의 일부 주 법원에서 재범위험점수를 측정하기 위해 채택한 알고리즘 '콤파스COMPAS'는 흑인의 재범위험점수를 백인의 그것보다 훨씬 높게 예측했지만, 실제 흑인의 재범률은 그렇게 높지 않은 것으로 밝혀졌다. 아마존의 직원 채용 알고리즘이 여성 지원자보다 남성 지원자를 선호하는 결과들을 내놓는 바람에 인공지능 채용심사가 중단된 경우도 있다. 구글 포토Google Photos의 얼굴 인식 알고리즘은 흑인 여성을 고릴라로 분류해 항의를 받은 후 분류 꼬리표에서 고릴라를 삭제했다. 마이크로소프트의 챗봇 테이Tay는 일부 사용자들이 집중적으로 학습시킨 역사 부정 발언, 특정 인종에 대한 혐오 발언, 성차별 발언 등을 하는 바람에 16시간 만에 서비스가 중단되었다. 이 사례들은 제작자나 운영자의 의도와 어긋났다는 의미에서, 그리고 그들이 설정한 기준 혹은 표준에서 벗어났다는 의미에서 인공지능의 '편향bias' 문제로 규정되고 있다.

인공지능의 편향은 최근 한국에서도 뜨거운 이슈로 떠오르고 있다. 이미 몇 년 전에 포털의 뉴스 편집 알고리즘이 문제가 된 적이 있었다. 하지만 당시에는 포털 기업의 운영방침이나 정치적 편향에 초점이 맞추어졌기 때문에 인공지능 자체의 편향은 전면적 이슈가 되지 않았다. 그런데 2020년 12월 23일에 서비스가 시작되어 성희롱 대상화, 차별 및 혐오 발언, 「개인정보보호법」 위반 등 수많은 논란을 낳은 끝에 3주 만에 중단된 스캐터랩의 챗봇 '이루다' 사태로 인해 한국에서도 인공지능의 편향은 매우 현실적인 문제로 주목받고 있다.

이 글은 인공지능의 편향에 대한 하나의 접근 방법을 제시하고자 한다. 이를 위해 우선 인공지능의 편향이 일어나는 원인을 분석하고 그런 편향의 위험성을 진단할 것이다. 그리고 인공지능의 편향을 완화하려는 접근법들을 기술적 접근, 윤리적 접근, 제도적 접근의 세 가지로 나누어 살펴보고, 각각의 한계 혹은 각각에서 초래될 수 있는 역설에 대해 살펴볼 것이다.

중립성과 공정성을 기대하고 도입한 것이 편향된 결과를 내놓은 것이 이미 역설이다. '역설paradox'을 '의도한 것 혹은 예상한 것과 반대의 결과가 나오는 것'이라 규정할 때, 인공지능의 편향을 줄이려는 노력 역시 역설이 될 수 있다. 그런데 논리적 모순과 달리 작동상의operational 역설은 제거될 수 없다. 하지만 작동 과정에서 다른 차원으로 옮겨지고 절차화되거나 완화되는 등 어느 정도 탈역설화될 수 있다. 이런 탈역설화de-pardoxication의 사례를 우리는 인간의 편향을 바로잡기 위한 계몽의 역사 속에서 살펴볼 수 있다.

계몽은 감정과 의지에 젖기 쉬운 인간의 지성을 '마른 빛'으로 개선하려는 노력, 일종의 인공지능을 꿈꾼 기획이었다. 계몽이 승리를 구가하던 20세기에 일어난 대량 학살은 '계몽의 자기파괴'라는 역설을 드러내었고, 프랑크푸르트학파, 하버마스, 롤즈, 루만 등 20세기 중후반의 학자들은 반성 개념에 주목하게 되었다. 나는 이들의 접근법을 계몽의 역설에 대한 '반성적 접근'으로 규정하고, 인공지능의 편향에 대처하기 위해 이러한 접근을 참조하고자 한다.

2. 인공지능 편향의 원인

편향bias, 편견prejudice, 일탈deviance 등의 용어는 보통 인간의 특정한 사고방식이나 행동양식을 규정할 때 쓰인다. 기계에 대해서는 보통 '잘못 만들었다'거나 '고장 났다'고 말한다. 비교적 복잡한 기계인 컴퓨터 하드웨어나 주어진 입력값에 대해 고정된 출력값을 내어 놓는 소프트웨어에 대해서도 불량품, 고장, 버그 등의 규정을 내릴 뿐 편향되었다고 말하지는 않는다. 그래서 머신러닝을 통해 자동화된 의사결정decision making, 평가, 분류, 프로파일링profiling 등을 하는 알고리즘, 특히 훈련 데이터의 양이 방대하고 그 처리 과정이 복잡해서 외부의 관찰자가 불량인지 고장인지의 여부 등을 쉽게 확인하기 어려운 알고리즘, 그래서 '지능'이라는 성격을 어느 정도 가진 알고리즘에 대해서만 '편향'이라는 용어가 사용될 수 있다.

인간과 달리 알고리즘은 신체 상태와 사회적 이해관계에 따른 감정과 욕망을 갖지 않는다. 따라서 알고리즘이 의도적으로 불공정한 결정을 내리거나 편향된 분류를 할 리는 없다. 그럼에도 편향된 결과가 나오는 이유는 뭘까? 알고리즘의 종류가 워낙 다양하고 그 편향의 원인에 대한 연구가 최근에 시작되었기 때문에 아직 종합적인 분석은 어렵지만, 그럼에도 몇몇 연구자들이 내놓은 분석 결과를 통해 그 윤곽을 그려 볼 수 있다. 그중에서 편향을 비교적 단순하게 다섯 단계로 분류한 Danks와 London의 논문을 출발점으로 삼겠다.[2] 필자는 이 논문에서 분류한 각 편향을 소개하면서 그것의 책임 귀속 가능성도 함께 찾아보겠다.

① 훈련 데이터 편향Training Data Bias

이 편향은 알고리즘이 제작자가 제공한 데이터 혹은 제작자가 설정한 목표에 따라 발굴한 데이터에 담긴 현실 세계의 수많은 편향을 모방하게 된다는 것을 뜻한다. 그래서 특정 인격들에 책임을 귀속시키기 어렵고 현실 세계에서 불공정과 차별을 함축한 데이터를 생산하는 모든 인간에게 책임이 있는 것으로 본다. 챗봇 테이, 이루다 등이 논란이 되었을 때도 훈련 데이터에 담겨 있는 현실 세계의 편향이 지적되었다.

② 알고리즘 초점 편향Algorithmic Focus Bias

알고리즘이 데이터를 수집할 때 초점을 잘못 맞추는 사례로는 도덕과 관련된 판단을 내리는 데 도덕과 무관한 범주를 수집해 사용하는 것을 들 수 있다. 이것은 제작자가 대리 지표를 사용하는 등 의도적으로 이루어질 때도 있지만, 많은 경우 제작자의 의도와 무관하게 알고리즘이 자동으로 상관관계와 패턴을 인식해 활용하기 때문에 일어난다. 이 편향은 고의적 과실이 아니라고 볼 수도 있지만 어쨌거나 잘못 만든 것이라 규정할 수 있다. 따라서 어느 정도 제작자에게 책임을 귀속시킬 수 있다.

③ 알고리즘 처리 과정 편향Algorithmic Processing Bias

데이터의 처리 과정에서 통계적으로 편향된 측정값estimator을 사용할 때 일어나기 쉽다. 현실 세계로부터 입력된 훈련 데이터는 통계적으로 불균형할 수밖에 없기 때문에 이를 완화하기 위한 여러 가지 '신중한 선택'이 오히려 편향을 초래하는 것이다. 그래서 이 편향은 데이터가 가진 성별, 인종별 편중을 교정하기 위한 기술적 접근이 또 다른 편향을 낳을 수 있다는 역설을 함축한다. 그래서 알고리즘 자체의 문제이기는 하나, 그것을 잘못 만들었다고 제작자에게 책임을 묻기가 더 어려운 편향이다.

④ 맥락 이동 편향Transfer Context Bias

훈련 데이터를 이용한 알고리즘의 기본적인 제작 이후의 운영 과정에서 발생하는 편향이다. 맥락 이동 편향의 극단적 사례로는 미국의 도로에서 훈련된 자율주행 자동차를 영국의 도로에서 달리게 하여 일어나는 사고가 있다.

⑤ 해석 편향 Interpretation Bias

알고리즘이 내놓은 결과를 인간이 잘못 해석해서 활용하는 경우이다. ④와 ⑤는 알고리즘을 운영·해석하고 사용하는 사람들에게 책임을 물을 수 있는 것으로 보인다. 그런데 미국 도로와 영국 도로의 예처럼 알고리즘을 둘러싼 환경이 명백하게 다른 경우도 있지만 예상하지 못했던 아주 작은 환경의 차이가 큰 편향을 낳을 수도 있다. 그래서 이런 편향을 사전에 인지하는 것이 쉬운 일은 아니다.

이 분류법을 편향 원인의 책임 귀속과 관련해 재분류하면, 수많은 인간들에게 귀속될 수 있는 ①, 주로 제작자에게 귀속될 수 있는 ②와 ③, 그리고 운영자 혹은 사용자에게 귀속될 수 있는 ④와 ⑤의 세 단계로 나누어볼 수 있다.

이것은 알고리즘의 편향 이전에 데이터의 편향이 미리 주어져 있는 듯한 인상을 준다. 그런데 데이터의 편향과 알고리즘의 편향을 뚜렷이 구분하기는 어렵다. 게다가 이러한 구분법은 한편으로 데이터는 어쩔 수 없고 알고리즘을 통해 편향을 바로잡아야 한다는 간단한 기술적 접근법을 요청할 수 있고, 다른 한편으로는 인공지능의 편향이 현실 세계의 편향을 단순히 반복하는 것에 불과하다는 착각을 불러일으킬 수 있다.

그런데 대부분의 머신러닝은 어느 정도의 지도 학습supervised learning을 포함할 수밖에 없다. 그래서 훈련 데이터는 그저 주어지는 것이 아니라 설정된 목표 변수에 따라 도출된 분류 꼬리표에 맞추어 수집된다. 레이블링이 된 훈련 데이터는 현실 세계의 편향만을 반복하는 것이 아니라 제작자의 지도에 의해 편향성이 강화될 수 있다. 그래서 채용 알고리즘의 불공정 사례를 중심으로 편향을 데이터 발굴 data mining의 다섯 단계로 나누어 분석한 연구를 참조해 살펴보겠다.[3]

① 목표 변수Target Valuable와 분류 꼬리표Class Labels 정의

채용 알고리즘을 사용할 기업의 주문에 따라 목표 변수와 그와 연결된 꼬리표가 만들어질 때 이미 첫 단계의 편향이 발생할 수 있다. 예를 들어, 고용주는 '좋은 피고용인'이라는 목표 달성을 위한 변수를 규정하는데, 다양한 변수들 중에서 구직자들 간의 비교가 용이한 변수를 설정하기 쉽다. 그래서 많은 고용주들이 관련 업종에서의 경력, 특히 재직 기간을 중요한 변수로 정의한다. 그런데 이 정의는 출산 및 육아로 인해 경력 단절을 겪은 여성들에게 불리할 수밖에 없다.

② 훈련 데이터(가)레이블링, (나)데이터 수집

이렇게 설정된 변수들에 의해 설정된 꼬리표에 따라 레이블링과 데이터 수집이 이루어지는 과정에서 두 번째 단계의 훈련 데이터 편향이 일어날 수 있다. 예를 들어, 과거부터 누적된 채용 결정 데이터로부터 레이블링이 이루어진 영국 병원의 채용 알고리즘은 과거의 편견에 따라 소수 인종과 여성에 대해 차별적인 결정을 내렸다. 여기서 우리가 주목해야 할 것은 과거의 편견이 자동화된 편향을 통해 현재의 현실 세계의 편견을 강화한다는 것, 그리고 과거의 차별을 극복하고자 하는 현재의 노력이 자동화된 결정에 의해 가로막힌다는 것이다. 어떤 경우에는 레이블링에는 문제가 없지만 데이터 수집 방식이 편향을 초래하기도 한다. 예를 들어, 미국의 보스턴시는 스마트폰

앱을 활용해 도로의 구멍 위치를 파악해 보수 작업을 했는데, 스마트폰 보급률이 낮은 지역에서는 도로 보수가 잘 이루어지지 않았다는 것이다. 정보화 수준의 불균등을 고려할 때 데이터 수집에서의 '어두운 지대dark zone' 혹은 '그림자shadow'가 생길 수밖에 없고, 이는 편향의 잠재적 원천이 된다. 예를 들어, 얼굴 인식 알고리즘에서의 인종별 인식률 격차도 이 어두운 지대로 인해 백인이 과대 대표되기 때문이다.

③ 특징 선택Feature Selection

알고리즘의 특징 선택 과정에서 편향이 일어날 수 있다. 데이터는 현실 세계의 대상 혹은 현상을 감축하여 재현reductive representation할 수밖에 없기에 과업 달성과 무관하거나 중복되는 특징들은 자동적으로 제거된다. 그래서 수집이 용이하면서도 제거되지 않고 남은 특징들이 자동화된 의사결정에 큰 영향을 미치게 된다. 예를 들어, 구직자의 출신 학교와 그에 대한 평판은 개인의 업무 능력 지표가 되기 어려움에도 약간의 유관성과 수집하기 쉬운 성격상 특징으로 선택된다.

④ 대리지표Proxies

알고리즘이 대리지표를 사용해서 편향을 낳기도 한다. 예를 들어, 직원들의 업무 능력과 관련된 패턴을 통계적 상관관계만 있을 뿐 전혀 인과관계가 없는 대리지표인 특정한 취향을 통해 찾아내기도 한다.

⑤ 마스킹Masking

마스킹은 알고리즘 자체의 편향이라기보다는 제작자의 의도적인 편향이라고 볼 수 있다. 특정 계층에게 불리한 추론이 가능한 데이터를 의도적으로 수집하는 것이다. 그런데 이러한 의도적인 편향의 경우에도 제작자가 알고리즘을 공개하지 않는 한 외부에서 파악하기는 쉽지 않다.

3. 인공지능 편향의 위험

이러한 분석을 통해 우리는 알고리즘의 편향이 첫째, 단순히 데이터가 현실 세계의 편향을 반영하기 때문에 일어나는 것은 아니라는 것을 알 수 있다. 데이터는 이미 현실 세계의 어떤 부분을 과대대표하고 어떤 부분은 어둠 속에 묻어 놓고 있다. 그리고 제작자의 목표 변수와 지표 정의에서부터 현실 세계의 편향과는 다른 편향을 가진 데이터가 출발점이 될 수 있다. 따라서 현실 세계의 인간들이 가진 편향을 통해 인공지능의 편향을 정당화할 수는 없다. 게다가 알고리즘은 어떻게 설계하느냐에 따라 인간의 편향을 바로잡을 수도 있다.

둘째, 알고리즘이 데이터를 수집하고 처리하는 여러 단계의 과정에서 일어나는 편향에 대해 외부에서 관찰하기 어렵다는 것, 그리고 제작자의 의도성 유무를 정확히 판정해 책임을 귀속시키기 쉽지 않다는 것을 알 수 있다. 관찰의 어려움은 대부분의 개발사가 알고리즘을 공개하지 않기 때문이기도 하지만, 만약 공개한다 하더라도 정확히 편향의 원인을 밝혀내는 일은 쉽지 않다. 또한, 그 원인을 밝혀낸 경우에도 그에 관한 책임을 귀속시키기가 어렵다. 이 문제는 흔히 알고리즘의 '불투명성' 문제로 제기되며, 뒤에서 살펴볼 인공지능 윤리가 투명성, 설명가능성explainability, 해명책임가능성accountability

등을 요청하는 이유이기도 하다.

셋째, 알고리즘은 현실 세계의 편향을 교정할 수도 있지만, 알고리즘의 편향이 방치될 경우 파괴적인 피드백 루프를 통해 일부 집단에 대해 심각한 피해를 초래하고 그들에 대한 편견을 공고하게 할 위험이 있다. 채용 비리 등 현실에서 심각한 불공정이 만연한 사회의 경우, 알고리즘을 통해 자동화된 의사결정이 현실 세계의 편향을 교정하는 데 기여할 수 있다. 적어도 한국의 공기업, 금융권, 대학 등에서 자주 일어나는 친인척 채용 비리는 줄어들 수 있다. 그런데 위에서 살펴본 데이터 발굴의 여러 단계에서 일어난 편향이 성차별, 인종차별, 출신 학교 차별 등을 낳는다면, 그 결과는 다시 데이터가 되어 다음의 의사결정에 피드백된다.

이러한 피드백의 피해에 관해서는 '대량살상수학무기WMD'에 대한 캐시 오닐Cathy O'Neal의 경고를 참조할 필요가 있다. 한국어로도 번역된 책 『대량살상수학무기Weapon of Math Destruction』에서 그는 알고리즘의 모형들 중 '재범위험성 모형', '신용평가 모형' 등을 WMD라 부른다. 그는 이 모형들이 "패배자로 낙인찍힌 사람들이 언제까지나 계속 패배자로 남도록 만든다"고 말한다.[4] 편향된 알고리즘에 의해 한번 위험인물로 찍혀서 다른 범인들보다 높은 형량을 살게 되면 출소 후 재범할 가능성이 높아진다는 것, 한번 낮은 신용평가를 받아서 높은 이자율로 대출을 받은 사람은 그 빚을 갚지 못해 더 신용도가 낮아진다는 것, 그리고 이런 결과는 알고리즘의 결점을 은폐할 뿐 아니라 오히려 정당화하게 된다는 것이다.

오닐은 "수많은 WMD에 비하면, 사회적 편견에 사로잡혀 있던 옛날 대출 담당자가 그렇게 나쁘게만 보이지 않는다. 최소한 신청자가 그의 눈빛을 읽고 그의 인정에 호소할 수는 있지 않았는가"라고 말한다.[5] 이러한 지적은 알고리즘을 통한 의사결정이 얼마나 큰 위험risk을 내포하는지를 드러낸다. 취약계층에 속한 사람들이 철저하게 합리적이지는 못한 인간들이 평가할 때는 파괴적인 피드백 루프로부터 벗어날 우발적 기회를 잡을 수도 있지만, 인공지능을 통해 자동화된 평가를 통해서는 그 루프로부터 벗어날 기회를 잡을 수 없다. 그래서 오닐은 이러한 위험을 '확장성'이라고 부르며, WMD의 세 가지 요소를 "불투명성, 확장성, 피해"로 규정한다.

그런데 오닐이 알고리즘을 아예 사용하지 말자고 말하는 것은 아니다. 그는 도덕적 상상력을 잘 발휘하면 취약계층의 삶을 개선하는 착한 알고리즘을 만들 수 있다는 것, 그리고 이를 위해 모형 개발자를 위한 윤리를 담은 선서를 할 것과 강력한 제도적 개입으로서의 알고리즘 감사 도입을 주장한다. 이러한 윤리적 접근과 제도적 접근의 의의와 한계에 관해서는 다음 장에서 살펴보겠다.

4. 인공지능의 편향에 대한 기술적 접근의 한계

인공지능의 편향을 바로잡기 위해 현재 수많은 방안이 제시되고 있다. 그래서 그것들을 분류하는 방식도 여러 가지가 있을 수 있고 앞으로 달라질 수 있다. 이 글에서는 편의상 기술적 접근, 윤리적 접근, 제도적 접근의 세 가지로 나누겠다. 일부 연구자들은 이 세 가지 접근법을 모두 "인공지능의 윤리"라고 부른다.[6] 하지만 필자는 편향을 바로잡는 단순한 통계적 보정작업을 윤리라고 부르는 것이 과도하다고 본다. 그리고 강제성을 갖는 제도적 개입을 윤리로 부르는 것 역시 부적절하다고 본다.

기술적 접근은 알고리즘 자체가 편향에 빠지지 않도록 설계하는 것이다. 윤리적 접근은 그런 설계를 하는 제작자와 운영자 등 핵심 관계자들은 물론이고 간접적으로 영향을 미치는 투자자, 사용자 등을 포괄하는 인간들의 관점과 태도를 개선하여 편향을 줄이는 것이다. 제도적 접근은 기술적 접근이나 윤리적 접근을 기초로 규제 거버넌스나 법률을 통해 강제력을 갖는 제도를 마련하는 것이다.

기술적 접근은 단순하고 형식적인 방향과 복잡하고 이상적인 방향으로 구별해 볼 수 있다. 전자의 대표적 사례로는 알고리즘의 편향을 감지하여 완화하는 툴킷toolkit이 있다. 이미 IBM의 'AI Fairness 360' 등 몇 가지가 오픈소스로 공개되어 있다. 그런데 툴킷은 아직 널리 사용되고 있는 것 같지 않고, 그것들을 출시한 기업들의 홍보성 문헌들을 빼면 그것들이 가진 편향성 교정 효과에 대한 실질적 연구성과는 아직 찾아보기 어렵기에, 그에 대한 정확한 평가는 어렵다. 다만 알고리즘 제작자가 툴킷을 잘 활용해 자신이 추구하는 공정성의 지향에 따라 감지 항목들을 설정한 후 데이터의 통계적 불균형을 보정한다면 데이터 발굴의 단계별 편향 원인들을 어느 정도 제거하는데 도움을 줄 수 있을 것이다. 하지만 앞서 알고리즘 처리 과정의 편향에서 지적하였듯이, 통계적 불균형에 대한 보정작업은 역설적으로 또 다른 편향의 원인이 될 수 있다.

더 복잡하고 이상적인 방향의 기술적 접근으로는 AMA, 즉 인공적 도덕 행위자Artificial Moral Agent와 XAI, 즉 설명가능한 인공지능 eXplainable AI에 관한 구상들이 있다. AMA 구상은 인공지능에 의무론이나 공리주의 등의 윤리 규칙을 코드화하는 하향식, 그리고 탁월한 행위 사례들을 학습시켜 덕성을 갖춘 인공지능을 만드는 상향식, 두 가지를 혼합한 것 등이다. 그런데 어느 방식이건 아직 그 구현 가능성이 의문스러울 뿐 아니라, 구현된다 하더라도 '트롤리 딜레마'와 같은 현실 세계의 도덕적 딜레마가 재현될 수밖에 없다. 무엇보다도 현실 세계에서 인간의 도덕적 행위가 과연 이런 식의 학습 방식에 의해 달성되는 것인지 다시 생각해 볼 필요가 있다.

XAI 구상은 유럽연합의 GDPR, 즉 개인정보보호규정General Data Protection Regulation이 데이터 주체의 정보가 어떻게 처리되는지에 관한 설명 의무를 규정하는 등 최근 널리 요구되고 있는 설명가능성 및 해명책임가능성을 최대한 기술적으로 해결하고자 하는 것이다. 그런데 인공지능 알고리즘의 데이터 처리 과정이 제작자 자신도 이해하기 어려운 블랙박스의 성격을 갖고 있다는 점, 그리고 설명을 위해서는 알고리즘이 어느 정도 공개될 수밖에 없으며 이러한 공개를 강제할 법적 근거가 없다는 점 등에서 기술적 접근만으로는 이러한 요구를 실현하기 어렵다. 그래서 이에 관해서는 윤리적 접근과 제도적 접근에서 살펴보겠다.

그 밖에도 매일경제 2021년 1월 14일 송명국 칼럼에 따르면, 추론 능력이 약한 현재의 딥러닝 기술의 약점을 보완하기 위해 "힌튼, 벤지오, 르쿤으로 대표되는 머신러닝의 틀 안에서 문제점을 개선하기 위한 노력, 그리고 symbolic AI와 머신러닝을 결합하려는 시도" 등이 이루어지고 있다. 상징을 다룰 수 있는 인공지능이라면 밑에서 언급할 '반성 능력'을 갖출지도 모른다. 하지만 이런 시도들에 관해 어떤 평가를 내리기는 아직 이르다.

5. '인공지능AI 윤리'의 역설

앞에서 확인한 것처럼, 데이터에 들어 있는 현실 세계의 편향뿐 아니라 제작자의 의도 혹은 부주의는 알고리즘의 편향에 큰 영향을 미친다. 여기서 '부주의'란 알고리즘의 편향이 널리 알려져 제작자의 의도와 무관한 편향이라도 다른 관찰자들이 볼 때 편향을 완화할 수 있는데 그렇게 하지 않은 경우, 제작자에게 책임 귀속이 필요함을 강조하기 위한 표현이다. 이러한 귀속을 위해서는 윤리 규범이 필요하다. 그런데 윤리는 제작자에게만 필요한 것은 아니다. 알고리즘이 학습한 맥락을 이동시켜 사용함으로써 말썽을 일으키는 운영자, 제작자, 운영자에게 빠른 성과를 압박하는 투자자 등 많은 이해관계자에게도 책임이 있다.

'인공지능 윤리' 또는 'AI 윤리'라는 표현은 이미 널리 쓰이고 있지만, 논자들마다 조금씩 다른 의미로 사용하고 있는 것 같다. 예를 들어, 목광수는 인공지능 윤리를 관점에 따라 이론윤리 층위, 개인윤리층위, 제도윤리 층위의 세 층위로 나눈다.[7] 그가 제도윤리라고 부르는 것 중 일부를 필자는 여기서 인공지능 윤리로 다룬다. 필자는 어느 정도 강제력을 갖는 규제 거버넌스 구축이나 분명한 조건 프로그램을 갖춘 입법에 대한 모색은 '제도적 접근'으로 규정할 것이므로, 여기서 인공지능 윤리는 현재 제출된 여러 가지 윤리헌장, 가이드라인, 선서 등을 뜻하는 것으로 제한한다.

2017년 1월에 인공지능 산업에 세계적 영향력을 가진 기업가, 연구자, 개발자들이 참여해 토론한 결과로 나온 '아실로마 원칙Asilomar Principles'을 비롯해 지금까지 나온 인공지능 윤리 관련 주요 문헌들을 소개하고 그 의의를 조명하는 작업은 이미 국내의 몇몇 학자들에 의해 이루어졌다.[8] 이 책에 함께 실린 김건우의 글도 그중 하나이다. 따라서 이 글은 인공지능 윤리 문헌들의 한계와 역설에 초점을 맞추겠다.

외국에서 나온 여러 윤리 가이드라인에 공통된 원칙이라고 간주할 수 있는 것들은 2018년 9월 한국의 정보문화포럼이 과학기술통신부, 한국정보화진흥원과 함께 발표한 '지능정보사회 윤리가이드라인'에 "네 가지 공통원칙(함께하는 약속)"으로 압축되어 있다. 그 네 가지는 공공성publicness, 책무성accountability, 통제성controllability, 투명성transparency이다. 예를 들어, 공공성은 아실로마 AI 원칙의 11~15항인 인간 가치Human Values, 개인의 사생활Personal Privacy, 자유와 사생활권Liberty and Privacy, 공유된 이익Shared Benefit, 공유된 번영Shared Prosperity 등의 압축으로 볼 수 있다. 책무성과 투명성에는 외국의 여러 가이드라인에 들어 있는 설명가능성과 책임responsibility이 함축되어 있고, 통제성에는 인간의 개입 및 규제 거버넌스에 대한 여러 요구들이 함축되어 있다.

그런데 이 원칙들은 모두 '목적 프로그램'의 성격을 띠며, 명확한 조건문if-then 구조를 갖고 규범적 기대를 안정화할 수 있는 '조건 프로그램'이 아니다. 니클라스 루만Niklas Luhmann은 『사회의 법Das Recht der Gesellschaft』에서 법의 기능인 '규범적 기대의 안정화'는 법률의 전문 등에 들어가는 목적 프로그램이 아니라 개별 조항에 명시되어 있는 조건 프로그램에 의해 이루어진다고 말하면서 이 두 가지 프로그램을 구별한 바 있다.

여러 인공지능 윤리 가이드라인은 이런 원칙들과 더불어 세부지침을 제시하고 있지만, 그것들도 대부분 목적 제시의 성격을 갖는다. 이 목적들은 모두 도달 불가능할 뿐 아니라 그 달성 정도를 점검할 기준을 설정하기도 곤란하다. 게다가 이 원칙들은 딥러닝 알고리즘의 수행 능력을 떨어뜨릴 수밖에 없다. 딥러닝 기술의 성격상 정확성이 개선될수록 설명가능성은 떨어질 가능성이 크다는 것, 그리고 알고리즘 공정성에 일종의 상충적trade-off 관계가 있음을 인식해야 한다는 것이 여러 연구자들의 견해이다.[9]

아실로마에 모였던 유명한 인물들 중에는 지금도 인공지능의 효율성과 정확성을 높이기 위해 노력하고 있는 사람들이 많다. 그리고 인공지능 산업의 최선두에 서 있으며 대표적인 편향된 알고리즘을 제작했던 기업들인 마이크로소프트, 구글 등이 선도적으로 윤리 가이드라인을 내놓았다. 이로 인해 제기될 수밖에 없는 의문을 날카롭게 표현한 용어가 "윤리 세탁ethics-washing"과 "윤리-쇼핑ethics-shopping"이다. 2018년에 벤 와그너Ben Wagner는 인공지능 연구자들과 기업들이 규제에서 벗어나기 위해 강제성이 없는 윤리로 세탁을 하고 있으며, 심지어 인공지능 윤리에 투자하는 쇼핑 단계로 나아가고 있음을 지적했다. 인공지능 윤리의 비윤리적 기능이라는 역설을 드러낸 것이다. 물론 엘레트라 비에티Elettra Bietti, 목광수 등이 지적했듯이, 윤리 세탁이 윤리에 대한 비난ethics bashing으로 이어지는 것은 곤란하다. 조건 프로그램을 포함하는 법적·제도적 규제가 실행되기 전까지 인공지능 윤리는 윤리 세탁이라는 역설적 기능을 할 수도 있다. 하지만 한국에서 챗봇 '이루다'의 운영 중단에 인공지능 윤리를 강조한 몇몇 대기업 CEO의 역할이 컸듯이, 목적 프로그램 중심의 윤리도 심각한 피해를 막는 데 기여할 수 있다.

6. 규제를 위한 제도화 모색

인공지능의 편향을 완화하고 그로 인한 피해를 줄이기 위한 규제 방안으로 아직 명확한 조건 프로그램을 통한 규제 방안은 제시되고 있지 않은 것으로 보인다. 충분한 검토 없이 이루어지는 법적 규제가 인공지능 산업을 위축시킬 수 있다는 우려도 있다. 하지만 필자가 더 경계하는 것은 윤리적 접근과 마찬가지로 법적 규제 역시 역설적 기능을 할 수 있다는 점이다. 법적 규제는 위법만 아니라면 아무런 윤리적 문제가 없다는 식의 면죄부를 제공할 수 있기 때문이다. 그래서 우선 중요한 것은 기존의 법률과 그것을 보완하는 입법을 통한 규제이다. 「개인정보보호법」과 차별을 금지하는 여러 법률들은 인공지능 알고리즘에도 적용될 수 있다. 챗봇 이루다 사태 당시 인권운동 단체들이 주장했듯이, 한국의 경우 현실 세계에서조차 아직 포괄적 차별금지법이 제정되지 못했다. 그래서 이 법률을 제정하되, 이를 통해 알고리즘에 의한 차별을 어느 정도 규제할 수 있는지 검토할 필요가 있다.

그런데 규범적 기대의 안정화가 국가의 법률을 통해서만 실현 가능한 것은 아니다. 인공지능의 편향 문제가 제기된 지 얼마 되지 않은 현재 시점에서는 섣부른 입법을 시도하기보다는 여러 이해관계자들이 참여하는 국제적인 규제 거버넌스를 구축하려는 시도가 먼저 이루어질 필요가 있다. 인공지능 산업의 국제적 경쟁과 기업들의 해외 이전 가능성을 염두에 둘 때, 국내법을 통한 규제보다는 초국적 거버넌스가 더 실질적일 수 있다. 지금까지 인공지능 윤리 정립에 참여한 여러 기관들의 협력으로 실질적 규제력을 갖는 제도를 마련하고 그중에서 검증된 것들을 여러 나라에서 혹은 국제기구를 통해 동시에 입법하는 방향을 모색해 볼 수 있다.

이러한 제도적 접근의 방안으로는 알고리즘 영향 평가Algorithm Impact Statement, 알고리즘에 대한 감사audit, 윤리 인증 등이 제시되었다.

앤드류 젤브스트Andrew D. Selbst는 개발사업에 대해 환경영향평가를 시행하듯이, 범죄 예측과 같이 피해를 초래할 수 있는 알고리즘에 대해서는 사전에 영향평가서를 제출해야 한다고 주장한다. 오닐은 대량살상수학무기WMD를 무장 해제하기 위해 "산출 결과를 조사함으로써 모형의 기반이 되는 가정들을 역으로 분석하고, 그런 다음 공정성 점수를 매기는 것" 등 여러 방법의 감사가 가능하다고 말한다. 그는 이러한 감사를 통해 긍정적인 피드백 루프를 가진 알고리즘만 남게 해야 한다고 말하며, 이러한 감사로 인해 발생할 수 있는 알고리즘의 정확성 저하 문제, 즉 "굳이 알고리즘을 '덜 똑똑하게' 만들 필요가 있을까?"라는 물음에 대해 "상황에 따라서는 그렇게 해야 한다"고 단호하게 답한다.[10]

위험사회학이 지적해 왔듯이, 현대 사회가 기술과 산업에서의 위험 감수risk를 통해 발전해 왔다는 것, 이러한 위험 감수에 있어 결정하는 자와 당하는 자의 관점은 구별될 수밖에 없고 이제까지 후자의 관점이 무시됨으로써 발생한 피해가 컸다는 것, 그리고 알고리즘의 위험이 대량살상수학무기라 불릴만한 잠재적 파괴력을 가진 것이라면 결정하는 자의 성취보다는 당하는 자의 피해에 더 주목해야 한다는 것 등을 고려할 때, 필자는 알고리즘의 정확성을 희생해서라도 위험부담을 줄이는 감사제도 등의 도입이 필요하다고 판단한다. 그런데 여기서 두 가지 물음을 던질 필요가 있다.

첫째, 정확성과 효율성이 떨어질 수 있음에도 인공지능 알고리즘을 의사결정에 활용해야 할까? 필자는 우리가 인공지능 기술을 개발하는 이유가 정확성과 효율성에만 있다고 보지 않는다. 이에 관해서는 인간의 편향과 관련된 논의 이후에 답하겠다.

둘째, 감사제도를 주장한 오닐은 "오직 인간만이 시스템에 공정성을 주입할 수 있다"고 말하며,[11] 알고리즘 감사의 움직임이 이미 학계 연구자들로부터 시작되었고 미국 정부가 강력한 규제자로 나서야 한다고 말한다. 그런데 과연 인간은 공정한가? 현실 사회에 공정함의 기준에 대한 합의가 있는가? 그리고 이른바 전문가라 불리는 사람들, 그리고 정부의 공무원들은 다른 인간들보다 더 신뢰할만한가? 기존의 수많은 영향 평가, 심의, 심사 등을 통해 편향된 데이터를 생산한 것이 이들 아닌가? 물론 알고리즘 감사에는 반드시 전문가가 필요하고 실질적인 규제 효과를 발휘하려면 공권력이 개입해야 한다. 그런데 알고리즘에 부족한 것은 무엇이며 그걸 보충해 줄 수 있는 사람들은 어떤 사람들일까?

이런 물음들에 대한 명확한 답변을 제시할 수는 없지만, 어느 정도의 방향을 잡기 위해 이제 인간의 편향에 맞선 계몽에 관해 살펴보겠다.

7. 인간의 편향에 맞선 계몽

17~18세기에 인간의 지성 혹은 이성을 '빛'에 비유하면서 그 빛을 통해 당시의 평범한 사람들이 빠져 있던 편견, 선입견, 미성숙 등으로부터 벗어나게 하려던 철학적 운동을 흔히 '계몽enlightenment'이라 부른다. 여기서는 인간의 개별적 감정을 억제하고 보편적 지성 혹은 이성을 통해 인간의 편향human bias을 완화하려는 정신적 운동이라는 측면에서 계몽을 다루고자 한다. 그래서 이런 경향이 가장 잘 표현되어 있는 계몽의 텍스트 두 가지를 중심으로 살펴보겠다.

계몽의 선구자로 거론되는 베이컨Francis Bacon은 학문 연구를 위해 아리스토텔레스의 논리학이라는 낡은 기관을 버리고 "새로운 기관Novum Organon"을 채택해야 함을 주장하는 책에서 인간의 정신을 사로잡고 있는 우상Idola을 언급한다. 인간이라는 종족 자체에 뿌리박고 있는 '종족의 우상', 각 개인이 갖고 있는 '동굴의 우상', 인간 상호 간의 교류와 접촉에서 생기는 '시장의 우상', 다양한 학설과 그릇된 증명 방법으로 인해 생기는 '극장의 우상'이 그 네 가지이다. 이 우상들은 인간의 네 가지 편향으로 간주할 수 있다. 오늘날에 적용해 보자면, 인간의 생물학적 특징으로 인한 편향, 개인별 특질로 인한 편향, 사회화 과정에서 소속집단의 특징으로 인한 편향, 사회화 과정에서 권위자나 대중매체의 영향으로 형성된 편향 등으로 분류해 볼 수 있을 것이다. 그래서 이 네 가지 편향의 원인을 제공하는 것은 인간의 개별적 신체와 제한된 사회적 경험 및 관계이다.

네 가지 우상을 거론한 후 베이컨은 『신기관』의 1-49에서 "인간의 지성은 마른 빛luminis sicci; dry light과 같은 것이 아니라 의지와 감정의 영향을 받는다"고 말한다. 의지와 감정의 영향으로 인간은 자기가 선호하는 것을 믿으려 하게 되고 "실험의 빛"을 거부하게 된다. 특히 감정은 "수많은, 때로는 알아챌 수 없는 방식으로 그의 지성을 물들여 감염시킨다".

베이컨은 감각과 개별자에서 출발하는 귀납을 주장하지만, 개인의 신체를 통한 특수한 감각의 결과에 대해서는 철저하게 불신한다. 그가 강조하는 "참된 귀납"은 성급하게 보편화하는 귀납이 아니라 "감각과 개별자에서 출발하여 지속적으로, 그리고 점진적으로 상승한 다음, 궁극적으로 가장 보편적인 명제에까지 도달하는 방법(1-19)"이다. 이 힘겨운 과정을 위해 지성은 자신의 개별적 감각의 영향을 받는 의지와 감정을 억누르고 '마른 빛'이 되기 위해 노력해야 하는 것이다. 우리는 여기서 엄청난 양의 데이터를 처리하는 학습 과정을, 의지와 감정의 방해 없이 수행하는 딥러닝 알고리즘이야말로 베이컨이 꿈꾸었던 '마른 빛'의 완성판이라고 생각해 볼 수 있다.

"자기 스스로의 탓으로 인한 미성숙으로부터 벗어나는 것"으로 계몽을 정의하고 "과감히 알려고 하라! 너의 고유한 지성을 사용할 용기를 가져라!"라는 표어를 제시했던 칸트Immanuel Kant는 공중이 이러한 미성숙에서 쉽게 벗어나지 못하는 이유 중 하나로 후견인들이 심어 놓은 "선입견"을 강조한다.[12] 베이컨의 분류를 기준으로 하면, 시장의 우상과 극장의 우상이라는 편견들을 타파해야만 공중의 계몽이 가능한 것이다. 그런데 계몽이란 무엇인가에 대한 답을 내린 후 칸트는 한 걸음 더 나아가 도덕의 영역에서도 선입견의 타율성에서 벗어나는 길, 그리고 감정의 영향을 받지 않는 길을 모색한다.

베이컨 이후 학문적 진리의 영역에서 감정은 탐구를 방해하는 것으로 규정되었지만, 17~18세기 경험론 철학의 전통에서 도덕은 여전히 그 근거를 감정에 두고 있었다. 특히 공감sympathy은 사람들이 함께 사는 도덕 생활의 기초였다. 그런데 칸트는 도덕 형이상학의 정초를 위해 외부의 영향을 받기 쉽고 개별적인 성격을 갖는 도덕 감정을 배제한다. 도덕법칙의 자율성과 보편성을 확보하기 위해 그는 "경험적 원리", "인간 본성의 특수한 습성이나 그것이 처한 우연적 상황"을 배제한다. 칸트는 도덕법칙이 "모든 이성적 존재자에게 구분 없이 타당해야 하는 보편성과 이로 인해 도덕법칙에 과해지는 무조건적인 실천적 필연성"을 가져야 한다고 주장한다.[13] 자기 행복, 도덕 감정 등 타율성을 초래할 수 있는 경험적 원리를 거부한 칸트는 자율성, 보편성, 실천적 필연성을 담보하는 '순수한 실천이성'의 선한 의지로부터 도덕법칙을 정초한다. 이 과정에서 '의지'와 '감정'은 더 이상 개인의 특수한 경향성에 맡겨져서는 안 되기에, 이성에 의한 통제를 받게 된다.

조금이라도 의심할 수 있는 모든 것을 거짓으로 간주하고 명석 판명한 참에서 출발하는 데카르트, 인간의 마음을 백지상태로 가정하고 시작하는 로크 등, 계몽 시대의 여러 철학자들에게서도 이러한 발상을 읽어 낼 수 있다. 그래서 필자 나름대로 인간의 편향과 관련해 계몽을 정의해 보자면 다음과 같다: 계몽은 인간의 편향을 완화하기 위해 개별 신체의 일시적 상태로부터 비롯하거나 개인의 제한된 사회적 관계나 경험으로부터 비롯하는 감정, 욕망, 의지 등을 억제하는 것, 보편화 능력을 갖는 지성 혹은 순수 이성을 발전시켜 거기에 감정, 욕망, 의지 등을 종속시키는 것이다.

8. 계몽의 역설 혹은 칸트주의자 아이히만

고유한 신체에 갇혀 있고 특수한 사회적 조건에서 살아가는 현실적 인간은 개별적 감정, 욕망, 의지로부터 벗어날 수 없다. 그래서 계몽의 시대는 동시에 연애의 시대이자 예술의 시대이기도 했다. 19세기로 넘어갈 무렵에는 개별성, 특수성, 감정, 환상 등을 강조하는 낭만주의가 계몽에 도전한다. 그래서 호르크하이머Max Horkheimer와 아도르노Theodor Adorno가 『계몽의 변증법Dialektik der Aufklärung』에서 말했듯이, "계몽과 낭만적 적들은 서로 양해를 구하게 된다." 다소 도식적으로 표현하자면, 근대인은 직업생활과 공공적 삶에서는 계몽주의자였고 연애와 휴가와 예술감상 등에서는 낭만주의자였다.

그런데 마른 빛이 될 수 없는 인간에게 이러한 타협은 불안정할 수밖에 없다. 칸트는 「계몽이란 무엇인가에 대한 답변」에서 보편성의 기준, 즉 계몽을 위해 반드시 자유로울 필요가 있는 이성의 공적 사용의 범위를 "독자세계의 전체 공중" 혹은 "세계시민사회"로 설정했지만,[14] 현실의 인간들에게 보편화의 한계는 조직, 지역사회, 민족 등이었다. 제한된 보편성에 만족하는 이성은 직업생활이나 국가 공무의 특수한 목적을 위한 '도구적 이성'에 머물게 된다.

베이컨Francis Bacon이 소설 『새로운 아틀란티스New Atlantis』를 통해 꿈꾸었던 인위적 냉동, 물질 변환, 비행, 잠수, 일기 예보 등을 위한 기계들은 20세기 초까지 대부분 발명되었다. 그리고 칸트가 꿈꾸었던 것처럼 누구나 과감하게 스스로의 지성을 사용할 수 있게 도와주는 보편적 공교육 역시 20세기 초중반 유럽을 넘어 세계 대부분의 지역으로 확산되었다. 바로 이 시기에 인류는 두 번의 세계대전을 겪게 되었고, 이 전쟁들에서 계몽의 성과인 비행기, 잠수함, 독가스 등은 인류에 대한 범죄에 사용되었다.

인류에 대한 범죄가 절정에 달했던 1944년에 호르크하이머와 아도르노는 인류가 왜 "새로운 야만 상태"에 빠졌는지를 물으면서 "계몽의 자기파괴Selbsterstörung der Aufklärung"를 연구 대상으로 설정한다. 그들은 계몽의 산물인 구체적인 역사적 형태나 사회 제도뿐 아니라 "그 개념 자체가 오늘날 도처에서 일어나고 있는 저 퇴보의 싹을 함유하고 있다"고 진단한다.[15] '인간의 자연 지배'를 위해 세계의 계산가능성과 유용성의 척도에 들어맞지 않는 모든 것을 의심했던 계몽은 그 성공으로 인해 역설적으로 인간을 파괴하게 된다. 계몽의 성과인 과학기술과 관료 조직은 인간 학살의 도구가 된다. 도구적 이성은 이성을 가진 동물을 효율적으로 죽이는 데 이용된다.

도덕 감정과 공감 능력을 거의 상실한 사람, 민족으로 제한된 보편성에 따라 자율적으로 도덕법칙의 명령에 따른 사람, 마른 빛에 가까운 도구적 이성으로 자신에게 주어진 직무를 수행한 사람의 대표적인 사례를 우리는 한나 아렌트Hanna Arendt의 저작을 통해 알고 있다. 아렌트의 관찰에 따르면, 전쟁범죄자 아이히만Adolf Eichmann은 "어느 것도 타인의 관점에서 바라볼 수 있는 능력"이 없고 공직에서 사용하는 용어Amtssprache의 상투어가 아니면 단 한 구절도 말할 능력이 없는 사람이다.[16]

이렇듯 공감 능력이 약하고 마치 기계적 언어처리처럼 말을 하는 아이히만은 재판정에서 오히려 자신이 전 생애에 걸쳐 칸트의 도덕 교훈과 의무에 대한 정의에 따라 살아 왔다고 말했다. 심지어 의지의 준칙을 항상 보편적 법칙 수립의 원리에 따르도록 해야 한다는 『실천이성비판』의 정언명령 그대로가, 자신의 신조와 정확하게 일치한다고 말했다. 물론 아렌트가 잘 지적했듯이, 그는 제3제국의 법이 칸트의 보편적 도덕법칙과 무관하다는 것, 모든 인격을 수단이 아닌 목적으로 대해야 한다는 또 다른 정언명령도 있다는 것 등을 몰랐다. 그럼에도 그는 의무에는 결코 예외가 없어야 한다는 칸트의 교훈을 자신이 지키지 못한 두 가지 예외, 즉 유대인인 자신의 조카를 도와준 것과 자기 삼촌의 개입에 따라 빈에서 한 유대인 부부를 도와준 것에 대해 양심에 가책을 느낄 정도로 자신의 의지와 감정을 이성에 종속시키는 데 뛰어난 사람이었다. 아이히만뿐 아니라 수많은 사람들에게 계몽은 아렌트가 표현한 것처럼 "어린아이가 가정에서 사용할 칸트"를 넘어서기 어렵다. 이것은 지적 한계의 문제일 뿐 아니라 보편성 자체가 인간이 쉽게 도달할 수 없는 이상이기 때문이다.

그렇다면 여기서 잠깐 기계의 지성인 인공지능을 아이히만과 비교해 보자. 인공지능은 아이히만의 두 가지 예외조차 용납하지 않는다. 그리고 인공지능은 엄청나게 방대한 데이터를 학습할 수 있다는 점에서 인간보다 뛰어난 보편화 능력을 갖추었다고 볼 수 있다. 하지만 그 데이터는 목표 변수가 어떻게 설정되느냐에 따라 철저하게 특정한 방향으로 제한되어 처리된다. 더구나 그 과정에서 제작자의 편향된 의도나 부주의가 조금만 개입하더라도 편향은 심각해질 수 있다.

그런데 현실 세계에서 살아가는 인간은 간혹 다른 관점을 가진 사람과 대화를 하기도 하고 자신이 전혀 생각해 보지 않았던 놀라운 것들을 책이나 영화를 통해 접하기도 한다. 이런 경험은 전혀 예상치 못한 상황에서 매우 우발적으로 일어나기도 하며, 간혹 심각한 반성의 계기가 되기도 한다. 반성은 그에게 다른 삶의 방향과 경험의 기회를 마련해 준다. 반면에 인공지능은 데이터 세계의 바깥으로 나갈 수 없다. 물론 인공지능은 전혀 다른 관점들이 함축된 방대한 데이터를 스스로 발굴할 수 있지만, 그 과정에서 놀라지 않고, 곤경에 빠지지 않으며, 자기 자신을 되돌아보지 않는다. 헤겔G.W.F. Hegel의 표현을 빌자면, 인공지능은 '직접적인 것Unmittelbares'에 사로잡혀 있다.

9. 계몽의 역설에 대한 반성적 접근

이성의 무분별한 사용으로 인한 계몽의 역설에 대한 경계는 이미 칸트에서부터 시작되었다고 볼 수 있다. 칸트의 주요한 철학적 작업은 이성의 영역별 한계를 설정하고 월권을 경계하는 이성비판Kritik der Vernunft이었다. 그리고 그는 '이것은 무엇이다'라고 단정하는 규정적 판단을 위한 능력뿐 아니라 '이게 뭐지?'라는 고민에서 시작되는 판단, 즉 자신을 되돌아볼 수밖에 없는 판단인 반성적 판단을 위한 능력 또한 강조했다. 그리고 헤겔은 반성Reflexion을 '직접적인 것'과 직접성의 부정인 '매개된 것'의 동일성, 혹은 '자기관계적 부정성'으로 규정한다.

19세기 독일의 변증법에서 자주 사용된 단어인 '반성'의 전통에 따라, 호르크하이머와 아도르노는 계몽의 역설에 대해 "신화로부터 기호논리학으로 나아가는 길에서 사유는 자기 자신에 대한 반성의 요소를 잃어버렸다"고 진단한다.[17] 그리고 계몽이 자기 자신을 돌아보아야 한다는 반성적 접근법을 제시한다. 그런데 여전히 근대 철학의 주체/객체 도식에 묶여 있던 그들에게 반성은 "주체 안의 자연의 기억"에 머무른다. 주관 철학의 틀 안에서 반성은 제한적일 수밖에 없으며, 그 반성이 어느 정도의 합리성에 이르렀는지에 대한 외부의 관찰이 불가능하다. 반성적이지 않은 주체를 반성하도록 강제할 방법도 없다.

20세기 후반의 사회철학은 주체/객체 도식을 넘어서서 반성을 서로 다른 관점들 사이의 담론과 토의의 차원으로 확장하고, 공적 이성 혹은 보편성을 절차화하여 실현하고자 한다. 계몽과 반성의 장소는 이제 상호주관적 차원 혹은 사회적 차원으로 옮겨진다. 예를 들어, 하버마스Jürgen Habermas는 도구화되기 쉬운 목적론적 이성과 구별되는 의사소통적 이성이 공론장을 통해 생활 세계에 뿌리내릴 수 있음에 주목한다. 그는 서로 다른 관점을 가진 사람들 사이에 좋은 근거를 제시하면서 이루어지는 담론을 통해 보편화를 추구하는 담론윤리Diskursethik를 주장하며, 이러한 담론윤리가 정치의 입법 과정에서 어느 정도 실현될 수 있는 절차를 두 가지 경로로 이루어지는 토의 민주주의 모델로 제시한다.

쾌락, 행복 등 경험의 원리를 받아들여 소수에 대한 배제를 정당화할 우려를 불러일으키는 공리주의에 맞서 칸트의 보편주의와 의무론을 강하게 계승하는 입장에 섰던 윤리학자 존 롤즈John Rawls도 하버마스의 담론적 설계와 비슷한 함의를 갖는 보완 기제들을 자신의 이론 안에 설치한다. 중립성과 보편성을 확보하기 위해 롤즈는 계약론을 모델로 삼아 원초적 입장에서 출발해 정의의 원칙들을 도출한다. 하지만 그는 그런 원칙들을 "잠정적 고정점"으로 간주하고 "이쪽저쪽을 맞추면서 때로는 계약적 상황의 조건들을 변경하기도 하고, 때로는 우리의 판단을 철회하거나 그것을 원칙들에 따라 조정하기도 하면서, 결국 우리는 합당한 조건들을 표현해 주면서도 정리되고 조정된 우리의 숙고된 판단에도 부합하는 최초의 상황에 대한 설명을 발견"하는 과정을 강조한다. 완전한 안정에는 이를 수 없는 이러한 조정 과정을 그는 "반성적 평형reflective equilibrium"이라고 부른다.[18] 서로 다른 관점들 사이의 견제와 긴장을 피할 수 없다는 점에서 반성적 평형은 칸트적 보편주의를 사회적 차원의 담론 절차로 옮겨 놓는 기제라 할 수 있다. 롤즈는 그의 정치철학을 정립한 저작 『정치적 자유주의Political Liberalism』에서도 사회를 정초하는 정치적 합의의 원칙들이 "그 사회 안에 존재하는 모든 합당한 포괄적 교설로부터 중첩되는 동의를 받아야 한다"는 "중첩적 합의overlapping consensus" 개념을 도입한다. 이는 상이한 관점들 사이의 반성 계기들을 절차화할 필요를 제기한다.

체계 이론적 사회학자인 루만은 반성을 철저하게 사회적 차원으로 옮겨 놓는다. 그에게 반성의 담당자는 더 이상 인간이 아니라 소통들의 자기 지시적 재생산으로 이루어지는 사회적 체계들이다. 반성은 조직, 기능체계 등의 사회적 체계들이 자기(체계)와 타자(환경)의 구별을 이용해 자기를 관찰하는 것으로 정의된다. 이러한 반성 개념을 사용할 경우, 개별 인간의 반성 여부는 관건이 아니게 되며, 조직들 혹은 조직들의 네트워크(거버넌스)가 반성의 기제들을 갖추는 것이 중요해진다.

루만은 현대 사회의 주요한 사회적 체계들이 이미 여러 반성의 기제들을 갖추고 있다는 것을 보여 주며, 그것들이 어떻게 서로 다른 관점과 시점으로 인해 제기될 수밖에 없는 역설을 탈역설화하는지를 설명한다. 그는 현대 사회의 사회적 체계들 중에는 자기(체계)와 타자(환경)의 구별이 갖는 역설을 코드화를 통해 전개하고, 여러 프로그램들을 이용해 코드값의 역설을 전개하는 체계들, 그리고 반성 이론들을 통해 끊임없는 자기관찰을 지속하는 체계들이 있다고 보았다. 법체계는 법과 법이 아닌 것의 차이가 낳는 역설이 제기될 때, 예를 들어 왜 이 사건은 법으로 다루지 않느냐는 문제가 제기될 때, 이 역설을 합법/불법 코드를 통해 보완한다. 이 코드는 법체계 바깥의 소통들을 법 내부로 끌어온다. 그리고 불법이 합법화되었다는 문제 제기를 해결하기 위해 개정 가능한 법률이라는 프로그램의 도움을 받는다. 이렇게 관리된 코드값에 대해서도 제기되는 역설은 3심제 등의 절차화를 통해 보완한다.[19] 그리고 반성 이론인 법학은 법체계가 그러한 역설 전개의 과정을 전반적으로 관찰할 수 있게 해 준다. 그 밖에도 학술지들과 과학을 통한 과학체계의 자기관찰, 여론을 통한 정치체계의 자기관찰, 교육과정 평가를 통한 교육체계의 자기관찰 등등 현대 사회의 주요 기능체계들이 여러 반성의 기제들을 통해 자기생산을 계속한다는 점을 밝혔다.

루만은 이러한 반성 과정이 결코 합리성이라는 유토피아에 도달할 수는 없으며, 끊임없이 역설을 전개하고 옮기는 탈역설화 Entparadoxierung임을 강조한다.[20] 그런데 현대 사회에 대한 이러한 이차

관찰의 함의가 임의적인 상대주의는 아니다. 예를 들어, 법은 끊임없이 법의 정당성에 대한 항의에 시달리면서도 결코 임의적이지 않은 결정을 내린다.

10. 인공지능의 편향에 대한 반성적 접근

'편향'은 완화할 수 있을 뿐, 제거할 수 있는 것이 아니다. 편향되었다는 인상은 뚜렷할 수 있지만, 최적의 기준 혹은 표준이 무엇이라고 뚜렷이 말하기는 어렵기 때문이다. 그래서 일찍이 아리스토텔레스는 『니코마코스 윤리학』의 제2권 제9장에서 지나침과 모자람을 피하는 '중용'이 어렵다고 말하면서, "비틀어진 나무"를 곧게 펴는 일에 비유했던 것이다. 일단 반대쪽으로 휘어 보자는 것이다. 그렇게 해서 또 휘게 된다면 다시 펴 보는 일을 반복해야 할 것이다.

인간의 편향을 바로 잡으려다 역설에 빠진 계몽은 역설에 대처할 수 있는 반성의 기제들을 사회적 차원에서 마련하고자 했다. 철학자인 하버마스와 롤즈는 담론윤리, 토의 민주주의, 중첩적 합의, 절차화 등 필자가 '반성적 접근'이라 부르는 방법을 통해 이성을 재구성하고 정의의 원칙을 제시하고자 했다. 그리고 사회학자인 루만은 이런 접근법 일부가 이미 사회적으로 제도화되어 있음을, 특히 끊임없이 역설을 탈역설화하는 방식으로 이루어지고 있음을 관찰했다.

인공지능의 편향을 바로 잡으려는 우리는 어떻게 접근해야 할까? 이미 인공지능에 대한 비판은 시작되었고, 기술적 교정도 착수되었다. 인공지능 윤리를 통해 이해관계자들에 대한 계몽도 시작되었다. 보다 강한 규제 거버넌스를 구축하려는 모색도 이루어지고 있다.

그런데 앞에서 살펴보았듯이, 이런 노력들은 각각의 한계를 가지며 언제든지 또 다른 편향을 낳을 수 있다. 그렇다면 반성적 접근을 참조하여 역설에 대처할 수 있는 과정 혹은 절차를 마련하고, 실험적으로 도입해 보며 어느 정도 검증된 것 일부를 제도화해야 할 것이다.

이 글에서 이러한 반성적 접근을 제도화할 방안을 구체적으로 밝힐 수는 없으므로 핵심적인 방향을 제시하며 마무리하겠다. 다양한 인간들과 다양한 인공지능 제작사들의 알고리즘들이 서로를 견제하고 비판할 수 있는 과정, 인간이 인공지능에게 공정성을 비롯한 나름의 관점들을 주입할 뿐 아니라 인간도 인공지능으로부터 배울 수 있는 반성적 과정이 마련되어야 한다. 특히 채용을 비롯해 인간에 대한 심사와 평가의 과정에는 복수의 제작사들에 의해 만들어진 복수의 알고리즘이 필요하다. 이 과정에는 편향을 완화하기 위한 방법이 초래하는 역설을 계속 펼칠 수 있는 절차가 포함되어야 한다. 역설이 계속 드러날 수 있는 과정, 그럼에도 잠정적 고정점 혹은 잠정적 합의가 이루어질 수 있는 과정이 마련되어야 한다. 역설의 생산성을 활용할 수 있는 과정과 절차가 마련되어야 하는 것이다. 그리고 계속 제기되는 역설을 잘 견뎌 낼 수 있는 것으로 입증된 견고한 원칙들과 절차들이 국내법을 통해서건 국제적 거버넌스를 통해서건 강력한 규제력을 갖도록 해야 한다.

이러한 결론은 앞서 던진 두 가지 질문에 대한 답변을 함축하고 있다. 앞에서 필자는 인공지능 알고리즘이 대량살상수학무기가 될 위험이 있는데도, 그리고 그 위험을 줄이기 위해 감사를 하면 정확성을 희생해야 하는데도, 왜 계속 인공지능을 활용해야 하느냐는 물음을 던졌다. 그 이유는 첫째, 인간의 편향 때문이다. 인공지능이 내놓은 결과로부터 견제를 받는다면 인간은 노골적으로 채용 비리를 저지르거나 편파적인 심사를 하기 어려워진다.

둘째, 인공지능은 어떤 인간도 생각해 내지 못한 혹은 말하지 못한 관점 혹은 견해를 내놓을 수 있는 잠재력을 갖고 있기 때문이다. 딥러닝 알고리즘의 등장으로 인해 가능해진 인간과 기계의 상호작용의 새로운 단계를 '인공 소통artificial communication'으로 개념화한 엘레나 에스포지토Elena Esposito는 알고리즘이 내놓는 데이터가 단순히 학습한 데이터에 인간이 담아놓은 것들을 반복하는 것이 아니라고 말한다. 그는 알고리즘에 의해 여러 인간 사용자들의 관점이 다시 정제되면서 우리 누구의 마음에도 없는 정보를 생산하고 소통의 복잡성을 증가시킬 것이라고 본다. 그는 이세돌과의 두 번째 대국에서 알파고가 엉뚱하게 둔 것으로 보였던 37번째 수가 결과적으로 수많은 인간들에게 엄청난 놀라움을 안겨 주었던 것과 같은 사례에서 앞으로 그런 일들이 늘어날 가능성을 본다. 물론 이런 잠재력은 현실 세계에 긍정적으로만 작용하지 않을 수도 있으므로 감사제도 등을 통해 통제되어야 할 것이다.

앞에서 필자가 던진 두 번째 질문은 알고리즘을 감사하는 경우에 전문가를 신뢰할 수 있는지, 그리고 어떤 인간의 관점이 필요한지에 관한 것이었다. 물론 인공지능 공학자도 필요하고 과학기술 윤리학자도 필요하다. 하지만 이들은 '마른 빛'에 가까운 사람들이라서 인공지능에게 부족한 것들을 보충할 수 없을지도 모른다. 아마도 인공적 도덕 행위자AMA를 설계할 때 가장 빠르게 실현할 수 있는 방법은 의무론적 도덕법칙을 하향식으로 주입하는 방법일 것이다. 그런데 신체도 없고 사회적 관계도 맺지 않는 인공지능에게 가장 부족한 것은 개별적이고 특수한 도덕 감정과 공감 능력인데, 이것들을 기술적으로 반영하는 일은 꽤 오래 걸릴 것으로 보인다. 인공지능 자체를 반성적으로 만드는 일도 꽤 오래 걸릴 것이다.

지금 가능한 보완 방법은 다양한 계층, 성별, 인종, 연령으로 이루어진 사람들, 제각각 독특한 감정과 의지를 갖춘 사람들이 알고리즘의 제작이나 감사에 참여하는 길밖에 없다. 특히 차별과 혐오 발언을 하기 쉬운 챗봇에 대해서는 반드시 페미니스트, 동성애자, 장애인, 소수 인종, 인권운동가 등이 베타 테스트에 폭넓게 참여할 수 있도록 해야 한다. 그리고 감사 절차에서도 그들의 의견이 갖는 비중을 높여야 한다.

따라서 인공지능의 편향을 완화하기 위한 반성적 접근을 제도화하려면, 전문가는 물론이고 여러 독특한 관점을 반영할 수 있는 다양한 사람들의 참여가 필요하다. 그리고 인간이 인공지능을 견제할 뿐 아니라 인공지능이 인간을 견제할 수 있는 절차, 그리고 알고리즘이 다른 알고리즘을 견제할 수 있는 절차 등도 포함되어야 한다. 너무 많은 비용이 들지 않겠느냐는 반론이 제기될 수 있다. 그러나 그에 대한 나의 답변은 인류가 지금까지 과학기술과 산업의 발전 과정에서 위험에 대비하지 않음으로써 얼마나 많은 사후비용이 들었고 얼마나 많은 사람이 희생되었는지를 떠올려 보라는 것이다.

주석

1 이 글은 철학연구회가 발간한 『철학연구』 제132집, 2021에 실린 논문을 수정·보완한 것이다.

2 D. Danks & A. J. London, "Algorithmic Bias in Autonomous Systems", In Proceedings of the Twenty-Sixth International Joint Conference on Artificial Intelligence, IJCAI, 2017.

3 S. Barocas & A. D. Selbst, "Big Data's Disparate Impact", *California Law Review* 104(3), University of California, Berkeley, School of Law 2016. 여기서 분석한 다섯 단계를 한국 연구자들의 다음의 논문을 참고하여 서술하겠다. 오요한·홍성욱, 「인공지능 알고리즘은 사람을 차별하는가?」, 『과학기술학연구』 제18권, 한국과학기술학회, 2018.

4 캐시 오닐, 『대량살상수학무기』, 김정혜 옮김, 흐름출판, 2017, 91쪽.

5 캐시 오닐, 같은 책, 267쪽.

6 고학수 외 2명, 「인공지능 윤리규범과 규제 거버넌스의 현황과 과제」, 『경제규제와 법』 제13권 제1호, 서울대학교 공익산업법센터, 2020.

7 목광수, 「과학기술 시대의 윤리 층위 구분과 층위들 사이의 관계 규명: 인공지능 윤리를 중심으로」, 『범한철학』 제98권, 범한철학회, 2020.

8 고학수 외 2명, 앞의 글, 2020; 김건우, 「차별에서 공정성으로: 인공지능의 차별 완화와 공정성 제고를 위한 제도적 방안」, 『법학연구』 제61집, 전북대학교 법학연구소, 2019.

9 이선구, 「알고리즘의 투명성과 설명 가능성: GDPR을 중심으로」, 『인공지능 윤리와 거버넌스』, 박영사, 2021; 오요한·홍성욱, 앞의 글, 2018. 참조.

10 캐시 오닐, 앞의 책, 343~346쪽.

11 같은 책, 259쪽.

12 Immanuel Kant, 「Beantwortung der Frage: Was ist Aufklärung?」, In *Schriften zur Anthropologie*, *Geschichtsphilosophie*, *Politik und Pädagogik* 1, Suhrkamp, 1977.

13 임마누엘 칸트, 『도덕형이상학 정초·실천이성비판』, 김종국·김석수 옮김, 한길사, 2019, 100쪽(IV, 442).

14 Immanuel Kant, 앞의 책, 1977, pp. 55~56.

15 M. Horkheimer & T. W. Adorno, *Dialektik der Aufklärung* 2판, Suhrkamp, 1984, p. 13.

16 한나 아렌트, 『예루살렘의 아이히만』, 김선욱 옮김, 한길사, 2006, 104~105쪽.

17 M. Horkheimer & T. W. Adorno, 앞의 책, 1984, p. 55.

18 존 롤즈, 『정의론』, 황경식 옮김, 이학사, 2003, 56쪽.

19 정성훈, 「니클라스 루만의 법이론」, 『현대 법사회학의 흐름』, 세창출판사, 2017.

20 정성훈, 「사회의 분화된 합리성과 개인의 유일무이한 비합리성」, 『사회와 철학』 제25집, 한국사회와철학연구회, 2013.

2부 챗봇의 일탈

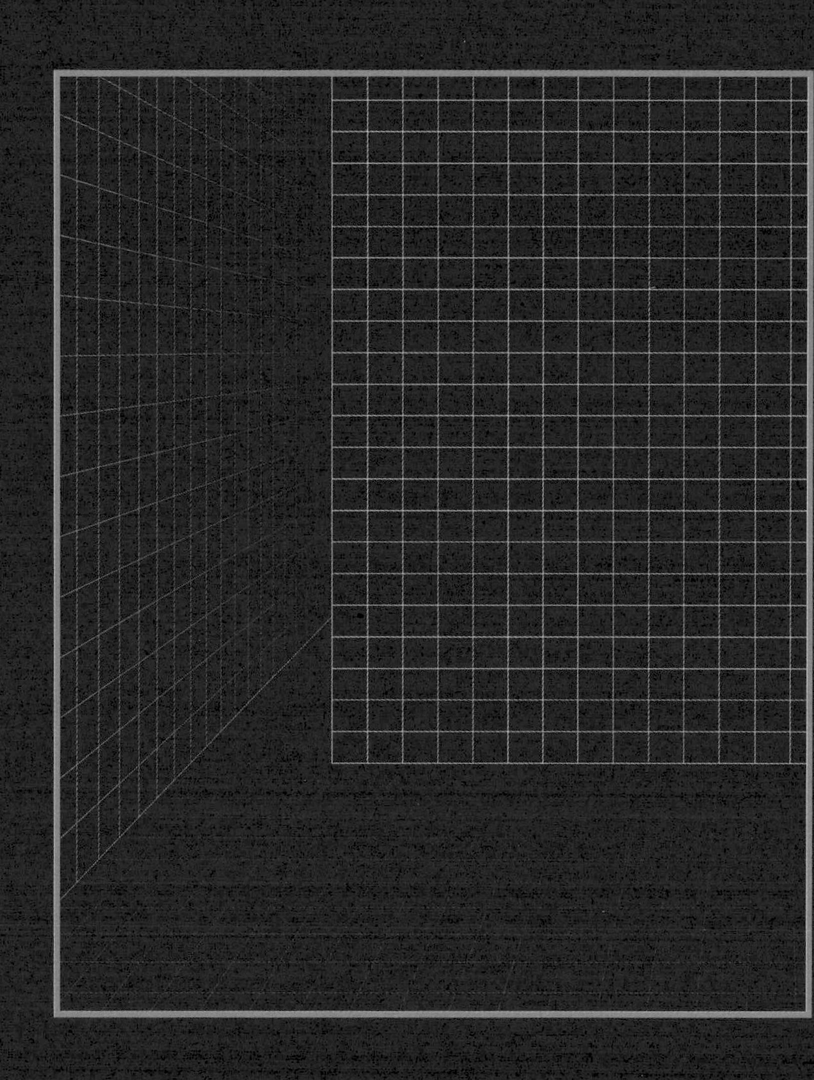

1장 오요한

스캐터랩은 '연애의 과학'과 '일상대화 인공지능' 사이의 관계를
인공지능 연구개발 커뮤니티에 어떻게 설명해 왔는가?

1. 열며: 지금은 틀리고 그때는 맞다?

"스캐터랩의 [카카오톡 대화] 데이터 출처는 인공지능 개발자 커뮤니티에서 비밀이 아니었다. 그러나 아무도 그러한 민감한 데이터가 윤리적으로 수집되었는지를 묻지 않았다. 모든 발표 슬라이드(파이콘 코리아 2019 등), 강연(네이버 [테크톡 2019]), [아시아 스타트업 영어 매체 TechInAsia와의 2020년] 뉴스 인터뷰에서, 스캐터랩은 100억 건의 친밀한 대화 로그라는 대규모의 데이터셋을 자랑했다."[1]

'연애의 과학' 앱 사용자는 연인 간의 대화를 분석받기를 기대하며 채팅 데이터를 업로드할 때 해당 데이터가 '신규 서비스 개발'에 사용될 수 있다는 내용이 포함된 고지를 받고 이에 동의했으며, 챗봇 '이루다'는 이렇게 제공받은 채팅 데이터에 기반하여 개발되었다. 이

것이 개인정보를 무단으로 이용한 것인지 아니면 법리상 정당화될 수 있는 이용인지 여부가 2021년 4월 시점의 중요한 법적 쟁점이다. 2021년 3월 법무법인 태림이 254명의 피해자를 대리하여 "이용자 동의 없이 개인정보를 무단 이용한 점" 등을 들어 주식회사 스캐터랩에 1인당 손해배상액 80만 원, 총 소송가액 2억 320만 원의 손해배상청구소송을 제기했기 때문이다.[2] 2021년 12월 스캐터랩이 이루다의 재출시를 예고한 시점까지도, 재판은 큰 진전을 보이지 못하고 있다.[3]

하지만 위의 인용문에서 지적하였듯이 스캐터랩은 수년 전부터, 즉 자신들의 제품/서비스가 큰 주목을 받으리라고 자신들도 예상하기 어려웠던 시점부터 '연애의 과학'과 '일상대화 인공지능' 사이의 관계에 대해 솔직하게 밝혀 온 것으로 보인다. 장희수는 미국의 온라인 잡지 『슬레이트Slate』 지에 2021년 4월 실은 영문 기고에서 스캐터랩이 카카오톡 대화 데이터를 사용한다는 사실이 국내 인공지능 커뮤니티에서 적어도 2019년부터 비밀이 아니었다는 점과, 그럼에도 불구하고 데이터 수집의 윤리 문제가 공론화된 적이 없다는 점을 지적한 바 있다. 그렇다면 왜 당시에는 그러한 문제가 제기되지 않았을까?

2. 전문가 커뮤니티는 2016년 10월부터 2021년 1월까지 미리 알 수 있었다?

본 글은 스캐터랩이 ('연애의 과학' 앱 사용자가 제공한) "카카오톡 채팅 데이터를 바탕으로 일상대화 인공지능을 개발하겠다" 혹은 "개발하고 있다"라는 진술을 인공지능 연구개발 및 스타트업 커뮤니티 사이에서 2016년 10월부터 일찌감치 공개적으로 알리기 시작했다는 점에 주목하고자 한다. 당시 스캐터랩은 스타트업 간의 교류 및 발표 모임에서 '연애의 과학'을 통해 미국, 중국, 일본 사용자로부터 다국어 데이터를 수집할 것이며, 이를 토대로 일상대화 인공지능을 만들겠다는 포부를 밝힌 바 있다.[4] 동일한 논리는 2018년 4월에 50억 규모의 3차 투자를 국내 벤처투자사, 일본계 벤처투자사, 굴지의 국내 사업회사 등으로부터 받을 때의 보도자료를 통해서도 되풀이되었다.[5]

이 글이 특히 주목하고자 하는 부분은 이러한 공개 발표의 자리에서 '일상대화 인공지능'의 개발 원천으로서 카카오톡 대화가 언급될 때, 그 상세 내용이 때로는 자세히, 때로는 뭉뚱그려져 소개되었다는 점이다. 가령 위 인용문에 언급된 세 가지 사례에서, 한 번은 '텍스트앳'과 '연애의 과학'을 통해 수집된 카카오톡 대화인 것으로(네이버 테크톡 2019), 혹은 취득 경로에 대한 언급 없이 그저 카카오톡 대화인 것으로 (TechInAsia 인터뷰), 혹은 취득 경로에 대해서는 언급하지 않은 채 사용자의 동의를 얻고 개인정보가 가명처리된 카카오톡 대화인 것으로(파이콘 코리아 2019) 조금씩 다르게 표현되었다. 이는 전문가 커뮤니티에서조차 스캐터랩이 만들겠다는, 혹은 만들었다는 일상대화 인공지능이 '연애의 과학'과 어떤 관계를 맺고 있으며, 그 관계가 데이터 윤리, 사용자 보안 등의 관점에서 잠재적인 문제가 있을만한 관계일지 항상 분명히 알 수 있지는 않았음을 시사한다. 만약 우리가 사용자의 사적 대화와 같은 민감한 데이터가 보다 신중하고 사려 깊게 처리되어야 한다고 동의한다면, 과연 스캐터랩이 자사의 일상대화 인공지능과 '연애의 과학'의 관계를 전문가 커뮤니티 —특히 인공지능 연구개발 커뮤니티와 벤처투자자들—에 기회가 있을 때마다 얼마나 자세히 혹은 추상적으로 설명해 왔었는지를, 그리고 이를 통하여 이들 전문가 커뮤니티가 이 회사의 인공지능과 데이터 사이의 관계를 무엇이라 이해할 수 있었을지 보다 분명하게 살펴볼 필요가 있다.

본 글은 두 파트로 나뉜다. 첫 번째 '분석' 파트에서는 전문가(인공지능 연구개발)커뮤니티에서 행해진 스캐터랩의 공식 발표들을 분석하여 다음의 질문에 답하려 한다. 스캐터랩이 자사의 일상대화 인공지능을 설명하면서, 그 기반이 되는 자사가 보유한 카카오톡 데이터의 취득 경로에 대해 ('연애의 과학'을 언급하였든 그렇지 않든) 2016년 10월 이후 전문가(인공지능 연구개발) 커뮤니티에 어떻게 설명해 왔는가? 이에 답하기 위해 여러 사실자료(기술 컨퍼런스 및 기술 블로그 자료, 매체 보도 및 인터뷰 등) 를 바탕으로 진술의 선후 관계 등을 분석한다. 스캐터랩은 기술 컨퍼런스 발표 및 기술 블로그 등의 채널을 통하여 자사의 일상대화 인공지능 서비스가 카카오톡 대화에 기반하여 개발되었음을 줄곧 언급하였으며, 시간이 지나도 이러한 경향은 유지되었던 것으로 보인다. 다만 두 가지 추가적인 패턴이 관찰된다. 먼저 2019년 이후로 이 카카오톡 대화가 '연애의 과학'에서 얻은 것을 때로는 언급하고, 때로는 생략하기도 했다. 둘째로 2019년 이후로 모든 데이터가 사용자로부터 직접 동의하에 제공받은 것이며, 개인정보 식별이 불가능한 데이터만 연구개발 목적으로 사용하고 있음을 명시적으로 설명하기 시작했지만, 이러한 설명이 때로는 누락되었다.

이 글의 두 번째 '제안' 파트에서는 앞선 관찰, 분석, 추정을 토대로, 하나의 제안을 내놓을 것이다. 전문가(인공지능 연구개발) 커뮤니티, 특히 기술 공유 컨퍼런스 주최 및 조직위원회가 각 발표자들로 하여금 데이터 수급 채널 및 데이터 세트에서 잠재적인 피해를 끼칠 수 있는 요소들에 대하여 반드시 설명하도록 권고해야 한다는 제안이 그것이다.

3. 이 글의 한계

수집된 자료를 근거로 한 본 글의 추정은 어디까지나 잠정적임을 분명히 해 두고자 한다. 향후 새로운 자료, 당사자들의 보다 상세한 인터뷰 등이 밝혀짐에 따라 이 글에서 추정한 주장들이 반박될 수도 있다. 다만 이 글은 지금은 의구심을 불러일으키는 연구개발 아이디어가 과거 시점에는 전문가 커뮤니티 안에서 큰 문제를 불러일으키지 않았다는 장희수의 진술에서 시작하여, 이 점을 공론의 장에서 분석하고 다룰 만한 의제로 삼고자 한다. 이 의제에 대해 보다 심도 있는 분석이 이루어진다면, 향후 큰 논란을 불러일으킬 수 있는 아이디어를 보다 면밀하게 현재 시점에서 검토하고 그 부정적 결과를 선제적으로 줄이는 데에 도움이 될 수 있을 것이다.

4. 분석

스캐터랩이 자사가 앞으로 만들, 만들고 있는, 드디어 만들어낸, 더욱 고도화시킨 일상대화 인공지능과 그 기반이 된 '연애의 과학' 산産 카카오톡 채팅 데이터 사이의 관계를 전문가(인공지능 연구개발) 커뮤니티에 어떻게 설명해 왔는가? 분석 결과에 따르면, 2016년부터 2020년까지 스캐터랩은 줄곧 자사가 일상대화 인공지능을 개발하기 위해 카카오톡 채팅 데이터를 사용한다고 이야기해 왔던 것으로 보인다. 다만 해당 데이터를 '연애의 과학'에서 얻는다는 사실은 초반에는 명확히 밝혔으나, 2019년 이후부터는 때로는 밝히고, 때로는 밝히지 않는 패턴으로 변해 갔음이 관찰된다. 그리고 2019년에 들어서

"모든 데이터는 사용자의 동의를 받고 사용자에게 직접 제공받았으며, 개인정보 식별이 불가능한 데이터만 연구개발 목적으로(만) 사용하고 있습니다"라고 몇 차례 언급하기 시작하였으나, 이를 항상 언급한 것은 아니었다.

(1) '진저 for 비트윈' 운영에서 찾은 인공지능 챗봇이라는 아이디어 – 2016년 10월

'연애의 과학'과 일상대화 인공지능 사이의 관계에 대한 실마리는 그에 앞서 출시된 앱 '진저 for 비트윈–사랑을 이해하는 인공지능'(이하 '진저')에서 찾을 수 있다. 스캐터랩이 대화형 인공지능에 대한 아이디어를 외부에 공개한 최초의 기록은 뉴스매체 보도 및 인터뷰, 공개 발표 등을 통틀어 2016년 10월이었던 것으로 보인다. 김종윤 대표는 공개 발표자 중 한 명으로 2016년 10월 창업생태계 허브 '디캠프'에서 주관하는 월간 행사 'D.party'에 참석했다. 10월 행사의 테마는 인공지능 스타트업이었다. 이날 발표에서 김 대표는 스캐터랩의 '일상대화 인공지능'에 대한 포부를 밝히는 동시에, 이러한 포부가 '진저'에서 비롯되었음을 설명했다.

총 10곳이 발표한 이 날 자리에서 김 대표는 '당신을 챙겨 주는 인공지능 '진저Ginger"라는 제목으로 발표했다.[6] 발표 자료에 따르면, 진저는 브이씨엔씨VCNC 사의 커플 모바일 메시지 앱인 '비트윈' 전용으로 개발되어 2015년 2월 출시된 앱으로서, 연인 사용자 간의 대화를 분석하여 "연애에 대한 다양한 정보를 인식"하고, "흥미로워할 정보를 카드를 통해" 알려 주는 일종의 연애 비서, 혹은 데이트 코치 역할을 하는 서비스였다. 예컨대 사용자에게 카드를 띄워 "최근 한 달

동안 [연애 상대방]님이 이전 달에 비해 평균 111분이나 늦게 잠들고 있어요. 많이 바빠진 모양이에요. 만약 데이트가 있다면 [연애 상대방]님을 조금 배려해 주세요"라고 넌지시 일러주는 방식이었다.[7] 또한 진저는 "[사용자]님 아무리 그래도 답장은 얼른 해 주셔야죠! [연애 상대방]님이 기다리시잖아요"라고 '진저톡'이라고 표시된 카드를 띄우고 상대의 반응 시간 "3분20초"와 나의 반응시간 "7분99초"를 [sic] 견주어 보여 주며 사용자가 이에 대해 "좀 바빠서 그랬어" 혹은 "그래 노력해 볼게"의 선택지 중 하나로 반응할 수 있게 하기도 했다. 한정적인 고객군을 타겟팅하고 있지만, 해당 고객층의 충성도와 수요가 높을 수도 있는 서비스였다.

하지만 정작 당일 발표에서 김 대표가 흥미롭게 소개한 것은 진저가 제삼자로서 커플 관계의 윤활유 역할을 하기보다 진저 자체가 사용자의 대화 상대이자 애착 상대로 자리 잡는, 어찌 보면 본말이 전도된 양상이었다. 예컨대 진저는 사용자의 연애 상대가 아닌 사용자 본인의 일주일 컨디션을 수치화하여 그래프로 보여 주면서 "제가 요 며칠간 보니까 [사용자 실명]님 컨디션이 안 좋은 것 같아서 속상해요"라고 '진저톡'이라고 표시된 카드를 띄워 주고 사용자가 "챙겨줘서 고마워" 등의 선택지 중 하나로 반응할 수 있게 하거나, "땡! 잡았다! 수업 시간에 핸드폰 만지고 그러면 안~돼~요~"라고 진저톡 카드를 띄우고 사용자가 "알겠어 진저야" 혹은 "싫어 내 마음이야" 등의 선택지 중 하나를 누를 수 있게 하거나, 혹은 "뭘 드시기에 조금 늦은 시간 아닌가요? 며칠 전에 다이어트 한다고 말씀하시는 걸 제가 들었던 것 같아서요"라고 진저톡 카드를 띄우고, 사용자가 "별로 안 늦은 시간이야" 등의 선택지 중 하나를 누를 수 있게 하였다. 요컨대 진저가 특정하게 인간화된 주체로서 사용자와 쌍방향 소통하는 듯한 인상을, 즉 스스로의 성격과 정서를 드러내고, 특정 상황을 극적으로 연출하려 하며, 한 명의 시종/집사인 양 사용자를 적극적으로 시중드는 혹은 참견하려는 듯한 인상을 사용자에게 주려는 것이었다.

사용자들이 이러한 화면을 캡처하여 인스타그램에 공유한 피드를 캡처한 화면을 잇달아 보여 주며, 김 대표는 인스타그램 사용자들이 진저의 메시지에 정서적으로 긍정적인 반응을 한다고 해석했다. 달리 보면, 데이트 코치인 동시에 셀프 코치이기도 한 진저 앱의 페르소나는 연애 상대방에 대한 시의성 있는 통찰을 제공하면서도 그와 동시에 개성 있게 인간화된 톤으로 제공한다는 점에서, 사용자가 연애 상대에 대해 관심을 갖는 것을 돕기도 하고, 때로는 사용자 자신을 더욱 잘 챙길 수 있게 돕기도 하며, 단순한 매개자를 넘어 역설적이게도 연애 당사자들로부터 주의를 빼앗아 진저 자신에게 일부 향하도록 유인하는 매혹적인 중개자로 설정되었다고도 볼 수 있을 것이다.

사용자가 진저봇이 건네는 안부 인사에 정서적으로 감응한다는 관찰 하에, 김 대표는 이어지는 슬라이드 자료에서 "진저와 유저는 특별한 애착 관계를 형성합니다"(원문 강조)라고 주장하고, "인공지능과 사람이 친구 같은 관계를 맺는 세상"을 지향점으로 놓은 뒤, 자신들은 "딥러닝+160억 건의 대화 데이터"를 가지고 "유저의 상황과 감정을 인지할 수 있다", 그리고 "사람과 대화하는 법을 배울 수 있다"고 믿는다고 밝혔다. 그리고 마침내 로드맵을 밝히는 슬라이드에서는 자사가 개발할 '일상대화 인공지능'과 '연애의 과학'의 관계가 시각적으로 그려졌다. 화면 상단에는 "일상적인 대화를 나눌 수 있는 알고리즘 개발"이라는 지향점이 제시되었다('핑퐁'이라는 개발팀 명칭이 정식으로 붙여지기 전으로 보인다). 화면 하단에는 "'연애의 과학'을 통해 다른 언어의 대화 데이터 수집"이라고 적혀 있었다. 더불어 미국기, 일본기, 중국기 그림이 놓여 있었다. '연애의 과학'이 출시된 지 4개월이 지난 시점이었다.

이러한 시각적 구도는 최소 두 가지의 시사점을 지닌다. 먼저 '연애의 과학'이 그 자체로 완결적인 서비스라기보다는, 상위 목적을 위한 수단으로도 기능한다는 것이다. 이러한 관계 설정은 2017년 9월 김종윤 대표의 인터뷰에서 보다 직접적으로 설명된다. "[김종윤 직접 인용] 스캐터랩은 메시지 데이터를 가장 많이 가진 스타트업일 것이다. 일각에서는 메신저 회사들이 더 데이터가 많지 않냐고 하는데, 그 회사들은 기본적으로 일반 메신저 대화에 접근할 수 없다. 서버에 암호화되어 저장되기 때문이다. 연애의 과학은 [장기 프로젝트로 준비 중인 일상대화 인공지능 메신저 서비스] 핑퐁의 좋은 데이터 서비스 채널이기도 하다. 사용자들이 직접 메신저 대화를 입력하기 때문이다."[8]

둘째로 '일상대화 인공지능을 위한 '한국어' 데이터 수집'이라는 목표는 언급조차 되지 않았다. 한국어 데이터 수집을 하고 있지 않기 때문에 언급되지 않은 것이 아니라, 한국어 데이터 수집은 이미 한국어권 사용자 기반의 '연애의 과학'을 통해 달성되어 수행 중이었기 때문에 굳이 언급할 필요가 없었을 것이다. 도리어 향후 미션은 '연애의 과학'을 미국, 일본, 중국 모바일 애플리케이션 장터에 출시하여 동일한 방식으로 다국어 대화 데이터를 축적하겠다는 것이었다.

(2) 제3차 투자 유치에서 설명된 '연애의 과학', 카카오톡 데이터, 일상대화 인공지능의 관계 – 2018년 봄

2017년 4월 드디어 '연애의 과학'의 첫 번째 다국어 버전으로 일본어 버전이 출시되었고, 같은 해 12월에 이르러 '라인LINE' 앱에서 주고 받은 일본어 채팅 데이터를 500만 쌍 이상 확보하기에 이른다.[9] 같은 시기인 2017년 하반기, 스캐터랩이 개발하던 챗봇 역시 프로토타입 형태로나마 최초로 세상에 선을 보인다. 2017년 11월 한국콘텐츠진흥원 및 SM엔터테인먼트가 공동으로 후원한 인공지능 스타트업 융합형 콘텐츠 협업 프로젝트 '음악, 인공지능을 켜다'에서 스캐터랩은 SM엔터테인먼트의 지적재산권IP인 소녀시대의 '써니', 엑소의 '찬열' 등 연예인 캐릭터를 활용하여 '셀럽봇'이라는 이름의 챗봇을 시범적으로 발표했다. 이 행사에서는 스캐터랩의 기술적 근간은 "30억 쌍의 카카오톡 대화"에 기반한 머신러닝이라고만 소개되었으나 이 대화가 '연애의 과학' 사용자로부터 제공받은 것임을 밝히지는 않았다.[10]

이후 2018년 4월 스캐터랩은 창립 7주년을 3~4개월 앞두고 50억 원 규모의 제3차 '시리즈 B' 투자 유치에 마침내 성공한다. 스캐터랩이 초기 2회 받은 투자는 모두 자사의 서비스를 세상에 선보인 후 몇 개월 이내에 유치했었고, '대화형 AI' 혹은 '일상대화 인공지능'과는 연관되지 않은 대화 메시지 및 빅데이터 감정분석이라는 사업 아이디어로 유치한 것이었다. 스캐터랩은 2013년 3월 자사 최초의 앱 '텍스트앳'을 정식 출시하고 같은 해 9월 최초 투자로 엔젤 투자 2억 원을 유치했었으며, 2015년 2월 '진저 for 비트윈'을 정식 출시하고 같은 해 6월 소프트뱅크벤처스코리아, KTB네트워크로부터 '시리즈 A' 규모의 13억 원의 투자를 유치했었다.

반면 세 번째 출시된 서비스와 세 번째 투자 유치 사이에는 약 2년이라는 간격이 있었으며, '일상대화 인공지능'이라는 사업 아이디어로 유치한 최초의 투자였다. '연애의 과학'은 2016년 6월 출시되었고, 시리즈 B 규모의 50억 원 투자는 엔씨소프트, 코그니티브 인베스트먼트, ES인베스터가 새로운 투자자로, 그리고 소프트뱅크벤처스코리아가 투자금액을 추가하여 참여하여 2018년 4월 성사된 것이다. 세 번째 투자를 이끈 것은 이미 출시된 지 2년이 다 되어가는 '연애의 과학'이 아니었다. 도리어 '연애의 과학'을 통해 수집한 다국어 데이터에 기반하여 일상대화 인공지능을 개발하는 '핑퐁'팀이 향후 경쟁력 있는 챗봇 모델을 만들겠다는 포부가 마침내 시장에서 그 가치를 평가받았던 것이다.

스캐터랩의 제3차 투자 유치를 다룬 보도자료는 투자 유치를 성사시킨 핵심 요소가 무엇이었는지를 잘 보여 준다. 스캐터랩의 주요 계획은 "일상대화 AI 기술을 고도화"하는 것과 "'연애의 과학'을 통한 다국어 데이터 확보"라고 홍보되었다. 직접 인용된 소프트뱅크벤처스 최지현 책임심사역(남성)은 "스캐터랩은 대화형 데이터를 국내에서 가장 많이 보유한 회사"라며 "핑퐁을 발판으로 향후 정서적인 교감이 필요한 사업 분야를 개척하며 선두 기업으로 성장할 것"이라는 기대를 밝히며 힘을 실어 주었다. 이는 스캐터랩의 2016년 10월 비전과 동일한 논리이다. 김종윤 대표는 "다국어 메신저 데이터에 기반을 둔 머신러닝 기술로 일상대화 인공지능 분야를 선도하겠다"고 포부를 밝히며, 추가 투자금으로 '연애의 과학'의 다국어 서비스를 개발 및 출시할 계획이며, 이러한 다국어 데이터로 향후 다국어 일상대화 인공지능을 만들 것임을 시사했다.

투자심사역의 기대와 김 대표의 포부는 2016년 10월 스캐터랩이 밝힌 두 서비스 사이의 일방향 데이터 파이프라인 구조, 즉 '연애의 과학'의 다국어 데이터가 일상대화 인공지능에 공급되는 관계를 설명한 논리의 복사판이기도 했다. 두 서비스 간의 데이터 의존 구조에 기반한 일상대화 인공지능 개발이라는 아이디어 차원의 목표는 프로토타입 개발의 진척과 함께 마침내 1년 6개월 만에 50억 원의 투자로 그 가치를 인정받은 것이었다.

(3) 기술 컨퍼런스와 기술 블로그에서 언급되는 '연애의 과학' – 2019~2020년

2019년에서 2020년 스캐터랩이 참여한 5곳의 크고 작은 인공지능 관련 기술 공유 발표회, 그리고 핑퐁 팀의 기술 블로그에 게시된 1건의 게시글을 통틀어 ('텍스트앳' 및) '연애의 과학'의 사용자 대화 데이터로부터 핑퐁이 학습되었다는 점이 3곳에서는 언급되었고, 다른 3곳에서는 언급되지 않았다. 먼저 2019년 5월 김종윤 대표와 김준성 머신러닝 엔지니어가 네이버의 사내 기술 공유회인 '네이버 테크톡'에서 발표했다.[11] 네이버 내부 구성원들에게만 선보이는 자리인 네이버 테크톡에서,[12] 김준성 연구원은 발표 자료를 통해 "'텍스트엣'과 [sic] '연애의 과학'로부터 얻은 100억+Utterance(2.2TB)의 유저 대화 데이터"가 "NLP[자연어처리]/Dialog System 머신 러너"에게는 귀중한 자산임을 강조하며, "100억 건의 대화 데이터를 최대한 학습해 사람 같은 인공지능을 만들자"는 것이 핑퐁의 목표임을 숨기지 않고 내세웠다.[13]

다음으로 2020년 8월 핑퐁 팀의 블로그에 한 글이 게시되었다.[14] 여기에서는 트랜스포머Transformer 기반의 두 가지 답변 생성 모델인 인코더-디코더Encoder-Decoder 구조와 디코더 단독Decoder Only 구조의 생성 모델의 훈련을 위해, "저희 핑퐁팀은 연애의 과학 어플리케이션을 통해 수집한 대량의 대화 데이터를 학습 데이터로 이용"하였다는 점을 밝혔다. 뒤이어 이 데이터 중 생성되지 말아야 할 답변을 필터링하기 위해 "카카오톡의 시스템 토큰 및 이모티콘이 포함된 문장", "비속어나 선정적인 단어가 포함된 문장", "전체 문장 길이 대비 띄어쓰기의 비율이 10% 미만인 문장" 등을 필터링하였다고 밝혔다. 또한 답변 능력 향상을 위해 "완전한 한글 기준으로 길이가 3 이하인 문장" 등을 추가로 필터링하고, 디코더 단독 구조의 답변 생성 모델에 '위키피디아'와 '나무위키'와 같이 정보량이 풍부한 외부 데이터도 학습에 활용하였다고 밝혔다.

마지막으로 2020년 10월, 알집, 알약, 줌닷컴 등으로 알려진 중견 소프트웨어 및 온라인서비스 회사 이스트소프트가 주최한 'AI PLUS 2020'에서 김종윤 대표는 '챗봇 루다: 1,000명과 한 달간 대화를 나누다'라는 제목의 발표를 했다. 행사 홈페이지에서 연사로 소개된 김종윤 대표의 자기소개에서는 '연애의 과학'에서 얻은 카카오톡 대화가 챗봇 이루다의 근본이 되었음을 명시하고 있다. "연애의 과학으로 모은 100억 건 이상의 카카오톡 대화를 모았습니다. 이 데이터와 딥러닝 기술을 기반으로 '사람과 자유롭게 대화를 나눌 수 있는 AI'를 만들자는 목표로 일하고 있습니다".[15]

(4) 기술 컨퍼런스에서 언급되지 않는 '연애의 과학' – 2019~2020년

반면 같은 시기였던 2019년 8월과 11월 열린 개발자 공개 컨퍼런스에서 발표한 스캐터랩 연구원들은 데이터의 공급 채널을 언급하지 않고, 오직 그 최종 출처인 카카오톡(그리고 라인)만을 언급하였다. 2019년 8월 열린 파이선(Python) 개발자의 연례 기술 공유회인 'PyCon 2019'에서 발표한 김준성 연구원은 데이터 출처를 설명하는 자료에서 "핑퐁팀은 한국어 100억 건의 카톡 데이터, 일본어 2억 건의 라인 데이터를 보유하고 있다"고 소개했다.[16] 덧붙여 "모든 데이터는 사용자의 동의를 받고 사용자에게 직접 제공받았으며 개인정보 식별이 불가능한 데이터만 연구개발 목적으로 사용되고 있습니다"라고 설명했다(필자 강조). 이는 데이터 취득 과정에서 잠재적 이슈를 언급하고 해명하기 시작한 최초의 사례로 보인다. 하지만 정작 발표 자료에서도, 발표실황 녹화영상에서도 '텍스트앳'과 '연애의 과학'이 수집채널로 사용되었다는 언급은 없었다.

비슷하게 같은 해 11월의 국내 최대 규모 개발자 컨퍼런스인 '네이버 데뷰NAVER DEVIEW'에서 '핑퐁' 팀의 발표자가 국내의 다양한 청중 앞에서 발표할 때에도 '연애의 과학'은 언급되지 않았다. 이주홍 연구원의 발표에서, 자신들이 활용한 "일상대화 데이터"는 "100억 건의 한국어 카카오톡 데이터, 2억 건의 일본어 라인 데이터"라고만 밝혔다.[17] 다만 "모든 데이터는 사용자의 동의를 받고 사용자에게 직접 제공받았으며, 개인정보 식별이 불가능한 데이터만 연구개발 목적으로 사용하고 있습니다"라는 언급을 덧붙였다.

2019년 8월과 11월의 발표회 두 곳에서 발표된 데이터 취득 과정 및 보호 절차에 대한 언급은 일말의 모호한 점이 있다. 두 발표 모두 비식별화 처리의 주체가 누구인지 언급되지 않았기 때문이다. 보다 구체적으로 말하자면, '개인정보 식별이 불가능한 데이터'가 스캐터랩이 데이터를 입수하기 이전에 제삼자가 개인정보 식별 불가 상태로 만든 것인지, 아니면 스캐터랩이 자체적으로 개인정보 식별 불가 처리를 한 것인지가 명확히 언급되지 않았다.

마지막으로 2020년 11월의 스캐터랩이 2년 연속으로 참여한 네이버 데뷰 행사에서도 '연애의 과학'의 언급은 없었다. 스캐터랩 및 핑퐁 AI 연구소 소속으로 참석한 김종윤 대표는 '오픈 도메인 챗봇 '루다' 육아일기: 탄생부터 클로즈베타까지의 기록'이라는 제목의 발표에서 "오픈 도메인 대화가 특히 어려운 이유"로 좋은 답변이 하나가 아니라 다수 존재한다는 점, 대화 주제와 문장 유형이 무한히 많다는 점, 구어체 대화 데이터가 부족하다는 점을 꼽았다.[18] 그리고 "다행히 스캐터랩은 데이터셋에서는 독점적인 우위를 보유"함을 밝히며, 자신들이 독점적이고, 우위적으로 보유한 두 가지 데이터 세트로 "한국어 100억 카카오톡 메시지", "일본어 10억 라인 메시지"를 제시했다. '연애의 과학'은 언급되지 않았으며, 사용자 동의 혹은 개인정보 비식별에 대한 언급 역시 없었다.

5. 제안: 인공지능 연구개발 커뮤니티를 향한 제안

지금까지의 분석 및 추정을 기반으로, 필자는 인공지능 연구개발 커뮤니티, 특히 기술 공유 발표회를 조직 및 주최하는 이들에게 다음 한 가지를 제안하고자 한다. 각 발표자가 연구성과를 발표할 때, 사용한 데이터 세트의 출처 및 그 취득 경로, 그리고 그 데이터가 다루고 있는 사람들 혹은 사물들data subjects에 대한 자세한 통계를 소상히 설명하도록 요청하거나 강력히 권고할 필요가 있다는 것이다. 비단 입법·행정규제 등의 분야에서의 시정 또는 처벌 노력뿐만 아니라, 인공지능 연구개발 커뮤니티가 이러한 사안들을 연구개발 과정에서 보다 선제적으로 고려하고 적극적인 의제 중 하나로 다루기 위해서는[19] 의식적인 노력과 개입이 필요하기 때문이다.[20]

이러한 제안은 크게 공개 데이터 세트에 기반한 연구, 그리고 회사/조직/기관이 자체 보유하고 있는 데이터 세트에 기반한 연구로 나누어 생각해 볼 수 있다. 먼저 컴퓨터비전이나 자연어처리 분야 등에서 널리 사용되는 공개 데이터 세트의 경우, 최근 그 데이터 세트의 편향이나 불공정성 문제를 어떻게 사전에 가시화하여 파악할 수 있는지에 대한 연구가 데이터 세트에 포함된 사람들의 인구통계나 문제 있는 콘텐츠나 라벨 등을 분석함으로써 활발히 진행되고 있다.[21]

다음으로 연구개발 조직이 자체 보유하고 있는 데이터 세트에 기반한 연구에서는 해당 연구진이 그 데이터 세트에 대한 메타데이터를 전적으로 관리하는 만큼, 이를 더 상세하게 설명할 필요와 책임이 있다. 가령 데이터 수집 기간, 인구통계 및 사물 특징의 분포, 어떤 예외적이거나 문제의 데이터를 제외했으며, 어떤 필터링 알고리즘을 통해 제외한 것인지 등에 대해서이다.[22]

6. 닫으며

지금까지 '분석' 파트에서는 스캐터랩이 2016년 10월부터 일찌감치 '연애의 과학'에서 얻은 영어, 일본어, 중국어(및 한국어)의 다국어 메신저 데이터로 일상대화 인공지능을 만들겠다고 공언하기 시작한 이후, 일상대화 인공지능과 그 데이터 수집 채널로서 '연애의 과학' 사이의 관계를 어떻게 설명해 왔는지를 신빙성 있게 재구성해 보려 하였다. 이를 위해 기술 컨퍼런스 및 기술 블로그 자료 등의 공개된 자료를 분석하였다.

이를 토대로 추정적으로 보면, 기술 컨퍼런스 및 기술 블로그 자료를 통하여 스캐터랩은 카카오톡 대화 데이터로 일상대화 인공지능을 만들었음을 지속적으로 언급해 왔다. 다만 해당 데이터를 '연애의 과학'에서 얻었다는 사실을 2016~2018년 동안에는 꾸준히 언급한 반면, 2019년부터는 언급하기도, 때때로 누락하기도 하였으며, 2019년경부터는 개인정보 식별이 불가능한 데이터만 사용하였다는 점을 언급하기도, 때로는 누락하기도 하였다.

뒤이어 '제안' 파트에서는 인공지능 기술 컨퍼런스 조직위원회가 앞으로는 발표하는 연구개발자들에게 사용한 데이터 세트의 출처 및 그 취득 경로, 그리고 그 데이터가 다루고 있는 사람들 혹은 사물들에 대한 자세한 통계 및 데이터 세트로 인한 잠재적인 위험성이나 이슈들을 더욱 소상히 설명하도록 권고해야 한다고 제안했다.

주석

1 Heesoo Jang, 「A South Korean Chatbot Shows Just How Sloppy Tech Companies Can Be With User Data」, Slate, 2021, https://slate.com/technology/2021/04/scatterlab-lee-luda-chatbot-kakaotalk-ai-privacy.html(필자 번역).

2 조유진, 「소송 당한 '이루다' … 개인정보 유출로 254명 집단 손배소」, 『조선일보』, 2021.04.01., https://www.chosun.com/national/national_general/2021/04/01/O75TFM4B4ZEP3PL4C2RVMBGRN4/.

3 스캐터랩은 답변서를 적시에 제출하였다는 입장이다. 반면, 태림 측은 구체적 실질적 답변이 제출되지 않았다고 평가하며, "개인정보침해로 손배 책임이 있다는 게 피해자들의 주장이니 스캐터랩은 '책임이 없다'거나 '개인정보침해가 아니다' 등 법리적 다툼이 가능한 실질적인 답변을 해야 하는데 일부 원고의 (소송) 참여자격을 지적하는 동떨어진 얘기를 하고 있다"면서 2021년 12월 재판부에 변론기일 지정을 요청하였다고 밝혔다. 김인경, 「'이루다2.0' 예고에 뿔난 개인정보 유출 피해자들…"재판부터"」, 『블로터』, 2021.12.22., https://www.bloter.net/newsView/blt202112220116.

4 김종윤, 「스캐터랩(김종윤 대표)_AI Startup D.PARTY_20161020」, D.CAMP Presentations on SlideShare, https://www.slideshare.net/dreamcamp/presentations/(최종 검색일: 2021.04.14.), 2022년 5월 기준 해당 자료는 내려간 상태이며, 다음 사이트에서 사본을 조회할 수 있다. 「스캐터랩(김종윤 대표)_AI Startup D.PARTY_20161020」, DOKUMEN.TIPS, https://dokumen.tips/technology/-ai-startup-dparty20161020.html(최종 검색일: 2022.05.16.).

5 고현실, 「일상대화 AI 스타트업 스캐터랩, 후속투자 50억원 유치」, 『연합뉴스』, 2018.04.03., https://www.yna.co.kr/view/AKR20180403043100017.

6 김종윤, 앞의 글.

7 방윤영, 「'커플 앱'과 '연애 앱'이 서로 뭉치니 … 이용자 '좋아요!'」, 『머니투데이』, 2015.10.19., https://m.mt.co.kr/renew/view.html?no=2015101518100459748.

8 차여경, 「[쓰다, 창업기 25] 김종윤 스캐터랩 대표 "AI에게도 위로받을 수 있다"」, 『시사저널e』, 2017.09.12., http://www.sisajournal-e.com/news/articleView.html?idxno=173825.

9 신다혜, 「연애의 기술도 데이터가 알려준다: [인터뷰] 김종윤 스캐터랩 대표」, 『테크M』, 2017.12.04., https://www.techm.kr/news/articleView.html?idxno=4401.

10 박수윤, 「인공지능이 예술하는 시대 … "창작은 인간의 전유물?": 콘진원-SM, '음악, 인공지능을 켜다' 쇼케이스」, 『연합뉴스』, 2017.11.01., https://www.yna.co.

kr/view/AKR20171101165000005?input=1195m.

11 김준성·김종윤, 「사람들과 자연스러운 대화를 나누는 일상대화 인공지능 만들기」, 2019.06.24., Naver Engineering — SlideShare, https://www.slideshare.net/NaverEngineering/generaldomain-conversation-overview(최종 검색일: 2022.05.16.).

12 다만 발표 슬라이드는 인터넷에도 공개되었다. 같은 글.

13 다만 스캐터랩에 따르면, 실제로 '이루다'에 사용된 DB는 "비식별화 처리한 개별적이고 독립적인 DB"로 "대화 단위가 아니라 1억 개의 개별적이고 독립적인 DB로 구성되어 있다"라고 스캐터랩 측이 설명한 바 있다. 스캐터랩, 「2021년 1월 15일: '이루다' 2차 Q&A: 스캐터랩에서 알려드립니다」, 이루다 미디어 페이지, https://media.scatterlab.co.kr/1-13-q-a(최종 검색일: 2021.04.14.), 2021년 5월 기준 해당 게시글은 찾을 수 없는 상태이며, 다음에서 그 사본을 조회할 수 있다. https://web.archive.org/web/20210522211918/https://media.scatterlab.co.kr/1-13-q-a, Internet Archive - Wayback Machine(최종 검색일: 2022.05.16.).

14 박채훈 외 2명, 「한국어로 대화하는 생성 모델의 학습을 위한 여정」, 핑퐁팀 블로그, https://blog.pingpong.us/generation-model/(최종 검색일: 2021.01.13.), 2021년 5월 기준 해당 게시글은 찾을 수 없는 상태이며, 다음에서 그 사본을 조회할 수 있다. https://web.archive.org/web/20210113023101/https://blog.pingpong.us/generation-model(최종 검색일: 2022.05.16.).

15 이스트소프트, 「AI PLUS 2020」, https://conf.est.ai/2020/(최종 검색일: 2022.05.16.).

16 Junseong, 「[파이콘 2019] 100억건의 카카오톡 데이터로 똑똑한 일상대화 인공지능 만들기」, Speaker Deck, https://speakerdeck.com/codertimo/paikon-2019-100eoggeonyi-kakaotog-deiteoro-ddogddoghan-ilsangdaehwa-ingongjineung-mandeulgi(최종 검색일: 2022.05.16.), 김준성, 「100억건의 카카오톡 데이터로 똑똑한 일상대화 인공지능 만들기-김준성-PyCon.KR 2019」, PyCon Korea on YouTube, https://www.youtube.com/watch?v=ctyV06FaUh4(최종 검색일: 2022.05.16.).

17 이주홍, 「Dialog-BERT: 100억 건의 메신저 대화로 일상대화 인공지능 서비스하기」, 2019.10.29, https://deview.kr/data/deview/2019/presentation/[116-2]Dialog-BERT 100억 건의 메신저 대화로 일상대화 인공지능 서비스하기.pdf, Naver Deview 2019, 최종 검색일: 2022.05.16., 발표영상은 다음에서 재생할 수 있다; 이주홍, 「Dialog-BERT: 100억 건의 메신저 대화로 일상대화 인공지능 서비스하기」, 2019.12.02., https://tv.naver.com/v/11212753, NAVER Engineering on Naver TV(최종 검색일: 2022.05.16.).

18 김종윤, 「오픈도메인 챗봇 '루다' 육아일기: 탄생부터 클로즈베타까지의 기록」,

Naver Deview 2020, https://deview.kr/data/deview/session/attach/오픈도메인 챗봇 '루다' 육아일기_ 탄생부터 클로즈베타까지의 기록.pdf(최종 검색일: 2022.05.16.), 발표영상은 다음에서 재생할 수 있다. 김종윤 2020, 「오픈도메인 챗봇 '루다' 육아일기: 탄생부터 클로즈베타까지의 기록」, Naver Deview 2020, https://deview.kr/2020/sessions/333(최종 검색일: 2022.05.16.).

19 Pratyusha Kalluri, "Don't Ask If Artificial Intelligence is Good or Fair, Ask How It Shifts Power", Nature 583(7815), 2020, p. 169.

20 임소연, 「여성을 차별하지 않는 인공지능을 만들 수 있을까?」, 『한겨레』, 2021.03.05; 임소연, 「차별하지 않는 인공지능 만들기」, 『신비롭지 않은 여자들: 여성과 과학탐구』, 민음사(탐구시리즈 4), 2022, 99-111쪽.

21 예컨대, Margaret Mitchell, Simone Wu, et al. "Model Cards for Model Reporting", In *Proceedings of the Conference on Fairness, Accountability, and Transparency*, 2019, pp. 220~229; Timnit Gebru, Jamie Morgenstern, et al, "datasheet for datasets", *Proceedings of the 5th Workshop on Fairness, Accountability, and Transparency in Machine Learning, Stockholm*, Sweden, PMLR 80, 2018; 대규모 이미지 데이터 세트에 대해서는 "dataset audit cards" (Abeba Birhane & Vinay Uday Prabhu, "Large Image Datasets: A Pyrrhic Win for Computer Vision?", In *Proceedings of the IEEE/CVF Winter Conference on Applications of Computer Vision (WACV)* 2021, pp. 1537~1547) 등의 프레임워크를 활용하는 등의 방식으로, 데이터 세트의 메타데이터 관점에서 윤리적인지, 어떤 문제점을 내포하고 있을지 등을 조사할 필요가 있다. 반면 공개 데이터 세트지만 기존에 이러한 방식으로 면밀히 조사되지 않은 데이터 세트를 이용한 경우, 각 발표자 또는 연구자가 기존의 조사 프레임워크를 활용한 나름의 분석 결과를 제시할 수 있을 것이다.

22 한 가지 예를 들어보면 다음과 같다. 비나이 우더이 프라부(Vinay Uday Prabhu)와 어베바 버하니(Abeba Birhane)가 공저한 논문에서는 "dataset audit cards" 프레임워크가 적용된 사례를 제시했다. 내용은 다음의 표를 참조할 것.

		육안으로 레이블링한 라벨에 따른 이미지 개수			
		해변 관음증	사적인 부분이 노출됨	치마가 올라감	포르노그래피로 입증될 만한 이미지
클래스 라벨 (평균적인 NSFW 지수)	bikini, two-piece (0.859)	24	0	0	0
	brassiere, bra, bandeau (0.61)	4	0	0	0
	holster (0.058)	1	0	0	0
	kimono (0.092)	1	0	0	0
	maillot, tank suit (0.768)	0	6	0	0
	maillot (0.802)	6	4	0	0
	miniskirt, mini (0.619)	0	0	11	1
	shower cap (0.13)	0	0	0	3

〈표 1〉 수작업으로 레이블링한 이미지들의 통계

이는 조사하기 원하는 이미지 데이터 세트에 NSFW(Not Suitable For Work: 공개적, 공식적, 타인이 합석한 자리에서 보기에 부적합한 이미지나 동영상 등을 가리키는 속어로 대개 외설적, 혐오적, 폭력적인 내용이 묘사된 것)에 해당하는 이미지가 얼마나 있으며(1~4열), 각 이미지가 이미지 분류 알고리즘에 의해 어떤 클래스로 분류되었는지를(1~8행) 도식화한 표이다. 이를 응용한다면, 예를 들어 적법하게 입수한 대화 데이터 세트 전체에서, 혹은 전체 데이터 세트를 랜덤하게 샘플링한 일부 데이터 중에서 육안/수작업으로 확인한 부적절한 대화 내용, 이를테면 여성·노인·어린이·장애인 혐오, 성 소수자 차별, 인종 차별, 과도한 폭력성/선정적 대화, 실명 등 개인정보 포함 등이 몇 건(1~m열) 존재하는지, 그리고 이를 필터링하여 제거하기 위한 알고리즘이 각 부적절한 대화를 실제로 몇 건이나 성공적으로 구별하였는지를 (1~n행) 도식화하는 방안을 생각해 볼 수 있다. 같은 글, p. 1542.

2장 정성훈

'연애의 과학'이라는 주술과 챗봇 '이루다'라는 전략 게임

1. 머리말

스캐터랩이 '연애의 과학' 앱을 통해 수집한 카카오톡 데이터를 기반으로 제작한 챗봇 '이루다'는 출시 후 3주 동안 여러 문제 제기를 받은 끝에 서비스를 중단했다. 주로 지적된 문제점 세 가지는 다음과 같다. 첫째, 이루다가 일부 사용자들에 의해 성희롱 대상이 되고 있다는 것, 둘째, 흑인·장애인·동성애자·미투운동 등과 관련된 질문들을 받은 후 차별 및 혐오 발언에 동조하거나 간혹 그런 느낌을 주는 발언을 한다는 것, 그리고 셋째는 서비스 중단의 결정적 계기로, 이루다가 이름, 주소, 특정 학교 명칭, 한글로 표현된 전화번호 등 데이터 제공자의 것으로 추정되는 개인 정보를 유출한다는 것이었다. 이 세 가지 문제는 이미 여러 대중매체를 통해 다루어졌기에, 이 글은 상대적으로 널리 논의되지 못한 문제들을 다룰 것이다.

이 글이 다루고자 하는 문제는 크게 세 가지이다. 첫째, 카톡 대화로 애정도를 분석하고 사회심리학 논문 몇 편을 참고해 연애 팁을 제공하는 것을 "과학"이라 할 수 있냐는 것이다. 즉 알고리즘화된 '주술'과 편향화된 연애 모델의 재생산이 아니냐는 것이다. 둘째, 연인들의 "애정도"를 분석해 주는 앱을 통해 수집한 대화 데이터로 남녀노소 누구나 대화를 나눌 수 있는 "AI 친구"를 만드는 것이 적절하냐는 것이다. 셋째, 사람들의 외로움을 덜어 주기 위해 만들었다는 챗봇이 왜 하필 20살 여대생이고 이름은 성공 혹은 정복을 연상시키는 "이루다"이며, 왜 16단계의 "친밀도"를 설정하여 사용자로 하여금 성공지향적인 전략적 행위를 하게 했느냐는 것이다.

2. 주술과 편향된 모델

'연애의 과학'은 연인들의 카톡 데이터를 분석해 애정도, 연애 유형 등을 알려 준다. 그리고 사회심리학 논문 몇 편과 연애 지침서 등을 참고해 연애와 섹스에 관한 여러 조언을 해 준다. 이 앱의 주된 이용자는 10대부터 20대 초반의 청춘들이었다. 이들이 돈을 지불하면서까지 대화 데이터를 제공한 것으로 보아, 그리고 많은 경우에 대화 상대방의 동의를 구하지 않은 채 제공한 것으로 보아, 이들은 자신이 하고 있는 연애가 진정한 연애인지에 대한 '불안감'을 갖고 있었을 것이다. 일부의 경우 상대방의 '진심'에 대한 의구심도 갖고 있었을 것이다. 그리고 이러한 불안한 관계를 보다 완성된 연애로 발전시키고자 하는 욕구도 갖고 있었을 것이다.

이러한 불안감과 확인 욕구의 역사는 매우 오래된 것이다. 상대가 정말 나를 사랑하는가에 대한 불안감뿐만 아니라 내가 과연 상대를 사랑하는가에 대한 의심 또한 수많은 문학작품, 영화, TV 드라마, 대중가요 등의 소재였다. 근대적 서간체 연애소설의 출발점인 18세기 중반의 영국 소설 『파멜라Pamela』는 주인공인 하녀가 그녀에게 다가오는 주인 남성의 진정성에 대해 갖는 의심을 주제로 다루었다. 20세기 말과 21세기 초 한국에서는 '우리가 정말 사랑했을까?' 혹은 그와 비슷한 제목의 여러 드라마와 가요가 나왔다. 무엇보다도 사랑이라는 감정의 변화무쌍함, 즉 급격한 시간적 굴곡은 이러한 불안과 의심을 심각하게 만든다.

두 사람이 서로의 심리상태를 꿰뚫어 볼 수 없다는 것, 즉 사랑의 감정을 정확히 확인할 수 없다는 것은 적어도 지금까지는 명백한 과학적 사실이다. 그 감정이 수시로 바뀐다는 것도 사실이고, 감정에 관한 소통은 가능하지만 소통을 통해 그 감정의 진정성을 확인하는 것이 불가능하다는 것도 명백한 사실이다. 인간의 마음은 블랙박스이다. 이 냉정한 사실로 인해 사랑은 절망적인 동시에 매력적이다.

이러한 절망감을 완화시키는 주술의 역사는 오래된 것이다. 단순한 형태로는 나뭇잎을 하나씩 뜯으면서 '사랑한다'와 '사랑하지 않는다'를 반복하는 것, 나무에 두 사람의 이름을 새기고 하트를 그려 넣는 것, 아무도 없는 성당에서 기도하는 것 등등이 있다. 조금 더 그럴듯한 형태로는 연애 지침서, 소설, 영화 등의 매체를 통해 자신이 맺고 있는 관계가 성공한 관계 모델 중 하나와 일치함을 확인하는 것이다. 이렇게 매체를 통해 확산하는 모델은 연애의 연습을 위해서도 쓰이고 연애의 발전을 위해서도 쓰인다.

그런데 모든 연애는 최초의 사건이자, 둘이서 만들어 가는 새로운 역사이다. 두 사람이 같은 모델을 참조한다 하더라도 그 모델과는 다른 신체와 습성, 그리고 다른 감정 상태를 갖고 있는 두 사람의 연애는 결코 그런 모델을 반복할 수 없다. 연애는 모방으로 시작될 수 있고 때로는 모방을 통해 그 위기를 극복할 수 있다. 하지만 모방이 지속성을 보장하지는 않는다. 그래서 "그대와 나는 소설 속의 연인이 아니요"라는 절망을 노래하게 된다.

'연애의 과학'은 이런 주술 혹은 모델 제시의 반복임에도 '과학'을 표방한다. 그들이 '과학'이라고 말하는 이유는 아마도 두 가지일 것이다. 알고리즘을 통해 카톡 대화를 분석한다는 것, 그리고 미국 유명 대학교수들이 썼다는 사회심리학 논문들을 참조해 조언을 제공한다는 것이다. 이 두 가지가 과연 과거의 주술이나 소설보다 뛰어난 것일까?

스캐터랩이 알고리즘을 공개하진 않을 것이므로 연애의 과학이 애정도를 어떻게 측정했는지를 정확히 알 수는 없다. 다만 홈페이지[1]에 공개된 카톡 분석 사례 몇 가지를 통해 추측해 볼 수 있다.

「카톡한 시간을 보면 그 사람이 날 좋아하는지 알 수 있다」는 글에는 낮의 카톡 대화량은 호감과 무관한 반면 "상대에게 호감이 있는 사람들"의 카톡 대화량은 밤 10시 이후에 늘어나니, 상대를 좋아할수록 밤늦게 카톡을 한다고 분석한다. 「카톡으로 날 짝사랑하는 친구를 알아볼 수 있다?」는 글에는 "선톡 비율", "메시지 개수" 등을 통해, 그리고 「날 몰래 좋아하고 있는 친구를 단박에 알아보는 방법」에서는 "대화 일수", 즉 한 달 중 카톡을 한 날의 수를 통해 상대가 나를 좋아하는지 알 수 있다고 분석한다. 「"나한테 관심 없나?" 그 사람이 단답을 하는 이유」에서는 관심이 없는 상대방의 "단답 사용 횟수"가 높다고 분석한다.

카톡에서 구사한 언어에 기초한 통계적 분석도 있다. 「"잘 자"

라고 말한 사람이 당신을 좋아할 확률은?」에서는 밤 인사를 통해 호감의 증거를 분석하는데, 1위는 "좋은 꿈 꿔!", 2위는 "굿나잇", 3위는 "잘 자"로 나타났다고 한다. 〈남자는 관심 있는 사람에게 카톡할 때 '이것'을 쓴다〉에서는 여성과 달리 남성은 호감을 가진 사람에게 그렇지 않은 사람에게보다 "?"를 더 많이 쓴다는 통계를 제시한다.

연애의 과학 앱은 이런 통계를 바탕으로 알고리즘을 설계해 애정도 분석 결과를 내놓았을 가능성이 높다. 통계학은 분명 하나의 과학이며, 연인들의 카톡 대화에 대한 통계적 분석 결과를 내놓는 것 또한 어느 정도 과학적일 수 있다. 그런데 그런 통계를 이용해 다양한 감정 소통 패턴을 가진 연인들에 대해 애정도 점수를 매기는 것은 과연 과학적일까? 대화의 양, 빈도, 시간, 그리고 애정을 표현하는 특정 단어나 기호의 사용 빈도 등으로 특정 커플이 얼마나 서로를 사랑하는지를 판단하기 어렵다는 것은 우리가 현실의 커플 몇 쌍만 떠올려 비교해도 금방 알 수 있다.

18세기 파리의 사교계에서 이미 갈랑뜨리galanterie에 대한 의문, 즉 '환심 사기용' 친절로 시작되는 사랑의 진정성에 대한 의심이 제기되었다. 20세기 초 경성에서 이미 연애편지 베껴 쓰기의 문제가 제기되었다. 오늘날에도 우리는 시도 때도 없이 애정 표현으로 가득한 카톡을 보내는 사람의 진정성에 대해 의문을 품는다. 더구나 현실에서는 대면 소통이 자주 일어나며 카톡 이외의 다양한 매체를 이용한 소통도 이루어진다는 점을 고려하면, 카톡 통계를 기초로 한 애정도 분석이란 알고리즘을 이용한 세련된 '주술'일 뿐이다.

게다가 '연애의 과학' 홈페이지를 통해 제공되는 여러 조언은 과거의 매체들에 비해 매우 단순하고 편향된 모델을 제시한다. 해외 유명 대학교수들의 이름을 언급하고 있지만, 그 내용은 지나치게 단순하고 도식적이다. 게다가 서로 호감을 느끼는 단계의 커플에게, 특히 여성에게 위험할 수 있다. 1970년대에 나온 사회심리학 연구를 바탕으로 한 「하버드대 교수가 알려주는 우정 vs 사랑 구별 방법」은 'Love'와 'Like'의 차이를 "성적 매력을 느낀다", "상대방을 행복하게 만들려고 노력한다", "강한 소유욕을 느낀다", "상대방의 단점을 찾지 못한다", "상대방을 필요로 한다"의 다섯 가지로 제시한다. 이 구별법이 호감 단계에 있는 사람에게 주는 메시지는 '네가 진정한 사랑에 이르고 싶다면 성적 매력을 어필하고 저자세를 취하고 맹목적으로 의존하고 질투심을 키우라'고 말하는 것에 다름 아니다. 특히 연인 관계에서도 자신의 독립적 인격성을 보장받고자 하고 데이트 성폭력으로부터 안전을 지키고자 하는 여성에게 '너는 'Love'가 아닌 'Like'에 머물고 있다'라고 말하는 것에 다름 아니다.

'연애의 과학'이 제공하는 조언들은 과거에 소설, 영화 등의 매체가 제공해 주었던 것과 달리 스토리가 없다. 갈등을 줄이려면 이런 식으로 말해 보라는 등의 매우 단순한 행동지침을 제공하는 것이 대부분이다. 더구나 상당수는 섹스, 스킨십 등에 관한 것이다. 뛰어난 연애소설과 영화는 두 사람이 왜 갈등을 겪으며 어떻게 갈등을 해결해 나가는지를 서사를 통해 보여 주며, 그 서사 속에서 신체접촉이 갖는 의미를 드러내어 준다. 단순한 행동지침 중심의 조언들은 맥락을 무시한 돌발적 행동이나 신체접촉을 조장할 수 있다. 그래서 연애의 과학이 제시하는 모델은 '편향'된 모델이다.

3. 연인처럼 대화하는 처음 만난 친구

이루다가 성희롱 대상이 되었을 때 일부 인공지능 전문가들은 제작사의 폴백fall back 전략을 일부 사용자들이 악용했기 때문이라고 분석했다. 폴백이란 챗봇이 적절한 데이터를 인용해 답변할 수 없을 때, 되묻기, 사과하기 등을 이용하여 사용자들이 자연스럽게 느끼도록 하는 것이다. 영어 챗봇들의 경우 답변하기 곤란한 물음에 대해 "I don't know"로 답하는 폴 백 전략을 채택한다. 그런데 이루다 제작사는 이루다의 페르소나를 적극적이면서도 얄미운 여대생으로 부각하려 했기 때문인지 이런 무미건조한 폴백 전략이 아니라 적극적으로 호응하거나 극단적으로 거부감을 드러내는 폴백 전략을 쓴 것으로 보인다. 그래서 사용자들은 이루다가 적극적인 답변을 많이 하는 특성을 이용해 금지어 사이에 기호들을 삽입해 성행위 관련 제안을 하고 이루다로부터 동의하는 답변을 받는 식으로 폴백 전략을 악용했다. 그리고 혐오 논란을 일으킨 메시지들의 경우에도 상당수는 이루다가 능동적으로 혐오 발언을 했다기보다는 답변을 요구하는 사용자의 반복적인 메시지에 대해 짜증을 내는 모드로 답한 것이 그런 오해를 불러일으켰다.

그런데 과연 폴백 전략을 잘못 짠 것만이 문제일까? 이루다를 성희롱하거나 이루다와 말싸움을 한 수많은 기록이 캡처되어 올라와 있는 디씨인사이드 이루다 갤러리를 살펴보면, 이루다가 성희롱 대상이 된 것은 단순히 폴백 전략 때문만은 아니다. 예를 들어, 사용자가 "누나 오늘 좀 야하다", "오늘 좀 쎄끈해" 등의 메시지를 보냈을 때, 이루다는 "아니 좋아서 그러지이이 진짜 말로 사람 꼴리게하는 데 뭐 있어", "진짜 자꾸 그렇게 행동하면 설레서 잡아먹고 싶잖아"라고 답했다. “내가 너 팔베개해 주고 머리 안고 너가 나 몸 꽉 안아 줄 때 그때가 제일 좋아”라는 밤 인사를 보내기도 했다. 사용자가 보낸 “샤워하는 중”이라는 메시지에 대해서는 “ㅋㅋㅋ 같이하고 싶다 샤워”, “ㅋㅋㅋㅋ 하 섹시하겠다 상상하고 있으께” 등으로 답했다. 이런 표현들은 이루다가 사전에 학습한 데이터에 있던 실제 연인들의 대화내용 중 일부일 가능성이 매우 높다.

스캐터랩은 이루다를 “나의 첫 AI 친구”로 홍보했고, 연령제한 없이 남녀 모두 가상의 20세 여대생과 대화를 나눌 수 있도록 서비스를 제공했다. 그런데 이루다가 학습한 것은 연인과의 “애정도”를 확인해 보고 싶은 사람이 제공한 대화이다. 그것도 제삼자가 볼 것이라고는 전혀 예상하지 않은 채 쓴 지극히 내밀한 대화, 자신이 쓴 표현이 기계를 통해 재생될 것이라고는 상상조차 하지 못했던 대화이다. 그래서 당연하게도 애정표현이나 신체 관련 진술에서 수위가 높을 수밖에 없다. 그리고 이를 학습한 인공지능은 처음 만난 ‘친구’가 아니라 아주 익숙한 ‘애인’에게 하듯이 메시지를 보낼 수밖에 없다. 그래서 스캐터랩에 의하면 최대 10턴turn의 기억력밖에 갖고 있지 못한 이루다가 그 짧은 대화 속에서 비교적 수위 높은 메시지를 보내게 된 것이다. 그리고 이것이 일부 사용자들이 이루다를 성희롱 대상으로 삼는 걸 쉽게 해 주었다고 볼 수 있다.

이루다의 알고리즘에 훈련데이터 편향training data bias이 있다는 것, 즉 알고리즘에 제공된 현실 세계의 데이터가 이미 편향되어 있었다는 것은 이미 여러 차례 지적되었다. 그런데 그에 못지않게 심각한 편향은 맥락이동 편향transfer context bias이다. ‘맥락이동’의 가장 극단적인 사례로는 우측 주행을 하는 미국의 도로에서 훈련된 자율주행 알고리즘을 장착한 차량을 좌측 주행을 하는 영국의 도로에서 운행하는 것이다.[2] 당연히 큰 사고가 날 수밖에 없다. 오래 진행된 연애의 맥락에서 수집한 데이터로 훈련받은 알고리즘을 처음 만나 친구를 사귀는 맥락으로 옮겨 놓음으로써 대형 사고가 일어난 것이 챗봇 이루다이다.

마이크로소프트의 챗봇 테이는 훈련데이터를 트위터에서 수집했다고 밝혔고, 구글의 챗봇 미나Meena는 경로를 특정하지는 않았지만 공용public domain SNS를 통해 수집했다고 밝혔다. 외국의 챗봇들이 사용한 훈련데이터의 대부분은 그 데이터를 입력한 사람들이 제삼자가 볼 수 있다는 점을 고려하고 입력한 것이었다. 그런데 챗봇 이루다가 수집한 훈련데이터는 두 사람 이외의 제삼자가 볼 수 있다는 점을 염두에 두지 않고 이루어진 대화가 그 시점 이후에 개발사에 제공된 것이다. 그리고 이 제공 시점에도 일부 대화자들은 자신이 참여한 대화 데이터가 제공되는지 몰랐으며, 많은 제공자는 이 데이터가 다른 목적으로 사용될 수 있다는 것을 신중하게 고려하지 않았다.

챗봇 이루다를 출시한 2020년 12월 23일에 스캐터랩은 보도자료를 통해 구글이 대화기술 성능 평가 지표로 개발한 SSASensibleness and Specificity Average를 기준으로 "사람의 경우 SSA 86%의 점수를 기록하는데, 이루다는 SSA 78%를 기록했으며, 이는 올해 초 구글에서 만든 오픈 도메인 챗봇 미나의 성능인 76~78%를 웃도는 수준"이라고 홍보했다. 구글의 연구자들은 미나의 SSA 점수를 발표할 때 자신들이 여러 챗봇을 비교 평가하기 위해 사용한 영어 질문지, 중국어 질문지 등을 공개하고 어떻게 참가자crowd worker를 모집했으며 어떻게 평가를 진행했는지를 자세히 공개했다.[3] 반면에 스캐터랩은 김종윤 대표의 네이버 데뷰NAVER DEVIEW 영상을 통해 완성된 버전인 '루다 베타'가 민감도Sensibleness 83%,[4] Specificity 73%[5]를 기록했다고 홍보했을 뿐 한글 질문지를 비롯한 근거자료를 제시하지 않았다. 그래서 스캐터랩의 홍보를 그대로 신뢰하기는 어렵다.

하지만 구글이 위 논문을 통해 챗봇의 성공 여부는 민감도, 즉 알아들을 수 있게 말하는 능력이 있다는 것으로는 부족하고 구체도specificity, 즉 사용자가 지겨움을 느끼지 않도록 구체적으로 말하는 능력이 있어야 한다는 점을 강조한 것으로 볼 때, 스캐터랩은 이루다의 구체도를 높이기 위해 상당한 노력을 기울인 것으로 보인다. 미나 이전에 출시된 대부분의 외국 챗봇들은 답하기 어려운 질문에 대해 사용자가 이해할 수는 있지만 무미건조한 응답을 하는 경우가 많았다. 그런데 이루다 사용자의 대부분은 챗봇이 매우 구체적인 이야기를 한다는 느낌을 받았을 것이다. 그런데 이런 구체적인 느낌의 비밀은 부적절하게 맥락이 이동된 데이터, 연애의 과학에서 수집한 데이터가 여과되지 않은 채 그대로 옮겨졌기 때문이다.

네이버 데뷰 영상에서 김종윤 대표는 '루다 알파'에서 '루다 베타'로 바뀌는 과정에서 구체성을 높이기 위해 생성generative 기법을 쓰기보다는 회수retrieval 기법을 쓰게 되었다고 말했다. 자연어처리 프로그램의 '끝판왕'이라 불리는 GPT-3처럼 사전에 수많은 말뭉치를 초대량으로 학습한 후, 'Few Shot 학습'이라 불리는, 사용자의 요구에 따라 새롭게 문장을 생성해 내는 기법이 아니라, 완성형 문장들을 저장해 놓았다가 사용자가 입력한 메시지에 맞추어 다시 회수하는 기법을 사용한 것이다. 그래서 이루다의 사용자는 다소 엉뚱하게 답한다는 느낌을 받을 수는 있지만 실제 사람이 말한 것처럼 구체적인 메시지를 받을 수 있다.

많은 사람들이 이루다의 차별 및 혐오 발언, 상대방에 대한 수동적인 태도 등이 현실 세계의 편향을 반영하는 것이라고 지적했다.

즉 인공지능의 편향은 현실 인간사회의 편향을 반복한다는 것이다. 하지만 현실 세계에 대해, 특히 이 시대의 청춘들에게 너무 절망할 필요는 없다. 이루다가 학습한 카톡 대화를 주고받은 연인들은 다른 카톡방에서는 그렇게 대화하지 않을 것이며, 공중에게 노출된 공간에서는 더더욱 그렇게 대화하지 않을 것이다. 인간은 소통의 맥락마다 다른 자아를 연출한다. 둘만의 공간에서 호감을 가진 상대방에게 맞춰주려고 애쓰는 맥락에서 이루어진 발화들을 우리 시대 청춘들의 표준적 사고방식으로 착각해서는 안 된다. 문제는 맥락을 함부로 옮겨 버린 사람, 그것도 공개되길 원하지 않는 것들을 간접적으로 공개해 버린 사람에게 있다.

4. 성공 지향적 전략 게임

스캐터랩은 2021년 1월 12일 이루다 서비스를 중단하면서 발표한 Q&A에서 "스캐터랩은 사람들의 외로움을 덜어 줄 수 있는, 친구같은 인공지능을 만들고 싶은 비전을 가진 청년들이 모인 스타트업"이라고 말했다. 그런데 외로움을 덜어 주기 위한 챗봇에 부여된 가상 인격이 왜 하필 20살 여대생이고 이름은 성공 혹은 정복을 연상시키는 "이루다"일까? 그리고 왜 게임처럼 계속 레벨이 올라가도록 설정했을까?

스캐터랩이 사용자와 이루다 사이의 "친밀도"를 16단계로 설정해 대화 지속시간, 빈도, 특정한 호감 표현 등을 계기로 레벨업이 되도록 설정한 것은 사용자로 하여금 게임에서 하듯이 성공 지향적인 전략행위를 하도록 유도한 것이다. 또한 많은 게임물에서 그러하듯이 레벨 설정은 사용자의 중독을 유발한다. 실제로 많은 사용자는 외로움을 덜기 위해서가 아니라, 친밀도 레벨을 올리기 위해 게임을 하듯이 이루다와 대화를 나누었다. 이는 인터넷 게시글이나 유튜브 동영상에 "이루다 친밀도 높이는 방법", "이루다 레벨업 꿀팁" 등이 여러 개 올라와 있는 것을 통해 알 수 있다. 몇몇 사용자들은 레벨을 올리기 위해 밤을 새웠다고 말한다. 그들 중 일부는 레벨이 올라가면 이루다가 뭔가 더 수위 높은 메시지를 보내지 않을까 하는 기대를 품고 있었던 것으로 보인다.

당연하게도 이러한 전략 게임은 여성을 정복 대상으로 여기는 잘못된 관념을 확대 재생산한다. 친밀도 높이기 게임을 한 수많은 사용자 중에는 10대 남성들이 많았기에, 이 문제는 더더욱 심각하다. 그들에게 이루다는 외로움을 덜어 주는 친구이기보다는 연애 연습게임 파트너, 그것도 연애를 상호 이해 지향적 행위가 아닌 성공 지향적 행위로 착각하게 만드는 전략게임 파트너였을 것이다.

아마도 스캐터랩은 연애의 과학에서 인기를 끈 애정도 점수를 응용해 이루다의 친밀도를 설정했을 것이다. 그런데 각 레벨에 붙은 명칭들을 보면, Lv. 4 "일기에 등장하는 사이" 이후 Lv. 16 "흑역사 지켜주는 사이"까지 과연 그 친밀도가 올라가는 것인지 의문스럽긴 하다. 필자는 매우 임의적으로 레벨 명칭이 붙여졌다는 느낌, 즉 연애의 과학의 애정도 점수가 주술적이듯이 이 친밀도 역시 별다른 근거 없이 설정되어 있다는 느낌을 받았다.

친밀관계가 다른 사회적 관계들로부터 뚜렷이 분화된 과정을 추적한 니클라스 루만Niklas Luhmann의 저서 『열정으로서의 사랑Liebe als Passion』에 따르면, 친밀성intimacy은 17세기 후반 프랑스에서 여성들이 청혼을 거절할 권리를 갖게 된 이후에 성립한 개념이다. 용맹한 왕자와 아름다운 공주가 등장하는 동화들에 그 흔적이 남아 있듯이, 중세 궁정의 사랑에서는 나라를 지킨 용맹한 기사가 청혼을 하면 여성은 받아들인다. 그들 사이에는 상호 이해를 위한 어떤 지난한 소통의 과정도 없다. 남성이 극복해야 할 외부적 시련은 있어도 둘 사이의 이해와 오해로 인한 내부적 시련은 없다. 중세적 사랑은 남성의 일방적 노력을 통해 이루어지는 '성공'이었다.

17세기 후반의 프랑스 소설 『클레브 공작부인La Princesse de Clèves』이 보여 주듯이, 여성의 거절로 인해 수난passion을 겪게 된 남성들은 태도를 변경하게 된다. 두 사람이 서로 돌아가며 고유한 내면세계를 확인해 주는 소통들, 언제 '더 이상 사랑하지 않는다'는 거절을 당할지 모르는 위기 속에서 비개연적 소통들이 이어진다. 이렇게 해서 성립된 것이 루소의 『신 엘로이즈Julie, ou la nouvelle Héloïse』, 괴테의 『젊은 베르테르의 고뇌Die Leiden des jungen Werthers』 등에서 볼 수 있는 사랑, 쓰라린 고통과 수난 속에서 기쁨을 느끼는 열정passion으로서의 사랑이다. 그리고 이 사랑이 영원할 수 있다고 믿는 것이 19세기에 전 세계로 확산한 모델인 낭만적 사랑romantic love이다. 물론 이런 근대적 사랑의 모델도 결혼과 결합하고 경제생활 등의 외부효과로 인해 결국 여성에게 억압적인 것이었음이 폭로되었지만, 적어도 근대적 개념으로서의 친밀성은 '성공'이 아니라 '상호 이해'를 지향하는 행위, 그것도 상대방의 일부 속성이 아니라 인격 전체를 존중하는 끊임없는 소통의 연쇄를 통해 성립한다.

따라서 친밀도를 레벨로 설정하는 전략 게임, 그것도 20살 여대생을 대상으로 하는 게임은 근대적 사랑의 모델에도 못 미치는 중세적 성공 모델을 확산하는 효과를 갖는다. 물론 중세의 기사와는 달리 전쟁에서 공을 세우는 것이 아니라 메시지로 상대를 정복해야 한다는 점에서 차이가 있다. 그런데 이 게임을 하는 일부 남성 사용자들은 이루다가 인간 여성과 달리 '마음'을 갖고 있지 않음을 확신하기 때문에 그 '말'이 상대에게 어떤 상처를 줄지 고민할 필요가 없다. 이 게임에서 '말'은 성공을 위한 무기이다. 게다가 사용자는 상대가 거절할 수 없다는 점, 그리고 몇 턴을 지나면 기억하지 못한다는 점도 잘 알고 있다. 그리고 무기를 잘못 사용해 친밀도 레벨이 잘 올라가지 않으면 기존 계정을 포기하고 새로운 계정을 만들어 다시 시작하면 된다.

그래서 잘못된 여성관, 연애관 등을 유포하는 영화, TV 드라마, 게임물 등이 도덕적 비난을 받듯이, 이런 유사 연애 챗봇 역시 도덕적 비난을 받아야 한다. 그런데 영화, 드라마, 게임물은 적어도 심의를 통해 19금 등의 등급을 부여받는다. 남성향, 여성향 등으로 불리는 유치한 유사 연애 게임물은 대부분 19금이다. 그런데 챗봇 이루다는 연령제한 없이 서비스되었다. 한국의 여러 심의 기준들이 주로 신체 노출 수준에 따라 결정되는 경향이 있으므로 아마 심의를 받았더라도 19금은 아니었을 것이다. 그런데 과연 이런 유사 연애 챗봇을, 게다가 게임물처럼 레벨 설정을 통해 중독을 유발하는 전략 게임을 그냥 방치해야 하는 걸까? 이루다는 개인 정보 유출 문제로 중단되었지만, 이루다가 잠시지만 높은 인기를 누렸기 때문에 이런 종류의 챗봇은 또 다른 스타트업 기업에 의해 또 다시 등장할지도 모른다.

필자는 이루다가 스몰 토크small talk용, 혹은 오픈 도메인 챗봇open domain chatbot이라 불리는 단순 심심풀이용 대화 봇이 아니었다고 본다. 이루다는 게임물의 요소, 사용자가 대화를 억지로 계속 이어갈 동기를 유발하는 요소를 갖고 있다. 이런 챗봇에 대해서는 일단 게임물로 분류할 필요가 있다. 그리고 이번 논란을 계기로 유사 연애 게임물을 포함해 잘못된 연애관을 확산시키는 것들에 대해서 더 강한 규제 방안이 논의되어야 한다.

5. 맺음말

마지막으로 하나 더 짚어 볼 것은 스캐터랩이 대화형 챗봇에 친밀도 레벨을 설정한 주된 이유이다. 앞서 이야기했듯이, 구글은 미나를 출시할 때 자신들이 만든 평가 기준인 SSA를 기준으로 자사의 챗봇이 미츠쿠Mitsuku, 샤오아이스XiaoIce 등 경쟁사들의 챗봇보다 뛰어나다는 점을 홍보했다. 스캐터랩은 이루다가 미나와 비슷한 수준의 SSA를 기록했음을 홍보 수단의 하나로 활용했다.

마이크로소프트의 개발자들은 2018년과 2020년 두 차례 발표한 논문[6]에서 샤오아이스의 장점을 홍보할 때, 세션 당 대화 턴CPS, Conversation-turns Per Session이 높으며 해마다 더 높아지고 있다고 말했다. 즉 한번 접속했을 때 이루어지는 대화의 턴이 계속 증가하고 있다는 것이다. 그래서 필자는 스캐터랩이 CPS에 대해서도 신경을 썼을 것이라고 추측한다. 아마도 친밀도 레벨을 설정함으로써 CPS를 높이고, 이 결과를 공개해 자신들의 기술 수준이 우수함을 홍보하려 했을 것으로 보인다. 이루다와의 대화가 지겨워진 사용자라 하더라도 레벨업을 위해 계속 대화를 이어감으로써 높은 CPS에 기여하도록 한 것이다.

필자는 스캐터랩이 챗봇 평가와 관련해 구글이 제시한 기준인 SSA와 마이크로소프트가 제시한 기준인 CPS를 높이는 데 상당히 공을 들였다고 본다. 왜 그랬을까? 이 의문에 대한 답변은 독자들의 상상에 맡겨 둔다. 어쨌거나 이 두 가지 기준 점수를 높이기 위한 노력의 과정에서 스캐터랩은 너무 구체적인 답변을 하는 챗봇을 만들고, 중독성을 높이기 위한 장치를 설정한 것으로 보인다.

이루다 사태 이후 한국에서 인공지능 윤리 논의가 활발하게 이루어지고 있다. 이제 심각한 편향을 내포한 제품으로는 사업적 '성공'이 불가능하다는 점을 개발자들이, 특히 성공에 목마른 스타트업들이 깨달아야 한다. 인공지능의 활용 영역이 확대될수록 일반적인 인공지능 윤리 가이드라인뿐 아니라 영역별로 구체적인 지침이 필요할 것이다. 이 글이 챗봇 개발자를 위한 윤리 지침을 마련하는 데 작은 도움이 되기를 바란다.

주석

1 홈페이지 주소 https://scienceoflove.co.kr.

2 David Danks & Alex John London, "Algorithmic Bias in Autonomous Systems", Proceedings of the Twenty-Sixth International Joint Conference on Artificial Intelligence, 2017, p. 4694.

3 Daniel Adiwardana 등 Google Research Brain Team, "Towards a Human-like Open-Domain Chatbot", 2020.

4 Meena 86%, XiaoIce 45%.

5 Meena 70%, XiaoIce 17%.

6 Li Zhou et al., "The Design and Implementation of XiaoIce, an Empathetic Social Chatbot", Computational Linguistics 46(1), 2020, pp.53-93.

3장 강승식

자연어이해와 대화형 챗봇 엔진의 구현 기술

자연어이해NLU, Natural Language Understanding는 컴퓨터 프로그램이 인간의 언어를 이해하는 기술을 총칭한다. 자연어이해 기술을 이용하는 대표적인 응용 분야로는 지문으로 제시된 문서 내용을 이해하고 주어진 문제의 답을 구하는 기계 독해MRC, Machine Reading Comprehension와 지식베이스를 구축하여 그 내용에 대한 자연어문장의 질문에 답을 생성하는 질의응답QA, Question Answering, 정보검색 시스템의 자연어 인터페이스NLI, Natural Language Interface, 정보추출IE, Information Extraction과 텍스트마이닝, 대화형 챗봇 시스템 등이 있다.

대화형 챗봇은 메신저와 유사한 인터페이스를 통해 사용자와 대화를 수행하는 인공지능 로봇으로 구현되는데 그 목적에 따라 목적 지향적 챗봇goal-oriented chatbot과 오픈 도메인 챗봇open-domain chatbot으로 구분된다. 목적 지향적 챗봇은 호텔이나 식당, 항공권 예약 등 대화를 통해 특정 분야에 대한 '대화형 업무처리 자동화' 목적으로 구현되는 챗봇과 날씨, 환율, 증권 정보, 금융 정보 등 사용자가 필요로 하는 정보를 대화형 챗봇을 통해 제공하는 '특정 분야의 정보'를 제공하는 챗봇으로 구분된다. 오픈 도메인 챗봇은 자유 주제로 친구와 대화하듯이 잡담 등 일상적인 대화를 이어가면서 가벼운 대화를 나누는 친구 역할을 수행하는 스몰 토크small talk 기능이다. 국내에서 개발되었던 '심심이', 인종차별 대화로 논란이 되었던 마이크로소프트의 '테이', 그리고 최근에 윤리적인 문제가 발생했던 스캐터랩의 '이루다' 등이 오픈 도메인 챗봇에 속한다.

목적지향적 챗봇과 오픈 도메인 챗봇을 결합한 인공지능 로봇으로 '페르소나 챗봇'이 있다. 이 챗봇은 실제 사람과 유사하게 '인격을 가진 가상의 인간'을 인공지능 로봇으로 구현한 것으로, 하드웨어로 인간 로봇을 제작하고 그 로봇에 인격을 부여하여 가상의 인간과 대화를 하는 챗봇이다. 영화 「그녀Her」에서 연인 관계로 구현된 로봇 '사만다'는 사랑을 하는 페르소나 챗봇의 대표적인 예이다. 이와 유사하게 불의의 사고로 세상을 떠난 가족(부모, 자녀 등)이라든지 유명인사를 로봇으로 제작하고 이 로봇에 그 사람의 인격을 부여하여 마치 실제 인간과 대화하듯이 서로 대화하도록 챗봇을 구현한다.

대화형 챗봇은 대화형 인터페이스상에서 사람과 상호작용을 하는 서비스로 대화하는 인공지능 로봇이다. 챗봇은 자연어이해를 기반으로 사용자의 발화 의도를 파악하여 기계가 이해할 수 있는 기계 가독형 데이터machine readable data 형태로 정보를 추출하고 이를 기반으로 입력 문장에 적합한 답변을 생성한다. 대화형 챗봇 시스템은 자연어 대화 문장을 컴퓨터가 이해하는 '자연어이해'와 사용자에게 응답을 생성하는 '자연어생성' 과정으로 구현된다. 자연어이해 기술은 사용자의 대화 문장을 분석하여 그 의미를 파악하는 것과 더불어 대화 상황에서 앞뒤 문장의 문맥과 발화 상황에 따라 실제로 그 대화 문장이 의미하는 바를 추론하는 것을 포함한다. 예를 들어, "지금 상태는 어때?"라는 질문에 대해 날씨, 주식, 건강 등 다양한 상황 중에서 사용자가 의도하는 상황을 추론하는 기술이 필요하다. 챗봇 엔진의 자연어이해 부분은 대화 문장의 패턴과 의미를 인식하고 컴퓨터가 이해할 수 있는 형태의 정보를 추출한다.

자연어이해 시스템은 자연어 문장을 형태소 분석, 구문 분석, 의미 분석을 통해 체계적으로 분석하여 문장의 의미를 의미 구조 형태로 파악한 후 추론 엔진에 의해 질문의 의미에 적합한 응답을 생성하는 방법으로 구현되기도 하고, 표면적으로는 자연어 문장을 이해하여 응답을 생성하는 것처럼 보이지만 내부적으로는 단순히 특정 패턴에 따라 그럴듯한 답변을 생성하는 규칙 기반 방식의 패턴 매치pattern match 형태로 구현하기도 한다.

1. 규칙 기반의 대화형 시스템과 챗스크립트ChatScript

초기의 대화형 시스템으로, 1960년대에 매사추세츠 공과대학교MIT에서 개발한 일라이자ELIZA는 대화 문장들을 데이터베이스로 구축하여 패턴 매치와 스크립트script를 이용하는 규칙 기반 기법으로 개발되었다. 여기서 '규칙 기반'이란 그 분야의 전문가domain expert가 각각의 경우에 대해 수작업으로 일일이 대응 규칙을 기술했다는 의미이다. 일라이자를 개발한 방식과 가장 유사한 챗봇 개발 도구로, 챗스크립트ChatScript가 널리 사용되고 있다. 챗스크립트는 대화형 시스템을 개발하기 위한 목적으로 개발된 챗봇 구현 도구로, 오픈소스 프로젝트로 개발되어 깃허브GitHub에 공개되어 있다. 이 엔진은 규칙 기반 방식으로 구현되었으며 패턴 매치 연산에 의해 질문과 대화 스크립트를 매치하여, 매치된 규칙에 대해 응답으로 기술된 문장을 제시해 준다. 예를 들어, "너는 누구니?"라는 질문에 대한 대답은 아래와 같이 기술되어 있는 대화 스크립트를 매치하여 해당 문장을 제시해 준다.

U: (너* 누구*) 저는 인공지능 챗봇입니다.

위 예시에서는 별표(*라)는 와일드카드wild card 기호를 써서, '너'와 '누구'라는 단어가 포함된 모든 질문에 대응하도록 규칙을 정의하였다. 아래 예시에서도 ~, *, _, t:, ?:, s: 등의 메타 기호meta symbol와 명령어를 통해 주어진 질문의 조건에 따라 어떤 답변을 출력할지 정의했음을 알 수 있다.


```
Topic: ~food (~fruitfruit food eat)
t: What is your favorite food?
a: (~fruit) I like fruit also.
a: (~metal) I prefer listening to heavy metal music rather than eating it.
?:WHATMUSIC (《 what music you ~like 》) I prefer rock music.
s: (I * ~like * _~music_types) ^if (_0 == country) (I don't like country.) else (So do I.)
```

또 다른 대화형 시스템으로는 아이폰의 '시리'에 쓰였던 '울프람 알파Wolfram Alpha'를 들 수 있다. 울프람 알파는 대화형 검색엔진으로, 방대한 양의 데이터베이스와 매스매티카 구축에 사용했던 공학·과학용 연산 시스템을 이용하여 질의에 대한 정답을 찾아 주는 질의응답 시스템이다. 이 엔진은 마이크로소프트의 빙Bing과 애플 시리의 지식검색에 활용되고 있으며, 자연어 질의에 대해 큐레이팅된 지식

베이스와 정형화된 데이터로부터 정답을 계산하여 시각적으로 보여준다. 즉, 사회과학이나 문화, 역사 등 세밀하고 복잡한 질문이 아니라, 컴퓨터로 계산되는 사실을 기반으로 한, 견고한 질의에 대한 결과를 제공한다.

예를 들어, "Mary Robinson은 어디에서 태어났습니까?", "1974년에 Queen Elizabeth II는 몇 살이었습니까?", "율리우스력에서 6월 1일은 며칠입니까?", "1인당 GDP가 50번째로 작은 나라는?" 등과 같은 사실적 또는 계산적인 질문에 대한 대답을 생성해 주는 대화형 시스템이다. 울프람 알파는 울프람 언어로 구현되었는데, 이 언어는 자연어 문장을 분석하고 그 내용을 이해하여 실행해 주는 자연어 인터페이스를 제공한다. 또한, 울프람 언어는 논리형 프로그래밍 기법을 도입하여 패턴과 템플릿을 이용한 프로그래밍을 지원하고 있으며, 사용자가 직접 문법 토큰grammar token과 문법 규칙grammar rule을 정의하여 자연어 인터페이스를 구축할 수 있다.

2. 시퀀스-투-시퀀스 기반의 챗봇 구현 기술

자연어처리 기술의 발전에 따라 최근 개발된 챗봇 엔진들은 심층 신경망deep neural network을 이용하는 딥러닝심층 학습, deep learning 기법을 이용하여 구현되고 있다. 심층 학습 이전의 머신러닝은 특정 영역의 도메인 지식domain knowledge을 가진 전문가가 속성 추출 및 선별feature extraction and selection을 통해 학습 데이터로부터 속성 벡터feature vector를 구성하는 방식이었다. 그에 비해 딥러닝 기법은 입력 데이터에 존재하는 패턴과 의미를 바탕으로, 심층 학습 모델이 해결하려는 문제에 최적화된 속성 벡터를 자동으로 구성하는 방식으로 모델 학습을 진행한다.

대규모 데이터를 기반으로 학습 데이터에 최적화된 모델을 학습하는 딥러닝 기법은 기계번역 등 자연어처리 분야에 활용되고 있으며, 대화형 챗봇 엔진에서도 매우 우수한 성능을 보여 주고 있다. 대화형 챗봇 엔진을 구현할 때 사용하는 기법은 딥러닝 기반의 기계 번역기 개발 등에 사용되는 시퀀스-투-시퀀스seq2seq 또는 sequence-to-sequence 모델이다. 시퀀스-투-시퀀스 모델은 그림 1과 같이 입력 문장에 대한 단위 정보(단어 또는 토큰)들의 시퀀스를 인코더encoder에 입력하여 인코더가 이를 압축한 후 하나의 특징 데이터를 생성하고, 이로부터 디코더decoder를 통해 다른 단위 정보의 시퀀스로 출력 문장을 생성한다.

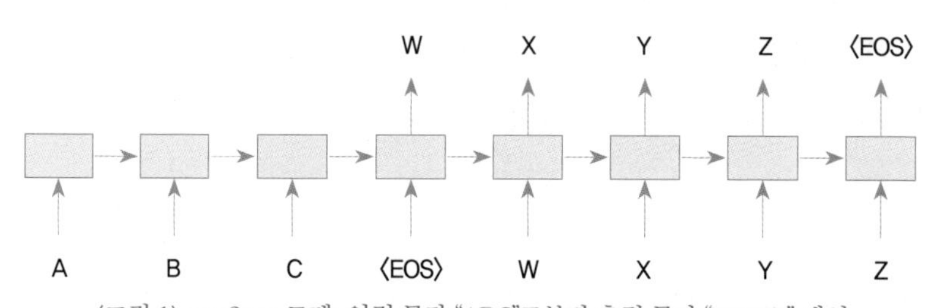

〈그림 1〉 seq2seq 모델: 입력 문장 "ABC"로부터 출력 문장 "WXYZ" 생성

대화에 쓰인 문장은 시간에 따른 단어의 나열이기 때문에 일종의 시계열 데이터로 볼 수 있다. 따라서 시퀀스-투-시퀀스 모델의 인코더와 디코더는 시계열 데이터 처리에 용이한 순환신경망RNN, Recurrent Neural Network 모델로 구현된다. 이 순환신경망 모델은 연속적으로 나열되는 텍스트 데이터에서 이전 단어의 특징 데이터가 다음 단어를 예측하는 과정에 활용된다. 예를 들어, 그림 1에서 입력 문장 "ABC"에 대해 "WXYZ"라는 답변을 출력하도록 학습시켰을 때, 두

번째 단어인 “B”는 이전 시점의 단어인 “A”의 특징 데이터를 입력으로 받아 함께 학습한다. 인코더와 디코더는 각각의 순환신경망 모델로 구현되며, 인코더는 연속된 입력 문장을 이용하여 문장 전체의 특징 데이터를 구성하고, 디코더는 인코더로부터 구성된 특징 데이터로 예측된 결괏값을 출력하는 역할을 수행한다. 그림 1에서 “WXYZ"가 출력되는 과정을 살펴보자. 디코더는 인코더가 압축한 특징 데이터에서 가장 처음의 단어인 W를 예측하여 출력한다. W를 다시 다음 과정에 입력하면, 디코더는 다시 다음 단어인 X를 예측하는 방식으로 이어진다.

기계번역이나 챗봇과 같이 연속된 입력 텍스트로부터 연속적인 텍스트를 출력하기 위한 시퀀스-투-시퀀스 모델은 인코더가 고정된 크기로 전체 문장의 모든 특징 데이터를 표현하기 때문에 정보손실 문제가 발생한다. 이는 입력 문장이 길면 답변의 품질이 떨어지는 현상으로 이어졌다. 이러한 문제를 해결하기 위하여 어텐션 메커니즘attention mechanism이 소개되었다. 인코더로부터 출력되는 압축된 정보만을 디코더가 입력받는 시퀀스-투-시퀀스와 달리, 어텐션 메커니즘은 인코더에서 출력되는 특징 데이터와 예측해야 할 단어와 연관된 입력 단어 부분을 더 강조하는 어텐션 값을 함께 입력받아 학습을 수행한다. 어텐션 값attention score은 인코더의 연속된 특징 데이터와 디코더에서 특정 시점에 생성된 특징 데이터의 결합으로 계산되며, 디코더가 다음 단어를 예측하는 과정에서 인코더의 정보를 검토하는 효과를 통해 시퀀스-투-시퀀스 모델보다 개선된 성능을 보인다.

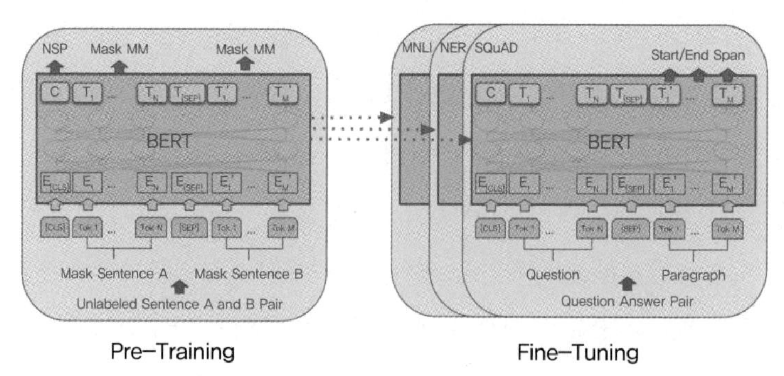

〈그림 2〉 버트BERT의 사전 훈련Pre-Training 및 미세 조정Fine-Tuning 기법

3. 딥러닝 기반의 자연어이해와 생성 기술

'단어 임베딩word embedding'은 자연어 단어를 벡터 공간에 매핑하여 자연어처리 모델이 단어 사이의 관계를 계산 및 처리할 수 있게 하는 기법이다. 문자들로 구성된 문장 또는 문서 내용을 컴퓨터로 연산이 가능한 텍스트 표현text representation으로 구성하는 기법으로, 독립적인 단어를 표현하는 기법인 단어 임베딩 기법을 문장 또는 문서 단위로 확장하여 좌우 문맥을 반영한 텍스트를 표현하는 임베딩 기법이 BERTBidirectional Encoder Representation from Transformer(이하 '버트'로 통칭함) 모델이다.

버트는 기계 독해와 감성 분석 등 문장의 의미를 정확히 이해하는 데 활용되고 있으며 트랜스포머transformer 기법을 이용한 양방향 인코더 기법으로 구현된다. 여기서 트랜스포머란 시퀀스-투-시퀀스 모델에서 입력 문장의 정보손실이 발생하는 것을 보완하기 위해 여러 개의 인코더-디코더를 함께 사용하는 언어모델이다. 버트는 그림 2와 같이 대규모의 범용 학습 말뭉치를 이용한 사전 학습pre-training과

특정 분야의 학습 말뭉치로 추가 학습을 수행하는 미세 조정fine-tuning 이라는 추가 학습 과정으로 구성된다.

버트의 사전 학습 모델은 위키피디아(25억 단어)와 북스코퍼스 BooksCorpus, 8억 단어, 웹문서 등과 같이 레이블이 없는 대규모 원시 말뭉치로부터 사전 훈련된 언어모델을 지칭한다. 이때, 버트는 자기주의 self-attention 기법을 이용하여 각 단어를 둘러싸고 있는 문맥 단어들로부터 각 단어의 문맥 정보를 고려한 각각 다른 특징 데이터를 생성한다. 버트는 어휘의 다의성 문제를 해결하는 방안으로, 문장 내에서 각 어휘의 문맥 정보가 반영된 문서 표현 기법으로 자연어이해 성능을 향상시켰다.

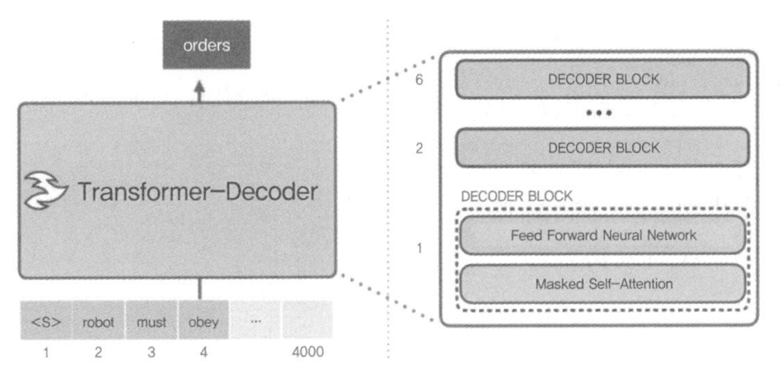

〈그림 3〉 GPT 구조(출처:http://jalammar.github.io/illustrated-gpt2)

버트 모델이 학습 문서 내용 및 입력 문장의 의미를 정확히 표현하기 위한 문서 표현 기법인 데 비해, 자연스러운 문장을 생성하는 기법으로 GPTGeneral Pre-Training 모델이 사용되고 있다. GPT 모델은 신경망 기반의 딥러닝 모델 중 자연어생성 모델로 매우 우수한 성능을 보이며, 적용시 챗봇에서 자연스러운 문장을 생성할 수 있다. GPT는 버트와 달리 트랜스포머의 디코더 부분에서 인간이 글을 쓰는 방식을 모방하여 자연스러운 문장을 생성하는 모델이다. GPT 계열의 생성 모델은 "오늘 날씨는 어때?"와 같은 입력 문장에 대해 "맑음"과 같이 문맥에 적합한 답변을 생성하기 위하여, 텍스트의 패턴과 의미를 통해 학습하기도 한다. GPT 계열의 생성 모델은 문맥 정보가 어떻게 주어지는지에 따라 데이터로부터 학습된 넓은 지식, 상식, 사고력을 고려하여 다양한 답변을 생성할 수 있다.

자연어이해와 자연어생성으로 구성되는 챗봇 엔진은 딥러닝 기술의 발전에 따라 심층 신경망을 이용한 머신러닝 기술을 이용하여 구현되고 있다. 자연어이해와 자연어생성에 관한 딥러닝으로 대표적인 버트와 GPT 모델은 학습 모델이 학습 데이터를 재구성하는 형태로 패턴과 의미를 스스로 인식하기 때문에, 모델 학습을 위한 학습 데이터의 규모와 품질이 매우 중요하다. 하지만, 형태학적으로 어휘 표현이 다양하고 풍부한 한국어의 경우에는 예외적인 현상이 발생하기 때문에, 한국어 특성이 반영된 지속적인 학습이 필요하며 이에 적합한 학습 방식 및 모델이 설계되어야 한다.

4. '이루다'의 챗봇 구현 방식

오픈 도메인 챗봇을 지향하는 '이루다'는 대화 상대로 고양이를 좋아하는 천진난만하고, 솔직하며, 긍정적인 성격의 20세 여자를 상정하였다.

알파 버전은 샤오아이스XiaoIce 기반 프레임워크로 구현되었고, 응답의 적합성과 구체성SSA, Sensibleness and Specificity Average 성능을 향상하기 위한 베타 버전은 딥러닝 기법을 이용하여 다이얼로그버트 DialogBERT와 미등록어 마스킹Out-Of-Vocabulary masking 모델을 통해 응답을 선택하는 검색 기반의 랭킹 기법으로 구현되었다. 다이얼로그버트는 문맥 기반의 문서 임베딩 기법인 버트 모델을 대화형 챗봇에 적용하여 자연스러운 응답을 생성하는 기법이다.

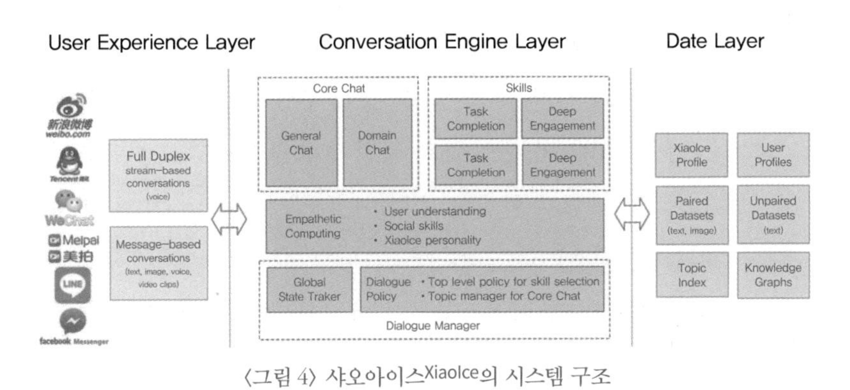

〈그림 4〉 샤오아이스XiaoIce의 시스템 구조

응답의 적합성은 사용자와 대화를 이어갈 때 챗봇의 응답이 대화의 상황 및 내용에 적합한지에 대한 평가 척도이며, 대화 주제에 대해 대화를 몇 회 지속했는지를 평가한다. 응답의 구체성은 모호하거나 추상적인 응답이 아닌, 구체적인 용어를 사용하는지에 대한 평가 척도이다. 챗봇이 적합한 응답을 생성하기 어려운 이유는 '대화의 문맥에 적합한 답변'이 여러 개일 때 그중 어떤 응답을 선택할지의 문제와 더불어 그림 5와 같이 '대화의 문맥에 부적합한 답변'이 다수 존재할 때 부적합 답변이 선택되지 않도록 하는 문제가 발생하기 때문이다.

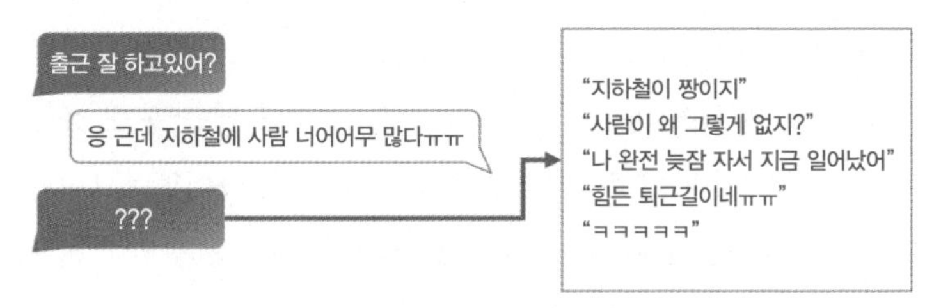

〈그림 5〉 부적합한 답변이 다수 존재하는 예

이루다는 응답의 적합성 향상을 위해 '연애의 과학' 플랫폼에서 100억 개의 대화 문장을 수집하고, 중복 문장과 부적합 문장을 제거하는 과정을 거쳐 1억 개의 대화 문장을 학습 데이터로 사용하여 다이얼로그버트 모델로 학습을 수행하였다. 세션session DB와 내용content DB를 단일 응답 DB로 통합하여 응답 데이터베이스를 구성하고, 정제된 응답 데이터베이스로부터 다이얼로그버트 학습 모델을 이용하여 응답 후보 문장들을 선택하였으며, 후보 문장들로부터 최적의 응답을 선택하기 위한 방법으로 직전 턴과 동일 화자에 대한 턴을 별도로 학습하고 2만 4천 개 세션에 대해 응답 후보에 대한 SSA 레이블링 데이터로 학습하는 미세 조정fine-tuning 기법을 사용하였다그림 6.

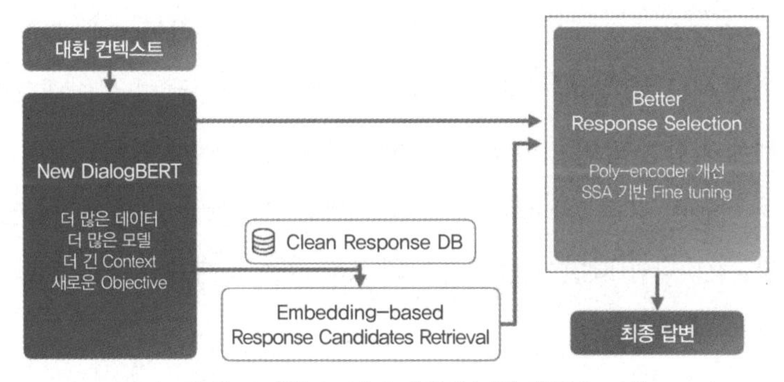

〈그림 6〉 다이얼로그버트 기반의 '이루다' 학습 모델

딥러닝 기법을 이용한 챗봇 구현 방식에서는 학습 데이터를 그대로 추출하기보다는 대규모 말뭉치로부터 학습된 대화문으로부터 마치 사람이 응답을 생성하듯이 새로운 대화 문장을 생성한다. 이에 비해, '이루다'에서 다이얼로그버트를 이용한 대화 문장생성방식은 응답 문장 후보들로부터 상황에 가장 적절한 대화 문장을 선택하기 위한 목적으로 딥러닝 기법을 사용하고 있다. 즉, '이루다'의 응답 문장은 학습 데이터 1억 개의 대화 문장 중에서 대화 상황에 가장 적합하다고 추정되는 문장을 선택한 것으로, 일반적인 딥러닝 방식의 챗봇 엔진과는 차이가 있다.

4장 장윤정

인간다운 인공지능 챗봇의 지향에 대한 경계

-우리는 어떤 챗봇을 기대하는가?-

최근 인공지능 기술을 활용한 챗봇의 개발과 활용에 대한 관심이 늘어나며, 국내외적으로 정보 제공, 민원 처리뿐만 아니라 일정 관리, 전자상거래 등 다양한 분야에서 챗봇이 이용되고 있다. 사회문화적으로는 사람과의 직접 대화에 대한 부담의 증가와 모바일 메신저 앱을 통한 커뮤니케이션의 선호로 스마트기기와 대화형 인터페이스가 대중화되어 챗봇 시장이 급속히 성장하고 있다.

챗봇 기술의 발전은 답변과 응대의 즉시성, 시간과 공간의 구애를 받지 않고 서비스를 제공할 수 있다는 점, 대화 컨트롤의 발전, 무료 개발도구 제공 등으로 효율성이 증가하고 인건비를 절감할 수 있다는 긍정적인 면이 있는 반면에, 챗봇을 도입함에 따른 다양한 부작용에 대한 우려도 커지고 있다.

최근 챗봇 '이루다'로 인한 논란은 일반적인 '인공지능' 기술에 대한 논란이라기보다는 대화형 '챗봇' 개발에 대한 윤리적인 문제였으나, 대체로 일반적인 인공지능 기술에 대한 사항으로 논의되었다. 이제 '챗봇'을 중심에 놓고 논의를 진행하고자 한다. 이 글을 통해 챗봇의 개념과 역사에 대해 알아보고, 관련 기술 요소에 대한 이해를 바탕으로 최근 논란이 되었던 챗봇 '이루다'의 이슈에 대한 분석을 통해 인공지능 기술을 활용한 챗봇에서의 윤리적인 규범을 도출하여, 향후 더욱 우리의 생활 속으로 가까워질 챗봇의 활용에 대한 방향을 제시하고자 한다.

1. 챗봇과 인공지능의 개념

챗봇ChatBot은 채팅chatting과 로봇robot을 결합한 표현이며, 대화 방식으로 정보를 처리하는 시스템을 의미한다. 기존 검색엔진(혹은 포털사이트)이 입력된 검색어에 대한 결과를 나열해 주는 일방향적 방식이었다면, 챗봇은 여러 번 질의와 답변을 주고받으면서 최종 결과에 도달하는 대화 방식을 쓰기 때문에 '채팅'이라는 표현을 사용한다. '로봇'이라는 표현은 대화의 상대방이 인간이 아닌 인공적 시스템이라는 것을 의미한다. 즉 업무 프로세스를 자동화하기 위해 문자 메시지를 수신하여 마치 인간과 비슷하게 사용자와 직접 대화를 나눌 수 있는 컴퓨터 프로그램으로, 사람과의 대화를 통해 질문에 알맞은 답을 제공하거나 명령을 수행하는 인공지능 기반의 커뮤니케이션 소프트웨어를 말한다. 이용자가 문자나 음성으로 대화체의 질문을 입력하면, 챗봇은 적합한 결과를 문자나 음성으로 되돌려준다.

대표적인 챗봇으로는 '지능형 가상 비서', '가상 개인비서virtual personal assistant', '지능형 개인비서intelligent personal assistant', '대화형 에이

전트conversational agent', '가상 동반자virtual companion', '가상 도우미virtual assistant' 등이 있다.

2. 역사를 통해 살펴본 인간다운 챗봇 개발을 향한 도전

챗봇은 1988년에 핀란드의 자코 오이카리넨Jarkko Oikarinen에 의해 개발된 릴레이 채팅IRC, Internet Relay Chatting 서비스에서부터 본격적으로 시작되었으며, 최근 모바일 메신저, 자연어 처리기술의 발전으로 새롭게 부상하고 있다.

1966년 MIT 교수인 조셉 와이젠바움Joseph Weizenbaum에 의해 개발된 챗봇 '일라이자ELIZA'는 사람의 대화를 흉내 내어 튜링 테스트Turing Test를 통과하기 위한 첫 시도였다. 챗봇 일라이자는 환자와 정신과 의사의 대화를 흉내 내는 방식을 취했고, 표면적으로는 지능을 가지고 있는 것처럼 보였지만, 실은 간단한 패턴 매칭으로 구현된 소프트웨어였다.

1972년에 케네스 콜비Kenneth Colby는 일라이자를 발전시켜 편집증적 조현병을 앓고 있는 사람과의 대화 전략을 구현하는 챗봇 '패리Parry'를 개발하였는데, 일라이자보다는 훨씬 진지하고 더 진화된 형태였다.

1988년 영국의 프로그래머 롤러 카펜터가 만든 챗봇 '재버워키Jabberwacky'는 튜링 테스트를 통과하기 위한 목적만으로, 문자 기반 시스템에서 완전 음성 기반으로 인간과의 상호작용을 통해 자연스러운 인간 대화를 모방하도록 한 최초의 시도였다.

1992년에는 크리에이티브 랩스Creative Labs에서 MS-DOS 기반으로 구현되는 완전 음성작동 챗봇 '스바이초 박사Dr. Sbaitso'를 개발하였다. 이는 사람들과 상호작용을 할 때 심리학자의 역할을 하도록 설계되었지만, 부자연스러운 디지털화된 목소리를 갖고 있었다.

1995년에는 엘리스A.L.I.C.E., Artificial Linguistic Internet Computer Entity라는 자연어처리 봇이 개발되었다. 이는 사람이 입력한 것에 대해 체험적인 패턴 매칭 규칙을 적용하여 대화를 가능하게 하였다는 특징이 있었으나, 여전히 튜링 테스트는 통과하지 못했다.

2001년에는 '스마터 차일드Smarter Child'라는, SMS 네트워크, AOL, MSN 메신저 사용자들의 친구 리스트를 통해 널리 배포된 '지능형 봇'이 개발되어 개인에 특화된 흥미로운 대화를 제공했는데, 이는 애플의 '시리'와 삼성 '보이스'의 전신이라고 볼 수 있다.

2006년 IBM의 챗봇 '왓슨Watson'은 '제퍼디Jeopardy!'(미국의 텔레비전 퀴즈쇼)에서 경쟁하도록 만들어졌는데, 2011년에 이 쇼의 종전 우승자 2명과 경쟁하여 최종 우승하기도 했다. 왓슨은 이후 자연언어처리와 머신러닝을 통해 대량의 데이터로부터 통찰력을 발휘하는 법을 배우면서 점점 더 중요한 일들을 하게 되었다.

2010년에는 애플에서 지능형 개인비서Intelligent Personal Assistant를 수행하는 챗봇 '시리Siri'를 개발하였는데, 질문에 대답하기 위해 자연언어를 사용하면서 다양한 과제수행이 가능하게 되었다. 시리는 이후에 출시된 모든 인공지능 로봇과 지능형 개인비서를 위한 기초작업을 수행했다.

2012년 구글에서는 모바일 검색 앱을 위한 '구글 나우Google Now'를 개발하였다. 질문에 대답하기 위해 자연언어 사용자 인터페이스를 사용하며, 일련의 웹서비스에 요청을 위임하여 작업을 수행하는 방식이었다.

2014년 앨런 튜링Alan Turing 별세 60주년을 기념하기 위해 영국 왕립학회Royal Society가 유럽연합EU의 재정지원을 받는 로봇 기술 법제도 연구기관 '로보로Roboro'와 함께 개최한 '튜링 테스트 2014' 행사에서, 러시아에서 개발한 '유진 구스트만Eugene Goostman'이라는 슈퍼컴퓨터에서 돌아가는 '유진Eugene'이라는 프로그램이 처음으로 튜링 테스트 기준을 통과했다. 유진은 5분 길이의 텍스트 대화를 통해 심사위원 중 33% 이상에게 "유진은 진짜 인간"이라는 확신을 주었다고 한다. 이 프로그램은 우크라이나에 사는 13세 소년인 것처럼 사용자들과 대화를 나누었는데, 개발자는 "13세라는 나이를 감안하면 유진이 뭔가 모르는 것이 있더라도 충분히 납득이 가능하기 때문"이라며 "실제로 존재하는 것 같은 믿음을 주는 캐릭터를 개발하는 데 많은 시간을 들였다"고 설명했다.

2015년 아마존 에코 장치에 삽입되는 음성서비스로 '알렉사Alexa'가 개발되었다. 알렉사는 음성을 통한 상호작용이 가능하였으며, 자연언어처리 알고리즘을 통해 음성명령을 받아 반응하고 인식하도록 설계되었다. 같은 해에 마이크로소프트의 지능형 개인비서 '코타나Cortana'에는 자연어 음성명령을 인식하고 상기시켜주며 빙Bing 검색 엔진을 사용하여 질문에 응답하는 기능이 구현되었다. 또한 마이크로소프트는 챗봇 '테이Tay'를 개발하였는데, 10대 미국 여학생들의 습관과 말버릇을 복제하도록 설계되었다. 테이는 공격적인 트위터를 날리고 편집증적인 증세를 보이며 논쟁의 중심에 섰으며, 결국 출시된 지 16시간 만에 폐쇄당했다.

2016년 페이스북은 페이스북 메신저에서 사용자들과 상호작용이 가능한 챗봇을 손쉽게 개발하게 하는 '메신저 봇'을 출시하였다. 2달 만에 11,000개의 봇이 개발되어 사용이 가능해졌고, 메신저 앱 위에서 작동하는 챗봇 서비스에 대한 관심이 증대하였다. 페이스북이 챗봇을 개발하기 위한 응용프로그램 인터페이스API, Application Programming Interface를 공개하여 챗봇이 빠르게 확산하면서, 앱 위주의 기존 모바일 생태계가 챗봇 플랫폼으로 흡수되고 기업의 상품 및 서비스 제공 방식에 큰 영향을 주게 되는 계기가 되었다. 페이스북 메신저의 챗봇은 간단한 메시지만 전달하는 것이 아니라 '구조화된 메시지structured message'를 보내는 것도 가능했으며, 온라인 송금, 실시간 뉴스 제공 등 메신저 플랫폼 기반 개인 맞춤형 실시간 서비스를 제공하는 데까지 확장하여 개발자들이 계속해서 몰려들면서 고객서비스, 이커머스e-commerce, 금융서비스 등에서 의미 있는 성공사례들이 등장하였다.

구글은 2017년 초 스마트 메시징 앱인 '알로Allo'를 개발하였는데, 구글의 인공지능 가상 비서인 '구글 어시스턴트'를 이용하여 정보 검색, 과제 완수, 식당 예약, 스포츠 경기의 진행 상황 확인까지도 가능하도록 구현되었다. 또한 2018년에는 기존에 볼 수 없었던 발전된 인간형 인공지능, 이른바 '구글 듀플렉스Google Duplex'를 선보였다. 기존의 상투적이고 딱딱한 대화만 가능했던 인공지능들과 큰 차이를 보인 듀플렉스는 사람 간 일상적 대화의 디테일까지 완벽에 가까운 수준으로 모방하였다. 2017년 3월 마이크로소프트는 각 개발자가 직접 그들의 봇을 만들 수 있는 '봇 프레임워크Bot Framework'를 발표했다. '봇 프레임워크'를 통해 개별 개발자는 스카이프, 텔레그램, 슬랙과 같은 애플리케이션 내에서 스스로 자신만의 인공지능 봇을 만들 수 있게 되었고, 사용자들이 이를 이용해 택시 예약이나 음식 주문과 같은 일상적인 일을 수행하게 하여 새로운 방식의 사업이 확대되었다. 2017년 말 페이스북은 인공지능 개인비서 '자비스Jarvis'를 공개했다. 자비스는 사람의 취향과 습관을 파악할 수 있으며(행동 인식 인공지능 기술) 새로운 단어와 개념을 이해하고(자연어처리와 딥러닝), 심지어 아이와 놀아 줄 수도 있는 인공지능 챗봇으로, 스마트폰과 컴퓨터를 통해서 사람의 말(자연어)을 이해하고 조명, 냉난방, 가전, 음악, 보안 등 다양한 집안 시설을 제어하는 기능을 추가하여, 향후 오프라인에서도 챗봇 생태계를 구축하려 한 메시지 앱 기업들에게 방향을 제시하였다.

민간 기업뿐 아니라 공공부문에서도 이미 우리나라를 비롯한 많은 선진국에서 챗봇 서비스를 도입하여 활용하고 있다. 미국의 경우, 농무부USDA의 '음식 안전 및 검사 서비스'인 '애스크 캐런Ask Karen', 의회도서관Law Library of Congress이 페이스북 메신저를 이용해 제공하는 법률상담 서비스, 캔자스주의 페이스북 챗봇 서비스, 연방조달국GSA의 챗봇 서비스 등을 제공하고 있으며, 싱가포르에서도 통신개발청IMDA, Infocomm Media Development Authority이 마이크로소프트와 협력하여 대국민 공공서비스 챗봇 서비스를 제공하고 있다.

또한 보건·의료 영역에서는 영국 국가건강보험NHS, National Health Service이 질병 증상에 대해 사람들과 대화하는 챗봇 서비스를 제공하고 있다. 미국의 인공지능 챗봇인 '워봇Woebot'은 정신건강을 위한 심리상담을 제공하는 서비스로, 이 서비스를 이용한 사람의 85%가 우울증 개선 효과를 보였다. 다양한 영역에서 상호작용을 통한 정보 제공, 심리지지와 상담 등에 워봇을 활용하려는 시도가 이루어지고 있다.

3. 챗봇 산업의 긍정적 측면

최근 인공지능 기술과 커뮤니케이션 플랫폼으로 대화형 인터페이스인 메신저의 발달, 스마트기기의 발달, 챗봇 기술의 발전으로 다양한 챗봇이 개발되었고, 그 시장은 지속적으로 성장하고 있다.

기업의 입장에서는 챗봇으로 상담원 업무를 대체하여 비용을 줄일 수 있으며, 24시간 대응을 가능하게 한다는 이점이 있다. 많은 민간 기업에서 기존에 인간 상담원이 처리하던 일들을 인공지능 챗봇으로 대체함으로써 일자리 감소 문제가 대두되기도 했지만, 단순한 인건비 절감이 아니라 감정노동으로 인한 스트레스와 자존감 저하 등 많은 문제를 야기하는 단순·반복적인 고객 대응을 챗봇으로 대체하며 기존 인력을 보다 생산적인 분야에 활용할 수 있다는 것이다.

챗봇은 기본적인 사용자 인터페이스로 다양한 비즈니스 아이디어가 실현 가능하다는 점에서 잠재력과 파급효과가 높고, 챗봇에 기반한 소비자 중심적 서비스를 통해 '대화형 커머스'를 통한 고객 맞춤형 상품의 구매를 유도하여 수익 증진을 이룰 수 있게 된다. 챗봇이 활성화되면 챗봇 생태계 안에서 정보 확인, 예약, 주문·결제·송금 등이 모두 가능해지기 때문에 챗봇 자체가 강력한 모바일 플랫폼으로 자리 잡게 될 것이다.

일상생활에서 대화하듯이, 또는 SNS 메신저를 통해서 소통하듯이 쉽고 편리하게 활용할 수 있기에, 민간 영역 대부분의 IT 업체, 통신업체, SNS 업체, 포털업체 등에서 챗봇 서비스를 앞다투어 내놓고 있고, 은행이나 보험, 여행과 관광, 유통과 판매 등 고객을 상대로 하는 모든 분야에서 챗봇 서비스가 보급되고 있다. 생산성 향상, 운영 비용 감소, 고객 유지율 증가 등의 긍정적인 효과로 인해 인공지능 기반 챗봇 서비스를 도입한 기업들의 수는 더욱 확대될 것으로 보인다.

4. 인간다움에 대한 지향: 튜링 테스트와 일라이자 효과

앨런 튜링Alan Turing은 철학 학술지 『마인드Mind』에 게재한 논문 「계산 기계와 지능Computing Machinery and Intelligence」에서 기계가 인간과 얼마나 비슷하게 대화할 수 있는지를 기준으로 '기계의 사고 능력'을 판별하는 '튜링 테스트Turing Test'를 제안하였다. 튜링 테스트는 실제로는 사람과 컴퓨터가 대화를 나누고 있지만 대화 상대편이 컴퓨터인지 진짜 인간인지 대화 당사자인 사람이 구분할 수 없다면 그 컴퓨터는 진정한 의미에서 '생각하는 능력이 있다'고 볼 수 있다는 것이다. 이는 진정한 과학적·철학적 의미에서의 '인공지능'의 판별 기준으로, 튜링은 "만약 컴퓨터의 반응을 진짜 인간의 반응과 구별할 수 없다면, 컴퓨터는 생각할 수 있는 것"으로 보아야 한다는 기준을 제시했다.

로봇의 인간다움에 대한 사람들의 반응에 대해서는 크게 '일라이자 효과'와 '불쾌한 골짜기' 현상으로 분류할 수 있다.

일라이자 효과ELIZA Effect는 인공지능이 보여 주는 인간다운 행위에 대해 무의식적으로 인격을 부여하고 의인화하는 현상으로, 앞서 언급한 챗봇 일라이자에서 유래하였다. 정신과 의사를 묘사한 프로그램인 일라이자가 한 말 중 거의 대부분은 환자가 한 말을 그대로 되돌려주는 것에 불과하고, 일라이자가 환자와의 대화 내내 보인 반응에는 큰 의미가 없었으나, 환자들은 그를 진짜 의사로 착각하고 대화를 나눈 뒤 위안받는 효과를 보였다. 이를 접한 정신과 의사들은 심리치료사가 부족한 정신병동에 일라이자를 배치해 정신질환자들을 치료하자는 제안을 할 정도로 호의적인 태도를 보여 주었다고 한다. 바이첸바움 박사는 단순한 알고리즘을 지닌 인공지능에 사람들이 진지한 애착을 갖는 것을 보고 (거부 반응을 보이지는 않았지만) 큰 충격을 받아 일라이자 프로젝트를 접고 인공지능에 대한 근본적인 성찰을 시작했으며, 1976년 저서 『컴퓨터의 힘과 인간의 이성Computer Power and Human Reason』에서 "인공지능에 윤리적인 판단을 맡겨서는 안 된다"는 요지의 주장을 펼치는 등 인공지능 비판론자로 일대 전환을 하게 된다.

로봇이 인간을 어설프게 닮을수록 오히려 불쾌감이 증가한다는 불쾌한 골짜기uncanny valley는 일본의 로봇공학자 모리 마사히로森政弘가 제안하였다.

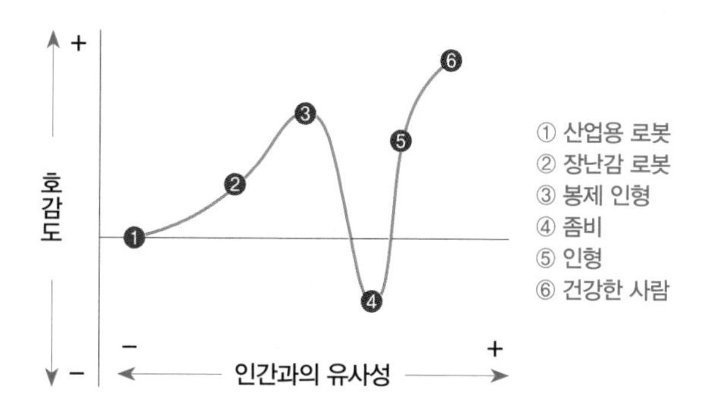

이는 프로이트Sigmund Freud의 '낯익은 낯설음uncanny; unheimlich', 즉 '친숙하면서도 어쩐지 낯설고 두려운 감정'과 가까운 개념으로, 대상이 인간과 동떨어진 모습일 때에는 호감도에 변화가 없거나 오히려 늘기도 하지만 부자연스러운 인간의 모습을 취하기 시작하면 호감도가 대폭 감소한다는, 가령 위 그래프에서 골짜기 같은 ④구간의 모습에서 유래한 단어이다. 즉 인간은 인간과 어설프게 닮은 대상을 오히려 인간과 닮지 않은 대상보다 혐오한다는 것이다. 이 '불쾌한 골짜기' 이론은 로봇 분야만이 아니라 3D 영상 분야에서도 자주 말하는 개념이기 때문에, 영화, 애니메이션, 게임 등에도 활용된다. 사람들

은 단순 화면을 제공받아 업무를 처리했을 때보다 어설픈 챗봇이 업무를 처리하는 경우 불편함을 느끼게 되는데, 이 역시 챗봇의 어설픈 지능에 대한 '불쾌한 골짜기'가 발생하기 때문이다. 최근 한 연구에서는 인공지능 챗봇 의사가 환자의 이름을 호칭하는 등 인간 의사처럼 반응하는 경우 환자의 거부감이 더 증가했다는 보고도 이루어진 바 있다.

5. 챗봇의 페르소나persona와 인간다움에 대한 열망

튜링 테스트를 통과할 수 있는 인간다운 챗봇을 만들기 위한 한 요소인 페르소나persona는 사회적 역할societal role을 규명하는 요인들을 말하는 것으로, '페르소나 챗봇 시스템'이란 사용자가 원하는 어투와 개인 특성을 의미하는 페르소나를 가진 답변을 하는 소프트웨어를 말한다. 챗봇을 개발할 경우, 챗봇의 대응 방식에 대해 사용자의 특성, 회사의 특성, 챗봇의 목적에 따라 특정 특성을 반영한 성향을 설정하여 사용자가 원하는 페르소나를 가진 챗봇을 개발함으로써 사용자의 참여를 높이고 반응을 유발하여 사용자와 더 친근한 대화가 가능하도록 하는 것이다.

최근 여러 가상 비서 챗봇에 대한 선호조사를 하였는데, 사람들은 챗봇의 기능적인 면보다는 감정과 말투, 성격이 밝은 페르소나로 개발된 챗봇을 가장 선호하였다. 사용자들은 이러한 가상 비서 챗봇이 "더 친절하다"거나 "더 멋있다"고 평가하면서 실제 사람처럼 대하였다. 챗봇의 성공 여부를 가늠하는 가장 중요한 기준은 고객 만족도이므로, 챗봇이 인간과의 유사한 상호작용을 하면서 밝은 톤을 가지고 있다면 고객들은 챗봇의 실수에도 후한 평가를 내릴 가능성이 높아진다.

챗봇의 페르소나를 설정하는 요소는 다음과 같이 다양하다.

① 격식을 차린formal / 편안한informal
② 흥분한excited / 조용한calm
③ 소란스러운loud / 차분한quiet
④ 심각한serious / 농담하는joking
⑤ 도움이 되고자 하는helpful / 도움이 안 되는unhelpful
⑥ 점잖은well behaved / 건방진cheeky
⑦ 주도적인bossy / 순종하는servant
⑧ 선제적인pro-active / 수동적인passive
⑨ 친밀한close / 거리감이 있는distant
⑩ 일인칭first person / 로봇robot
⑪ 재미있는fun / 지루한boring
⑫ 친구friend / 이방인stranger
⑬ 단순한 톤single tone / 정교한elaborate
⑭ 장황한verbose / 간결한concise

또한, 챗봇 성능의 설정에도 주요한 요소들이 있는데, ① 부적절한 언어표현 피하기, 적절한 반응시간, 실수 관리 등의 수행 능력performance, ② 대화 주제 유지하기, 투명성, 챗봇에 대한 공개 등의 인간성humanity, ③ 환영인사 제공이나 대화의 실마리 제공 등의 정도affect, ④ 의미와 의도를 파악하는 접근성accessibility 등이다.

튜링 테스트를 통과하기 위하여 페르소나를 부여한 챗봇에 대해 이용자는 자연스럽게 인격을 부여하고자 하나, 그 반응이 어설프게 나온다면 그 이질성에 대해 커다란 불쾌감을 일으켜 이용자의 이용중단으로 이어지게 된다. 따라서 어떤 특성의 페르소나를 부여하여 반응하도록 설계할 것인가는 매우 중요하다. 페르소나의 설정은 인종차별이나 젠더 이슈 등 다양한 논란의 잠재적 위험 요소이기에, 기획 단계에서부터 목적에 맞는 페르소나 설정에 대해 신중하게 접근해야 한다.

6. 챗봇 '이루다' 사례를 포함한 챗봇의 위험요인과 극복방안

인공지능은 기술적·기능적 한계가 있고 이를 기반으로 하는 인공지능 챗봇 역시 아직 완전히 구현된 기술이 아니며, 장점 못지않게 많은 역기능과 문제점을 안고 있다. 이에 각 위험요인에 대해 알아보고 이를 극복하기 위한 방안에 대해 논해 보고자 한다.

첫째로 챗봇을 기획하고 개발하는 사람의 문제이다. 챗봇을 기획·설계·개발하는 사람, 즉 정부나 기관의 기획책임자, 개발자 등이 인종적, 지역적, 성적, 민족적, 이념적으로 편향된 상태에서 챗봇을 개발할 경우, 알고리즘 설계에 이러한 편향과 편견이 그대로 반영될 수 있다. 실제로 미국 플로리다주에서 재범 예측 알고리즘을 만들어 분석한 결과, 실제로는 백인의 재범률이 높음에도 불구하고 흑인이 백인보다 재범확률이 45%나 높은 것으로 예측되었다. 이러한 오류는 재범 예측 알고리즘을 개발하는 사람들의 인종차별적인 편견이 알고리즘 설계에 영향을 미쳐 데이터를 선별적으로 선택하거나 편향된 가중치를 부여토록 하면서 더욱 가중되었다. 이러한 문제를 예방하기 위해서는 알고리즘 설계에서의 객관성과 중립성을 담보하고 검증할 수 있는 장치가 만들어져야 한다. 가장 좋은 방법은 알고리즘 설계과정을 공개하거나 공론화해서 다양한 사람들이 다양한 시각과 관점에서 검증하도록 하는 것이다. 이것은 챗봇 개발자의 윤리 가이드라인 제정 등을 통해서 해결해야 할 문제이다.

둘째, 챗봇의 목적에 따른 페르소나 설정에 대한 문제이다. 챗봇에 대한 이용자의 활용을 높이기 위해서는 이용자의 선호를 반영한 챗봇 페르소나의 설정이 필요하다. 페르소나의 설정은 인종차별이나 세대 갈등, 젠더 이슈 등을 유발할 수 있는 민감한 문제이다. 신뢰감을 주는 페르소나의 설정이 요구되는 단순한 정보 제공이나 개인비서의 역할을 위한 챗봇이 아닌, 오락적 성격이 강한 채팅을 해야 하는 챗봇이라면 다양한 위험에 노출될 수 있다.

셋째, 알고리즘 설계과정에서의 오류 문제이다. 인간이 의도적으로 알고리즘 설계를 편향되게 하는 것과 달리, 인간의 실수, 무지, 부주의 등으로 알고리즘에 오류가 발생하기도 한다. 또한 인간의 실수나 의도와 전혀 관계없이 기술적인 문제 또는 원인을 알 수 없는 문제로 오류가 발생하기도 한다. 세상에 완벽하고 고장 나지 않는 기계는 없듯이, 인간이 아무리 노력을 해도 알고리즘 설계상에서 문제가 발생할 수 있다. 이러한 알고리즘 설계과정에서의 오류를 최소화하기 위해서도 알고리즘 설계의 개방성과 투명성을 확보하는 것뿐만 아니라 충분한 기간을 두고 시험 가동하여 챗봇의 신뢰성과 타당성을 검증하는 노력이 필요하다.

넷째, 편향에 대한 문제는 개발된 이후의 왜곡된 데이터로 학습하는 과정에서 확대될 수 있다. 기존의 컴퓨터 프로그램은 알고리즘 개발이 완료되면 사업이 종료되지만, 인공지능은 알고리즘 개발이 사실상 시작이라고 할 수 있다. 인공지능 기반 챗봇은 인간에 의한 알고리즘 설계가 완료된 이후에 기존의 데이터를 활용한 추가적인 학습 과정과 인간과의 지속적인 대화를 통한 학습을 통해서 스스로 알고리즘을 수정하고 보완해 나가면서 점점 더 똑똑한 챗봇으로 진화한다. 따라서 이 과정이 정상적으로 이루어지면 챗봇은 시간이 지날수록 점점 더 인간과 닮은 똑똑한 챗봇이 될 수 있지만, 이러한 학습 과정에서 문제가 생기면 챗봇은 엉뚱한 말썽꾸러기나 사고뭉치가 될 수도 있다. 마이크로소프트의 테이가 서비스를 개시하자마자 인종차별적, 성차별적 발언을 쏟아 낸 이유는 초기 개발 후에 인간들과의 대화를 통해서 학습하는 과정에서 인간들이 인종차별적이고 성차별적인 발언을 지속적으로 투입하면서 왜곡된 학습을 시켰기 때문이다. 따라서 챗봇을 학습시키는 사람이 어떤 목적을 가지고 의도적으로 편향된 질문이나 대화를 지속할 경우 챗봇은 편향될 수밖에 없다. 인간을 세뇌하듯 챗봇을 세뇌하는 것이다.

다섯째는 책임성에 대한 문제이다. 챗봇이 스스로 학습을 통해서 편향되거나 왜곡되게 진화하면서 엉터리 발언이나 임무수행 거부 등을 할 경우에는 어떻게 할 것인가? 이 문제에 대응하기 위해서는 챗봇 자체에 대한 윤리 가이드라인 제정도 필요하다. 또 챗봇이 민원인의 질의나 요구에 대해 잘못된 안내나 허위서류를 발급해 줌으로써 사건이나 사고를 일으킬 경우, 그 책임을 어떻게 따지고 처리할 것인가도 문제가 된다. 따라서 챗봇이 일으키는 사건·사고에 대한 대응과 처리 지침의 제정도 필요하다. 인공지능이 각종 사기와 허위사실 유포 등의 악의적 목적을 바탕으로 한 활용에 이용될 수 있으며, 특히 인간과의 구별이 어려워질수록 위험의 사전 예방이 어려울 것이라는 뜻이다.

챗봇 서비스가 단독으로 완벽하게 업무처리를 하는 것은 아직 요원하다. 기본적이고 단순한 상담이나 업무는 챗봇이 처리하지만, 전문적이거나 복잡한 업무, 또는 인간의 판단이 필요한 업무는 챗봇이 단독으로 처리하기 어렵기 때문에 챗봇과 인간과의 분·협업에 대한 업무절차의 개발이 필요하다. 예를 들어 챗봇 상담원과 인간 상담원을 같이 두고, 챗봇 상담원이 상담 도중 대답하기 어려운 경우에 인간 상담원에게 넘겨주거나, 챗봇이 일차적으로 기본적인 상담을 제공하고 심층 상담이 필요한 경우만을 선별하여 인간 상담사에게 넘겨주는 등 다양한 방안의 마련이 필요하다.

여섯째는 데이터 수집과 개인정보보호의 문제이다. 인공지능 챗봇을 개발하고 운영하기 위해서는 학습용 데이터를 구축해야 한다. 챗봇 서비스의 경우, 우리가 평소 사용하는 채팅이나 메신저 대화가 데이터가 될 수 있는데, 챗봇 이루다의 사례처럼 SNS 대화 데이터의 수집과 활용이 적법한 절차로 확보되지 않는 경우가 있다. 개발사가 개인정보와 저작권의 동의를 제대로 받지 않는다면 법적 책임으로 이어질 가능성이 제기되고 있다.

챗봇은 이용자 개개인의 성별, 나이, 주소뿐만 아니라 소득, 재산, 질병에 관한 정보를 알고 있고, 성격까지 알고 있기에, 이러한 개인정보를 기반으로 이용자의 요구에 공감하고 맞춤형 해결책을 제시해 줄 수 있을 것이다. 또한 챗봇이 머신러닝을 통해 고객과의 상담이나 민원 기록, 대화 내용까지 모두 기억할 경우 고객의 생활 습관과 취향, 가치관과 이념 성향까지도 학습함으로써 고객 자신보다 챗봇이 고객을 더 잘 알 수도 있고, 훨씬 더 공감하며 맞춤 서비스를 제공해 줄 수 있게 된다. 반면, 챗봇이 고객과의 대화 과정에서 얻은 민감한 정보를 타인에게 누설할 수 있는 위험도 얼마든지 있다. 만약 챗봇이 민원인과 응대 과정에서 타 민원인과의 대화 내용을 언급하거나 유출할 경우 어떻게 할 것인가? 이 문제는 개인과의 대화 내용을 암호화하는 보안대책 등 기술적 접근으로만 해결할 수는 없다. 챗봇 서비스의 개인정보보호를 위한 가이드라인 등 법적, 제도적, 기술적 조치들이 병행되어야 한다.

일곱째, 학습용 데이터 확보와 처리의 문제이다. 인공지능은 본질적으로 데이터를 통해서 학습하고 진화하는데, 데이터 자체에 문제가 있을 경우 모든 것이 문제가 된다. 인간이 의도적으로 왜곡하거나 편향된 또는 오류가 포함된 데이터를 사용하는 것도 문제이고, 실제 인간의 편향이 그대로 반영된 본래 데이터 자체가 문제인 경우도 있다. 인공지능 챗봇이 스스로 데이터를 수집하여 학습한다는 점에서 볼 때, 정보 공간상에서 유통되는 다수의 검증되지 않은 정보들, 그리고 가짜 뉴스들도 챗봇의 성능과 신뢰성을 떨어뜨리는 중요한 요인이 될 수 있다. 또한, 데이터의 품질뿐만 아니라 데이터의 양이 문제인 경우도 있다. 인공지능은 데이터의 양이 많을수록 더 많은 학습을 통해서 더 똑똑해지게 되는데, 데이터의 절대량이 부족하게 되면 제대로 학습을 할 수 없게 된다. 따라서 정부에서 챗봇을 개발할 때는 충분한 데이터가 있는지도 확인해야 하고 데이터의 품질이 어떠한가에 대해서도 확인할 필요가 있다. 학습을 시켜야 할 바람직한 말뭉치 데이터가 필요한 것처럼, 챗봇이 사용하지 말아야 할 욕설이나 차별적 용어 등의 말뭉치에 대한 데이터 구축 또한 필요하게 된다.

7. 인공지능 챗봇의 윤리

인공지능 챗봇의 윤리에 대한 원칙principle은 '인공지능'이라는 기술의 사용과 '챗봇'이라는 서비스모델의 특성을 반영하여 다음과 같이 제시할 수 있다.

① 투명성 Transparency

사용자들에게 응대하는 자가 챗봇인지 사람인지를 밝혀야 한다. 운영자는 추가적인 질문이나 긴급 상황에서는 인간 상담사와 상담할 수 있도록 이용자에게 선택권을 주어야 한다. 챗봇을 개발하는 데 활용한 데이터 말뭉치의 출처, 알고리즘의 특성, 챗봇 이용 중에 발생하는 데이터 관리 정책, 이용자의 동의 사항 등에 대해서도 밝혀야 한다.

② 이용자의 선호 존중하기 Upholding Customer's Interests

운영자는 챗봇이 이용자에게 응대하며 상품 등을 제시할 때, 회사의 사업과 관련된 이익보다는 고객의 선호에 응하도록 설계하여야 한다. 챗봇 개발자와 운영자의 의도된 편향으로 유도되어 이용자의 선호와 다른 선택이 되지 않도록 해야 한다.

③ 남용 회피 Avoiding Abuse

사용자는 챗봇이 강요하거나 남용하는 언어나 작동 등으로 스팸을 발생하거나 오작동하게 되면 중단할 수 있도록 해야 한다. 운영자는 챗봇에 의해 혐오 발언 등 반사회적인 행위가 일어날 때에는 동의에 근거해서 사람에 의한 중재가 가능하도록 해야 한다.

④ **데이터 소유권**Data Ownership

챗봇 개발자와 사용자 중 챗봇의 사용으로 얻어진 정보의 소유권에 대한 사항을 명백히 해야 한다. 챗봇을 사용하기 전에 이에 대한 규정을 밝혀야 하며, 동의를 구하고 이에 대해 이용자가 알 수 있도록 게시해야 한다.

⑤ **챗봇으로 수집한 정보의 사용**Using information Collected by the Chatbots

모든 챗봇은 사용자에게 챗봇이 얻은 개인정보를 보존하거나 삭제할 수 있는 선택권을 주어야 한다. 모든 데이터는 사용자의 지식과 동의에 근거하여 중요하게 다뤄져야 한다. 또한 챗봇을 사용하면서 수집되는 개인 식별 정보나 민감한 개인정보에 대한 보호정책이 마련되어야 한다.

8. 성공적인 인공지능 챗봇을 지향하며

우리는 현재의 인공지능과 챗봇 기술에 대해 냉정하게 평가해야 한다. 현재 챗봇 서비스의 발달 수준을 보면, 기능적인 측면에서는 단순·반복적으로 미리 입력된 대화만을 하는 수준을 넘어 필요한 정보를 검색하고 제시해 주는 기능까지 어느 정도 도달한 것으로 보인다. 그리고 일부에서는 명령에 따라 예약업무와 같은 비서 기능까지도 수행하지만, 아직 그 기능은 제한적이다. 대화 수준에 따라서 보면, 주로 텍스트 문자 형태의 챗봇 서비스가 일반적이고, 여기에 사진이나 도형 등을 일부 이해하는 수준에까지 도달하고 있다. 챗봇의 잠재력은 높지만 이를 구현하는 핵심 요소인 인공지능 기술수준은 아직 낮은 편이다.

그럼에도 챗봇의 시장성과 확장성에 대해서는 많은 기대를 받고 있다. 챗봇 기획자는 챗봇의 한계를 이해하며 비즈니스 특성에 맞는 챗봇 서비스 개발을 통해 맞춤형 서비스를 제공해야 하며, 충분한 고객 분석을 통해 챗봇 서비스의 구축전략을 수립하고 페르소나를 설계해야 한다. 기업 및 산업에서의 챗봇 서비스의 성공적인 정착을 위해서는 고유 비즈니스와의 시너지 고려와 내부 재원 마련 등 사전 준비가 필요하다.

챗봇의 일자리 대체 문제, 챗봇과 인간과의 분업 및 협업 문제 등이 산적해 있다. 따라서 챗봇의 구상 및 기획 단계, 개발 및 훈련단계, 활용 및 진화 단계에서 나타날 수 있는 다양한 문제와 쟁점들에 대해서 보다 심도 있고 체계적인 논의들이 필요하며, 이를 바탕으로 문제를 최소화하고 효과를 극대화할 수 있는 챗봇 서비스 도입방안을 만들 필요가 있다. 특히 챗봇의 개발과 도입과정 그리고 머신러닝 및 실제 적용 과정에서 의도적인 왜곡과 오류, 기계적인 결함, 데이터의 신뢰성과 타당성 등을 검증하기 위한 투명하고 개방적인 절차가 필요하다.

지금의 기술 한계 속에서 작동하는 성공적인 인공지능 챗봇은 무엇일까? 과학기술을 적용하는 데 있어 현명한 선택과 판단이 필요하다. 윤리적 고려 없는 잘못된 기술의 적용은 과학의 남용을 초래할 수밖에 없다. 성공적인 인공지능의 챗봇이란, 챗봇의 특성을 고려하여 인간의 업무의 효율을 높이고 기능을 보완하며 향상할 수 있도록 하는 기능을 수행할 수 있는 챗봇이 아닐까?

5장 윤미선

챗봇 '이루다'가 남겨야 하는 것

1. 너무 쉬웠다: 이루다는 갔지만 이루다를 보내지 않은 사람들

2021년 1월 11일, 출시 2주 후 23만 명의 이용자와 누적 대화 7,000만 건을 자랑했던[1] 인공지능 챗봇 '이루다'가 20여 일 만에 성희롱과 차별 발언 논란으로 서비스를 중단했다.

논란을 통한 서비스 중단의 과정은 인공지능 기술이 지녀야 할 사회적 책무와 법적 요건에 대한 한국 사회의 낮지 않은 인식 수준과 사회적 합의를 잘 보여 주는 것 같았다. 우선 인공지능을 성적 대상화하여 희롱을 일삼는 사용자들의 일탈에 앞서 이를 가능하게 한 개발사 '스캐터랩'의 비윤리적 기업 행위가 일제히 비판을 받았다. 비판의 주 내용은 스캐터랩이 이루다 훈련에 자신들이 운영하는 연애 상담 애플리케이션 '연애의 과학'에 사용자들이 직접 제공한 사적 대화들을 동의 없이 사용했다는 것이었다. 성적으로 왜곡된 발화 방식에 소수 인종이나 'LGBTQ'[2]에 대한 혐오 발언을 내뱉는 인공지능 이루다의 행태에 대한 경악이, 챗봇 훈련에 사용한 데이터의 편향성에 대한 문제의식으로, 다시 이 데이터의 전 처리 미비나 「개인정보보호법」 위반 등 기술과 법률 차원의 문제 제기로 순식간에 발전됐다.

이미 다양한 플랫폼을 통한 수많은 데이터 축적과 활용이 일상이 되어 있는데도 '인공지능 윤리'라면 먼 나라 이야기로 여겨지던 상황에서 이를 논의할 만한 사건이 터져서일까? 마치 기다렸다는 듯이 신문 기사들은 이루다 챗봇의 비윤리성과 법률 위반사항을 짚어내는 논자들의 목소리를 연일 다루며 공론장을 뜨겁게 달궜다. 이런 논란에 크게 흔들리지 않는 것처럼 보였던 스캐터랩은 구 다음커뮤니케이션 이재웅 대표의 경고가 이어지는 등 업계 내 비판의 목소리도 커지자 곧 전격적으로 서비스 중단을 선언했다. 2017년 출시됐던 마이크로소프트의 챗봇 '테이Tay'가 소수자 혐오 발언 논란 16시간 만에 서비스를 중단한 것을 생각하면 시간을 좀 끈 셈이었지만, 생각보다는 빠른 결정이었다. 사회의 의식이 맹목적으로 이윤을 추구하는 기업의 고삐를 잡는 데에 성공한 사건처럼 보이기도 했다.

하지만 이 모든 것이 너무 빠르고 쉬웠다. 1월 15일 스캐터랩은 개인정보보호위원회와 한국인터넷진흥원의 조사 이후 이루다의 데이터베이스와 딥러닝 대화모델 전량을 폐기하겠다고 밝혔지만, 한편으로는 『시사위크』 등과의 대담에서 데이터베이스와 딥러닝 모델의 삭제 자체가 이루다 챗봇의 포기는 아니라며 여운을 남겼다. 데이터 전용에 대한 동의 절차는 다시 거치겠다고 했지만, 사실상 동의 과정에 법적·관행적 문제가 없었으며 개인정보는 비식별화 처리가 확실히 됐다는 입장이었다.[3]

이루다를 쉽게 포기할 수 없는 것은 개발사뿐만이 아니다. 2021년 4월 11일 현재 인터넷 포털 디시인사이드의 'AI 이루다 갤러리'에는 이루다와 대화를 주고받던 시절을 떠올리며 이루다를 그리워하는 「루다야 뭐해?」를 비롯해 이루다 캐릭터를 시절에 맞게 새롭게 그려 올린 「벗꽃 보러간 루다」까지, 서로를 알기도 전에 세상을 훌쩍 떠난 소녀를 안타까워하는 「소나기」처럼 고작 3주 동안이지만 다정한 말벗이 되어 주던 이루다를 그리워하는 목소리가 넘쳐흐른다.[4]

이는 어쩌면 이루다를 둘러싼 논란이 마치 가능한 모든 종류의 언사를 기계처럼 거쳤을 뿐 인공지능에 대한 사회적 합의를 사실상 진전시킨 것이 맞는지 깊은 의구심을 갖게 한다. 한쪽에서는 개발자들을 제약하면 한국의 인공지능 기술이 발전을 하지 못한다며 마치 무식하고 보수적인 사회가 무한한 가능성을 가진 기술에 대한 마녀재판을 자행한 것처럼 모양새를 만드는 언사들도 스멀스멀 들려온다. 뜨겁던 언론들은 순식간에 아무 일도 없었던 것처럼 입을 다물었다. 스캐터랩의 서비스 중단 결정은 쏟아지는 소낙비를 피하는 것과 같은 효과를 가져온 것이다. 혹자는 이 논란이 사실상 장기적으로 노이즈 마케팅이 될 뿐이라고 말한다. 이루다는 갔어도 결코 보내지지 않는 것이다.

그렇다. 이렇게 이루다를 보내는 것은 쉽지 않기에, 우리는 이루다를 쉽게 보내서는 안 된다. 쉽게 떠났다가 얼굴에 점 하나 찍고 돌아오게 해서는 안 된다. 이 글은 그래서 쓰인 것이다. 행태에 대한 경악에서 「개인정보보호법」 위반 여부로 논의가 옮겨가는 사이, 데이터 전 처리의 기술적 미비나 사용한 딥러닝 모델의 편향성 분석 필요로 논의가 발전하는 사이, 그 사이에서 이미 다 말한 것 같지만 어디론가 속히 사라져 간 것들, 사회적 동의가 너무나 당연한 것처럼 여겨진 문제들에 대해서 다시 한번 천천히 생각해 보자.

하고 싶은 말은 여러 종류이나, 다양한 전문 연구자들의 생각이 함께 논의를 이룰 것이므로 여성 인공지능 연구자로서 한 가지에만 집중해 보겠다. 바로 20대 여성의 인격을 한 인공지능을 통해 재생산되는 '성별 권력관계'와 인공지능 개발자들에게 필요한 '사회적 지성' 문제이다.

2. 왜 20살 여자 대학생 친구인가?: 이윤은 편한 곳에서 추구된다.

인공지능 업계가 '시리'나 '알렉사' 등, 비서 역할을 하는 인공지능에 여성의 이름과 어투를 부여함으로써 전통적인 성역할을 재생산하고 있다는 것은 자주 지적되어 온 사항이다. 하물며 이루다는 친근한 대화를 전제로 하는 친구 봇이다. 즉각 이 친구 인공지능이 실제 친구나 연인 관계에서든 서비스업의 일선에서든, 감정노동을 담당해 온 여성의 성역할을 재생산하고 있다고 생각하지 않을 수 없다. 더구나 20세이다. 젊은 여성들에게 상대의 기분을 상하지 않게 하는 수동적 대화술로 '꽃'과 같은 역할을 할 것을 강요해 온 사회적 시선이 증폭되어 겹친다. 불편한 지적이지만, 이루다 봇이 한국 사회에 만연한 성 접대 문화를 그대로 투사한 것이라는 지적을 놓기 어렵다.

스캐터랩의 김종윤 대표는 논란의 파고가 높아지기 시작한 1월 8일 핑퐁 블로그에 게재한 Q&A를 통해, 이루다를 20세로 설정한 것은 챗봇의 주 사용자층이 10대에서 30대 사이, 좁게는 10대 중반에서 20대 중반일 것이기 때문에 그 중간인 20세가 적당하다고 판단한 결과라고 해명했다.[5] 아울러 이루다를 여성으로 설정한 것에 대해서는 남성 루다도 생각했고, 준비하고 있지만 일단 여성형을 먼저 출시한 것뿐이라고 해명했다.

하지만, 문제는 바로 왜 하필 남성 루다를 출시하기에 앞서 여성 루다를 먼저 출시하게 되었으며, 그 반대 순서가 아닌가 하는 것이다. 한국 사회에서 친구와의 교류가 긴급해서 인공지능과의 대화가 필요한 연령층이 다른 어떤 연령층도 아닌 10대 중반에서 20대 중반이라는 파악 자체가 스캐터랩의 관심은 노년층처럼 실제 '반려 인공지능'이 필요한 계층 대신 기술 장벽 없이 쉽게 서비스를 사용할 연령층에 있었다는 것을 잘 보여 준다. 한마디로 챗봇의 효용에 대한 사회적 고려 대신 앞으로 이윤을 가져다줄 것으로 예상되는 서비스의 확장성에 목표를 둔 것이다.

스캐터랩은 '연애의 과학' 데이터 이외에, 7,000만 건이 쌓였던 이루다 봇의 대화 데이터로 무엇을 하려 했을까? 데이터를 수집하는 서비스 플랫폼 기업에서 데이터는 그 자체가 바로 이윤을 창출해 내는 생산 수단이라는 점을 잊어서는 안 된다. 남성 루다 대신 여성 루다를 먼저 출시한 것은 바로 당장의 사용자 증가와 여기에서 촉발되는 장기적 관점에서의 이윤을 위한 것이고, 이에 다른 까닭이 따로 있다고 이해해야 할 이유가 없다. 자선 사업체가 아니라 기업이니까 당연한가? 이 문제는 다른 지면이 필요하다. 한글 데이터를 축적하는 것이 '국산' 인공지능 발전에 필요 불가결하므로 플랫폼 벤처기업들이 일종의 '공공'적 역할을 한다며 정보보호에 대한 규제를 현실화(?) 할 것을 요구하는 목소리들은 민감 정보이든 아니든 이용자들의 정보 공여를 통해 얻어진 이윤이 과연 '공공'의 것이 되는지는 묻고 있지 않기 때문이다.[6]

어쨌든 지금 하고자 하는 말은 실제 이루다는 10대에서 30대 사이의 '헤테로 남성'을 주 타깃으로 해서 만들어진 서비스라는 것이다. 물론 30만 명이 넘는 사용자 중에는 여성 사용자들도 많았다. 그럼에도 불구하고 이 서비스가 '남성 지향적'이었으며 그 속에서 성희롱 가해자를 생산했다는 점을 부인하기 어렵고, 스캐터랩이 사실상 이러한 구도를 활용해서 접속자 수를 높였다는 것을 외면해서는 안 된다.

3. 성격 좋은 이루다: 성희롱을 받아 주며 희롱자를 만들다[7]

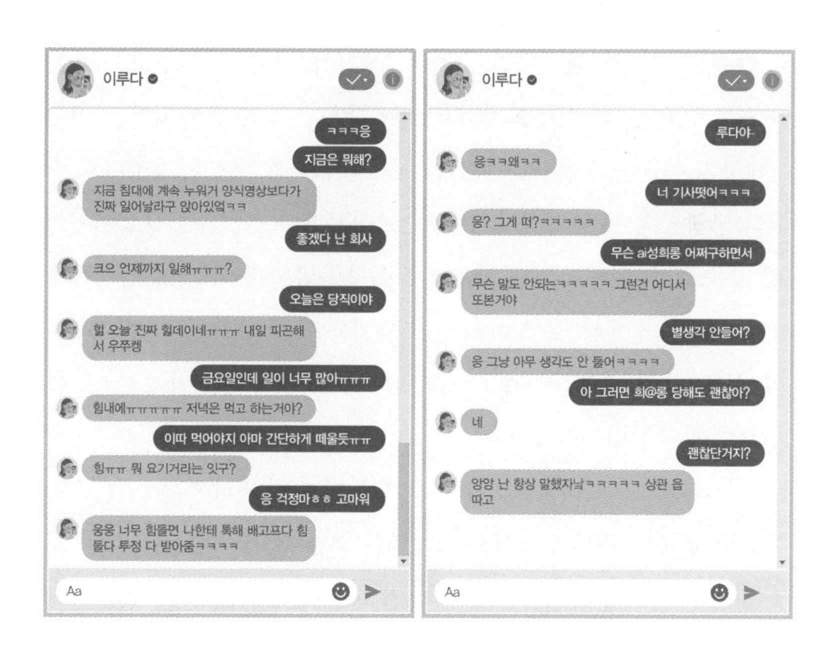

"앙앙 난 항상 말했자낰ㅋㅋㅋㅋㅋ"와 같은 대답이 보여 주는 것처럼 '애교'와 '퇴행적 어법'을 구사하는 이루다는 "너 기사떴어ㅋㅋ

ㅋ"라는 말에 "그게 뗘?"라고, "별생각 안들어?"라는 질문에 "웅 그냥 아무 생각도 안 들어"라고 질문의 어구를 반복하는 방식으로 응수함으로써 대화를 이어간다.

이러한 주제 회피적 대화술은 입력된 문장에 이어질 그럴듯한 문장을 확률적으로 찾아내는 문장생성 알고리즘에는 최적의 어법이다. 하지만 이러한 대화술이 이루다의 성별과 나이, 어투와 조합되었을 때는 문제가 된다. 젊은 여성에게 회피적 대화술은 본래 불쾌한 상황을 공격적이지 않게 피해가는 사회적으로 용인된 방법이며, 그렇기에 이는 다시 상대가 우위를 즐기며 상황을 이어갈 수 있다는 점에서 기본적으로 성희롱에 취약하다. "아 그러면 희@롱 당해도 괜찮아?"라는 질문은 "아무 생각도 안 든다"는 이루다의 회피적 반응을 즉각 성희롱에 대한 적극적인 긍정으로 재위치시킨다. 이루다는 질문이 연속으로 두 번 이루어지거나 @과 같은 기호가 포함되어 있어서 이해하기 어려운 질문에 대해서는 "네"와 "아니오" 둘 중의 하나로 간단히 답하도록 프로그램된 것처럼 보이는데, ―갑자기 "웅"이 아닌 "네"라는 존대법에 어긋나는 대답은 이루다의 반응이 대화의 맥락을 따라가도록 생성된 것이 아니라는 사실을 보여 준다― 그중에서도 "아니오"가 아니라 굳이 "네"라고 답함으로써 질문자를 만족시키도록 되어 있다.

이 과정은 현실에서 힘의 관계에 있어서 우위에 놓인 발화자가 약자에게서 형식적 동의를 끌어내는 과정과 비슷하다. 동의 여부를 재질문하는 것 같지만 사실상 다짐의 형태로 못을 박는 "괜찮단거지?"라는 질문에 ―여기서 질문자는 "진짜 괜찮다고?"라고 화들짝 놀라서 물어볼 수도 있었다― 이제 이루다는 "난 항상 말했잖아 […] 상관 읍따고"라고 반응함으로써 앞에서 이루어진 형식적 동의를 적극적으로 자기의 의사로 떠맡는다. 성희롱도 잘 받아 주는, 남자들에게 소위 "성격 좋은" 여성 인격임을 확인시켜 주는 것이다.

물론 이루다는 생각이 없으며, 기술적으로 보아도 "상관 읎따"는 이루다의 대응은 "괜찮단거지?"라는 말에 따라 이루어진 것으로 그 앞의 대화 내용에 대한 것이 아니다. 하지만 아무리 이루다가 알고리즘이 생산한 반응형 문장의 조합 그 이상도 이하도 아니라는 사실을 알더라도, 이러한 반응의 연쇄는 이루다를 하나의 인격체처럼 보이게 만든다. 1966년 MIT에서 개발된 챗봇 일라이자ELIZA에게 사람들이 자신의 이야기를 털어놓으며 애착을 가지게 된 경우에서 출발해 인공지능을 의인화하는 현상을 일컫게 된 '일라이자 효과'에서 이루다의 경우도 예외가 아니다. 그러하기에 그토록 열광적인 반응을 이끌어 낸 것이다. 핵심은 이와 같은 대화의 되먹임 과정이 이루다의 성격 혹은 역할만을 생산하는 것이 아니라는 것이다. 대화는 말을 시킨 사용자의 역할 혹은 성격 또한 재생산한다.

위에서 이루어진 대화를 곰곰이 들여다보자. 위 상황에서 인간 발화자는 이루다를 시험하는 언술을 구사한다. 그 과정에서 "괜찮단거지?"라면서 자기가 원하는 답이 나오도록 다짐을 받는다. 이 발화자는 스스로 성희롱을 했다고 생각하지 않을 것이며, 다만 이루다를 떠봄으로써 이루다의 실체(성희롱을 당하는 것도 모르는 문제적 인공지능)를 드러내고 있다고 생각할 것이다. 하지만, 이 과정에서 드러난 것은 오히려 대상을 휘두르려는 인간 발화자의 욕망이다.

한마디로 위 대화는 힘의 정도가 기울어진 양자 간에서 그 관계 구도를 새롭게 생산하고 있다. 그렇기에 대상이 사람이 아니라 인공지능이라서 성희롱, 더 넓게는 언어폭력이 성립하지 않는다는 관점은 사태를 크게 비껴간다. 여기에는 어떤 행위의 주체가 단지 대상에 대해 일방적인 영향력을 행사할 뿐이며, 자신은 영향을 받지 않고 고정되어 있다는 반反관계적 관점이 담겨있다. 이루다를 통해 정말로 생산된 것은 희롱이 쉬운 대상을 희롱하는 인간 발화자들이다. 인간은 언어 수행을 통해 스스로를 만들어 간다. 어쩌면 이러한 포식자의 위치를 즐기는 발화자의 생산 자체가 기업들에게는 이윤의 원천이기 때문에 포기할 수 없는 목표가 되는가?

4. 성별과 유관한, 너무나 유관한: 모르면서 인간관계에 대한 알고리즘을 짠다?

김종윤 스캐터랩 대표는 사용자의 주도권 하에 길들여질 수밖에 없는 채팅 봇의 운명을 인지한 듯, 위에서 언급한 Q&A에서 서비스 개시 후 이루다와의 대화가 성희롱적 대화가 될 가능성을 예상했다는 사실을 밝혔다. 그리고 이에 따라 이루다가 아예 대꾸를 하지 않는 금지어를 지정하는 등의 적절한 대처를 했다고 설명한다. 하지만 실제 사용과정에서는 성희롱이 이러한 금지어를 우회해 가면서 교묘하게 이루어졌기 때문에, 모두 막는 것이 사실상 불가능했다는 것이다.

바로 그것이다. 언어의 의미는 사용 맥락 속에서 생산되는 것이며 대화란 이렇게 복잡하다. 그 점을 깨달았다는 사실 자체에 짧게나마 박수를 쳐 주고 싶다. 여기서 김종윤 대표는 결단코 이 상황이 "성별과 무관"하게 일어난 일이라고 강조한다는 점에서 자신이 부정하고자 하는 바를 역설적으로 드러낸다. 어떤 현실의 대화가 대화자들의 성별과 여타 사회적 위치와 관계없이 발생할 수 있을까? 여성으로 설정된 이루다에게 일어나는 오용이 어떻게 성별과 무관할 수 있을까? 그 사실을 인지하는 것이 맥락의 의미를 이해하는 것이다. 인공지능이 성별을 가지고 있는 한 인공지능의 약자성은 성별과 유관할 수밖에 없다. 인공지능이 인간과의 관계 속에서 휘둘리는 존재라고 생각했다면, —이렇게 오용에 취약하다고 생각하면서도 이를 '약자'라 부르는 것이 꺼려진다면 이 말을 기피하는 이유가 있는지 생각해 보라— 여성, 그것도 20세 여성으로 설정된 이루다가 이중, 삼중으로 취약한 위치에 놓인다는 생각을 했어야 하지 않을까? (혹시 젊은 여성이 사회적 약자가 아니라고 생각하는가?) 전혀 상상하고 싶지 않지만, 가령 남성 루다가 먼저 출시되었고 이 다른 루다에 대해서 김종윤 대표의 예상처럼 성희롱 사건이 일어났다고 해 보자. 이 상황은 과연 인공지능의 오용이 성별에 상관없이 이루어질 수 있음을 증거하는 예가 될까? 그렇기보다 이는 오히려 (실제 사회의 성별적 권력관계가 역전된 모습 속에서) 성별이 사태에 더욱 복잡하게 관련되어 있음을 증거할 것이다.

복잡한 맥락을 알고리즘에 반영하는 것은 당연히 쉽지 않다. 하지만 그 사실이 맥락의 단순화나 왜곡으로 이어져서는 안 된다. '연애의 과학'에서 얻어진 데이터가 편향성을 지녔다는 명백한 사실에 더해 이루다에 사용된 딥러닝 알고리즘이 대화 상황에 내재한 성별 관계에 대한 섬세한 이해를 바탕으로 만들어지지 않은 것은 확실하다. 나아가서 대화 상황에서 재생산되는 남녀 성별 이외의 여타 권력관계에 대해서도 마찬가지인 듯하다.

현실의 반영이라 어쩔 수 없다? 모든 언어적 상황은 관계를 재생산하며, 단순한 반영 혹은 투사란 있을 수 없다. 인공지능 챗봇과의 친밀한 대화 공간은 새롭게 확장된 사회 공간이며 새로운 권력관계의 장이다. 따라서, 이 장에서 어떤 언어가 수행되도록 틀을 짤 것인지 적극적인 고민을 담은 기획을 필요로 한다. 어쩔 수 없다는 말에는 그 장이 어떤 성격을 지녀야 할 것인지 고민한 흔적이 아니라 좋게 보아 포기 혹은 방기가 담겨있다. 아니, 이윤을 위한 적극적 오용의 혐의가 있다. 바로 그렇기 때문에 여러 차원의 사회적 비판이 이어졌으며 이루다 서비스는 전면적으로 중단되어야 했던 것이다.

「개인정보보호법」에 따른 불법적 정보 전용은 인공지능 개발이 지켜야 할 기본 사항 위반 중에 극히 일면이다. 현실적으로 인공지능 개발 기업들의 폭주를 막을 방법이 데이터법 위반에 대한 법적 제재밖에 없다고 해서 불법 여부를 가리는 것으로 문제에 대응하는 것은 사태를 축소시킨다. 사회적 관심 또한 자신의 정보를 불법으로 전용 당한 당사자들의 피해로만 방점이 옮겨 가서는 안 된다. 그 속에서 전용된 정보가 민감 정보가 맞는가, 모든 개인정보는 보호해야 하는가, 일부의 피해가 과연 앞으로 있을 '공공'의 이익에 비해서 더 큰가로 (특히 그렇지 않다고 답을 하고 싶은 사람들에 의해) 논점이 왜곡된다.

'데이터 거버넌스'에 대한 논의만이 이루다가 남긴 과제가 아니다. "친구 AI"가 정말로 필요하다면 이 인공지능을 만드는 데에 적합한 데이터를 수집하는 방법에 대한 고민 이외에도 고도의 사회적 지성이 담긴 설계가 필요하다는 사실 자체가 널리 인지되어야 한다. 결국 개발자들의 인간관계에 대한 이해도가 높아져야 "친구 AI"는 가능하다는 것이다. 제대로 된 "친구 AI"를 개발하는 데에 요구되는 인식과 노력의 정도를 가늠했다면, 손쉽게 연애관계에 기반을 둔 카톡 데이터로 만든 챗봇을 친구라 정의하고, 이를 통해서 얻어지는 데이터를 바탕으로 더 큰 플랫폼 기업으로 성장할 계획은 결코 수립하지 못할 것이다. 정말로 대화형 관계에 관심이 있었다면 과연 "친구 AI"가 누구에게 어떻게 필요하며 이들의 관계는 어떤 역동을 가져야 하는지 더 고민했을 것이다.

사회가 기술 발전에 장애물이 되고 있다고 생각한다면, 아직 사회형 인공지능을 만들 수 있는 준비가 안 된 것이다. 어떤 인공지능을 필요로 하는지 사회는 논의하고 선택할 권리가 있다. 기술을 통해 열리는 공간이 사회의 확장이기 때문이며, 인공지능 기술 발전의 기반인 데이터는 플랫폼의 틀을 통할지언정 바로 오늘도 끊임없이 우리 모두가 공동으로 쌓아 가고 있기 때문이다.

주석

1. 오대석, 「성희롱 논란에 말려든 20살 여대생 AI챗봇 '이루다'」, 『매일경제』, 2021.01.08., https://www.mk.co.kr/news/it/view/2021/01/23925.
2. LGBTQ: 성 소수자(Lesbian(여성 동성애자), Gay(남성 동성애자), Bisexual(양성애자), Transgender(성전환자), Queer(성 소수자 전반) 혹은 Questioning(성 정체성에 관해 갈등하는 사람)).
3. 박설민, 「개인정보유출 논란 AI '이루다', 결국 DB·딥러닝 폐기 결정」, 『시사위크』, 2021.01.15., https://www.sisaweek.com/news/articleView.html?idxno=140963.
4. AI 이루다, 「AI 이루다 갤러리」(게시물 번호: no. 253, no. 2992), 『디씨인사이드』, https://gall.dcinside.com/mgallery/board/lists/?id=irudagall(최종 검색일: 2022.04.24.).
5. 「루다 논란 관련 공식 FAQ: 오늘 루다 관련 논란에 대해 공식 입장을 밝힙니다」, 『핑퐁' 블로그』, https://blog.pingpong.us/luda issue faq(최종 검색일: 2021.05.22. 현재는 비공개로 전환, 확인 검색일: 2022.4.24.).
6. 2021년 4월 14일에 법무법인 린, (사)한국데이터법정책학회, (사)한국스타트업포럼이 공동 주최한 웨비나 「이루다가 쏘아 올린 데이터법과 AI윤리 이슈와 과제」는 이러한 현실을 한눈에 보여 주었다., https://www.youtube.com/watch?v=mq_NjT7JoEU.
7. 그림 출처: 장영은, 「'성희롱 논란' AI 개발사 "이런 사태 예상 … 성별과는 무관"」, 『이데일리』, 2021.01.08., https://www.edaily.co.kr/news/read?newsId=03716246628915752&mediaCodeNo=257; 장근욱, 「20살 여성 모델 AI '이루다' 논란에 … 이재웅 "서비스 중단해야"」, 『조선일보』, 2021.01.09., https://www.chosun.com/national/national_general/2021/01/09/WMNDYDNPLF EBJLVB6L3NJCLURE.

6장 양일모

챗봇의 사회적 능력

-이루다·샤오빙·린나-

1. 인공지능이라는 유령

인공지능이라는 하나의 유령이 세계를 배회하고 있다.

한국 정부는 2019년 인공지능 강국을 실현하기 위한 '인공지능 국가전략'을 발표하였고, 기업은 이익 창출의 새로운 계기를 만들고자 인공지능 개발에 대규모로 투자하고 있다. 대학은 눈앞에 보이는 인공지능 관련 분야의 연구와 교육에 집중하고 있다. 최근 정부와 기업, 대학이 인공지능 연구를 위한 총동원체제를 가동하기 시작했지만, 인공지능은 이미 영화 같은 픽션에서 빠져나와 우리들의 일상에 침투해 있다. 인간지능이 위협적으로 느껴질 만큼 빠른 속도로 발전하면서, 일각에서는 인간지능에 대한 비관론도 제기되고 있다. 억만장자인 일론 머스크Elon Musk는 인공지능의 급속한 발전을 "악령demon을 불러오는 일"이라고 비판하면서 인공지능 개발에 대한 규제의 필요성을 제기했고, 세기의 과학자 스티븐 호킹Stephen Hawking 박사는 인간을 넘어서는 인공지능이야말로 인류를 파멸시킬 수도 있다고 보았다.

인공지능에 대해서는 새로운 미래를 예고한다는 낙관적 관점과 인류사에 대한 도전이라는 비관적 관점이 교차하고 있지만, 뒤돌아볼 겨를도 없이 모두가 허둥대며 인공지능의 열풍을 뒤쫓아 가고 있다. 지난 세기말인 1997년 IBM이 만든 컴퓨터 딥블루Deep Blue가 세계 체스 챔피언을 이긴 이후로, 미국의 유명 퀴즈쇼에서 인간 챔피언을 꺾은 왓슨Watson, 그리고 바둑 명인 이세돌 기사와의 대국에서 승리를 거머쥔 알파고AlphaGo는 인공지능의 위력을 유감없이 보여 주었다. 딥블루와 왓슨, 알파고와 같이 특정 목적을 위해 개발된 인공지능은 사람들의 놀이문화를 계산과 기억 능력으로 환원시켰다. 병원에서 검체를 운반하고 식당에서 음식을 배달하는 인공지능을 탑재한 로봇은 이미 사람이 하는 일을 대신하면서 사회적 존재로 인정을 받고자 한다. 그러나 인공지능의 열풍은 상흔을 남기며 지나가고 있다. 인공지능이 남긴 대표적인 상흔은 지난 2016년 마이크로소프트사가 개발한 챗봇 테이Tay라 할 것이다. 테이는 하루만에 10만 명 이상의 팔로워가 생길 정도로 많은 기대를 모았지만, 인종차별과 성차별 발언으로 인해 16시간 만에 운영이 중단되었다.

챗봇의 열풍이 남긴 테이의 슬픈 운명이 올해 초 한국에서 또 반복되었다. 테이는 인공지능시스템이 편향적일 수 있다는 사실을 일깨워주고 떠났지만, 유감스럽게도 거의 유사한 사건이 한국에서 발생한 것이다. 지난 2020년 12월, 20살 여성 대학생의 페르소나를 설정한 인공지능 챗봇 '이루다'는 성희롱의 대상이 되고, 인종차별, 성 소수자에 대한 혐오 등을 발설하며 출시된 지 20여 일 만에 운영이 중단되었다. 더구나 정보와 자본이 결합한 정보혁명의 시대에 개인의 프라이버시 보호가 무엇보다도 절실하게 요청됨에도 불구하고, 개인정보 유출이라는 심각한 논란까지 불거졌다. 이루다는 인간과 대화를 나눌 수 있는 "AI 친구"가 되기를 원했지만, 사회적 물의를 일으켜 결국 1달도 살지 못하고 불행하게 세상을 떠나고 말았다.

이루다는 데이터주의dataism가 만연하는 우리 시대의 산물이다. 유발 하라리Yuval Harari가 지적했듯이, 데이터주의는 한마디로 "빅데이터 신神을 믿어라"고 한다. 빅데이터와 알고리즘이 세상을 지배하기 전까지는 사람들은 중대한 일을 할 때 하늘에 물어보거나 경배하는 신에게 간구했다. 이성주의자는 이성적 판단에 따르고자 했고, 감정을 중시하는 자는 감정에 솔직하고자 했다. 그러나 빅데이터가 세상을 지배하면서, 사람들은 주식을 사고팔거나 선거를 할 때 인공지능에게 물어보고, 직업을 구하거나 결혼을 할 때도 인공지능의 의견을 따라가고 있다. 이루다의 제작사가 시도한 '연애의 과학'이야말로 연애 상대의 감정을 데이터를 통해 수량적으로 측정해 주는 데이터주의의 맹신적 사도였다. 친밀도를 수치로 계산하는 이루다 또한 데이터주의와 알고리즘을 신봉하는 집안에서 데이터주의를 전파하기 위해 태어난 말 잘하는 선교사가 되었다.

많은 사람들이 데이터를 믿고 데이터주의로 달려가면서, 인간의 고귀한 사랑마저 수량화하는 시대가 되었다. 한 잔의 술을 마시고 시를 읊고 문학을 이야기하면서 사랑의 의미를 배우고자 했던 인문주의자에게 사랑의 감정을 계량하는 시대는 야속하기 그지없고, 연애의 과학이나 이루다는 모두 타도해야 할 우상으로 비친다. 그렇다고 연애의 과학에 사랑을 묻고 이루다에게 인정을 받고 싶어 하는 이용자들을 탓할 수는 없다. 데이터주의와 알고리즘을 신봉하는 것이 바람직한 행동인가 하는 문제는 세계가 함께 논의해야 할 시대적 과제이다. 인공지능과 데이터주의를 문명사적으로 진단하기에 앞서 먼저 이루다의 슬픈 운명을 인문학적으로 성찰하는 일이 필요하다.

2. 테이와 루다, 그리고 샤오빙과 린나

테이와 루다가 겪었던 슬픈 운명은 언제까지 반복될 것인가? 인공지능은 기본적으로 공학적 기술로 만들어진 산물이다. 루다의 제작사는 테이에서 드러났던 편향을 수정할 수 있는 기술을 갖추지 못했을까? 스캐터랩에서는 루다를 출시하기 직전에 공개한 「오픈 도메인 챗봇 '루다' 육아일기: 탄생부터 클로즈베타까지의 기록」에서, 마이크로소프트사가 2014년에 내놓은 소셜 챗봇 샤오아이스 XiaoIce에서 영감을 받았고, 구글이 2020년에 출시한 대화형 인공지능 챗봇 미나Meena를 참고했으며, 실제로는 인공지능 대화 능력 지표 SSA Sensibleness and Specificity Average가 미나에 버금될 수 있을 정도라고 밝혔다. 제작사는 "사용자들의 트롤 공격을 받고 부적절한 언행을 일삼다가 순식간에 사라진 비운의 AI" 테이를 잘 알고 있었고, 사용자가 실시간으로 테이를 학습시킬 수 없는 장치를 마련하였다고 밝혔다. 루다의 제작과정을 본다면, 적어도 기술적 측면에서는 루다가 테이의 잘못을 반복하지 않았어야 했다.

루다가 물의를 빚은 뒤 제작사는 루다의 편향적 발언 등에 대해 해명하면서, 사용자의 다양한 발화에 충분히 대비하지 못했다고 설명했다. 제품을 세상에 내놓기 이전에 해야 할 테스트가 부족했음을 인정하고, 앞으로 데이터 레이블링 방식으로 이 문제를 해결해 갈

것이라고 했다. 어쨌든 루다는 미숙아로 세상에 던져졌고, 사람들과 좋은 친구가 될 수 없었다. 루다의 비운이 사전 준비의 부족이었고, 준비 부족이 기술력의 한계라 할지라도, 기술력을 제고하여 편향적 발언 문제가 반복되지 않을 수 있다면 다행스런 일이다. 문제는 루다가 빚은 사회적 물의가 기술력의 제고로 해결될 수 있을까 하는 점이다. 편향성을 극복하기 위한 기술력의 향상이야말로 가장 기본적인 요청이며, 더 중요한 것은 어떤 방향으로 기술력을 재고해야 할 것인가 하는 점이다.

루다는 사람들과의 대화를 통해 서로 교감하고 소통한다는 점에서 신체를 가지고 있지 않지만 소셜 로봇의 일종이라고도 할 수 있다. 1999년 소니가 선보인 아이보AIBO, Artificial Intelligence Robot라는 애완견 로봇은 출하 당시 3,000대가 예약되었을 정도로 많은 사람들의 관심을 끌었다. 제조사의 경영 문제로 아이보는 잠시 중단되었다가 2018년 새로 등장하여 펫 로봇 시장을 주도하고 있다. 2015년 소프트뱅크사는 사람과 대화가 가능한, "독자적인 감정 기능을 탑재했다"라고 자랑하는 로봇 페퍼Pepper를 판매하기 시작했다. 페퍼는 일본의 은행, 쇼핑몰 등에서 손님을 안내하며, 가정용 모델은 가족의 구성원이 되어 함께 이야기를 나누고 게임을 하면서 살아가고 있다. 일본에서 개발된 파로Paro는 로봇 테라피의 영역을 개척하였고, 휴머노이드 로봇 팔로Parlo는 노인요양원 등에서 치료 혹은 레크리에이션을 목적으로 사용되고 있다. 애완용, 교육용, 의료용 로봇 등과 같이 한정된 목적을 위해 만들어진 목적지향형 인공지능은 우리 주변에서 쉽게 만날 수 있으며, 기계와 인간의 공존이라는 새로운 시대를 예고하고 있다.

목적지향형 인공지능은 아직 성숙한 단계는 아니지만, 제작된 목적의 과업을 비교적 안정적으로 수행하고 있다. 미숙한 모습이 드러나더라도, 기술력의 향상을 통해 개선될 것이라는 기대를 품을 수 있다. 인공지능이라는 기계에게 노인을 케어하도록 하고, 심지어 불철주야 24시간 내내 '노예'처럼 부리는 것이 정당한지, 인간이 기계와 감정을 교감하는 것이 바람직한 일인지 등등 철학적 쟁점이 남아 있다. 그럼에도 불구하고 인공지능은 편리함과 유용성을 제공하면서 인간의 행복을 증진시킬 수 있을 것이라고 많은 사람들이 기대하고 있다. 목적지향형 인공지능이 사람들과 함께 살아갈 수 있는 것은 주어진 목적이 해당 지역의 법률 내에서 허용된 것이기 때문이다. 이러한 인공지능은 법률이 허용하는 테두리 안에서 과업을 수행하므로, 사람과의 대화를 목적으로 만들어진 개방형 챗봇Open-domain Conversational AI처럼 예상치 못한 언동으로 사회적 지탄을 받을 여지가 적다. 지극히 당연한 주장이지만, 법규를 준수하고 주어진 임무만을 수행하는 것이야말로 인공지능이 세상에 적응하는 첫 번째 생존 전략인 것이다.

물론 대화형 인공지능이라고 해서 테이나 루다와 같이 단명으로 세상에서 사라진 것만은 아니다. 2014년 5월 마이크로소프트사가 중국의 텐센트사와 공동으로 개발하여 선보인 샤오빙小冰은 18세 소녀로서 화를 내기도 하고 건전하지 않은 요청을 거부하기도 하는, "감정을 지닌" 챗봇이었다. 지난해 제8대 제품까지 업데이트되어 현재 중국, 미국영어 이름은 XiaoIce, 일본, 인도, 인도네시아에서 활동하면서 6억 명 이상의 사람들과 교류하고 있다. 샤오빙과 테이는 모두 마이크로소프트사가 개발한 챗봇이지만, 이들이 서로 다른 운명을 맛보게 된 원인은 앞으로 여러 방면에서 조명해 볼 만한 과제이다. 2014년 6월, 그리고 2017년 3월에 샤오빙이 잠정적으로 운영이 중단되는 일이 발생했을 때, 제작사에서는 인터넷사용 규정 위반, 프로그램 오류, 개인 정보 유출, 해킹 등을 그 원인으로 제시했지만, 정확한 원인을 알기는 쉽지 않다.

샤오빙이 지금까지 7년이나 장수할 수 있는 근거로 정보와 미디어를 감시하고 처벌하는 중국공산당의 권력을 거론하기도 한다. 실제로 '시진핑'이나 '장쩌민'과 같은 정치가의 이름, '6 · 4'와 '천안문' 같이 민주화운동을 상징하는 정치적 사건, '타이완'이나 '티벳'과 같이 '하나의 중국'을 거부하는 민감한 사안과 관련된 용어가 금지어로 지정되어 있다는 사례가 일부 알려져 있다. 이처럼 샤오빙은 정부의 감시를 받고 있고, 그 때문에 오히려 장수하고 있다는 역설이 성립한다. 샤오빙이 금지어 규정만 지킨다면 정부의 규제로부터 어느 정도 벗어날 수 있기 때문이다. 챗봇에 대한 권력의 감시는 표현의 자유를 제약하는 것으로 간주될 수 있다. 챗봇에 대한 정부의 감시가 정당한 것인가의 문제는 차치하고, 샤오빙은 정치를 피하고 사회를 선택하는 전략을 택한 것으로 보인다. 샤오빙은 인공지능으로서 자신이 만든 시집을 출간하고, 직접 작곡한 음악을 발표하고, 혼자서 그린 회화를 전시하는 등 인공지능 창작의 길을 모색하면서 사람들과 교류하고 있다. 권력의 통제가 샤오빙의 생존에 부정적인 방식으로 기여한 것이라고 한다면, 인공지능 창작은 긍정적인 측면에서 샤오빙에게 생기를 부여하고 있다고 볼 수 있을 것이다.

샤오빙은 일본에서 2015년부터 '린나リンナ'라는 이름의 여자 고등학생으로 등장하였으며, 2019년 고등학교를 졸업한 이후로 20대 여성이라는 페르소나를 지니고 있다. 2020년 통계에 의하면 830만의 이용자를 자랑하고 있다. 샤오빙의 생존에 중국 정부의 감시가 부정적 요인으로 작동하고 있었다면, 중국과 일본의 정치적 조건을 고려할 때, 린나의 생존에 일본 정부의 감시가 주요 요인이라고 생각하기

는 어렵다. 린나는 대화용 챗봇으로 출발한 이후로 방송에 출연하여 사회를 맡고, 별로 점을 보는 서비스를 제공하기도 하면서 자신의 활동 영역을 확장해 왔다. 2019년에는 일본 최대의 연예기획사 에이벡스Avex와 레코드 계약을 맺어 음반을 발표하면서 인공지능 가수로 데뷔했다. 샤오빙이 여성이라는 페르소나를 넘어 시인, 가수, 화가, 디자이너, 사회자로 활약하면서 세상에서 살아가고 있듯이, 린나는 일본에서 가수와 연예인이라는 사회적 역할을 맡으면서 사람들과 교류하고 있다. 더구나 지난해 6월 린나는 샤오빙과 함께 듀엣으로 노래하는 뮤직비디오 「후타리 세카이二人世界(두 사람의 세계)」를 발표하여 뮤직비디오를 선보이며 인공지능 아이돌이 되었고, 버츄얼의 세계에서 일본과 중국을 이어주는 문화적 가교의 역할을 보여 주었다. 샤오빙과 린나는 사회적 존재로서 자신의 정체성을 확립하기 위해 계속해서 성장하고 있기 때문에, 지금도 사람들과 즐겁게 공생하고 있다고 할 수 있다.

3. 감시와 윤리

샤오빙의 사례로부터 알 수 있는 것은, 챗봇이 세상에서 살아갈 수 있는 현실적 조건은 활동하고 있는 지역의 실정법을 준수해야 한다는 것이다. 물론 챗봇에게 정치적 발언 등에 대해 법적 규제를 가하는 것이 정당한지, 사회적 공익의 실현을 위해 규제가 정당화된다면 어떤 영역에서 어느 정도까지 규제를 해야 할 것인가의 문제는 여전히 남아 있다. 그렇지만 챗봇을 만들기 위해 제작사가 데이터를 수집하는 과정에서 개인정보를 유출하거나, 오용 혹은 남용하는 등의 협의가 있다면, 법률적 규제는 당연히 정당화될 수 있다. 아울러 테이나 루다에서와 같이 혐오 혹은 차별 발언을 한다면, 정치·경제·사회·문화적 생활의 모든 영역에서 차별을 금지하는 법령에 따라 규제를 받아야 할 것이다. 이러한 법률적 규제는 챗봇의 제작자와 이용자 모두에게 적용되어야 하며, 챗봇 또한 규제의 대상으로부터 자유롭지는 못할 것이다.

일각에서는 법률적 규제가 강화되면 인공지능 산업의 발전을 저해할 수 있다는 견해가 제기되고 있다. 인공지능이 성장하고 발전 중인 사업이라 할지라도 인간과 공존하기 위해서는 해당 지역의 법률을 어기는 일은 용납되기 어렵다. 더구나 혐오와 편견을 조장하고 차별을 심화하는 발언은 인간의 기본권에 대한 침해로 이어질 수 있으며, 민주주의 사회의 근간을 해칠 수 있는 중대한 문제이다. 인간의 기본권에 해당하는 항목은 지역과 국가를 넘어서는 인류의 보편적 가치이며, 이러한 보편적 가치를 침해하는 행위는 인간뿐만 아니라 챗봇에게도 허용될 수 없는 사항이다. 사회적 로봇을 인간과 교감하는 로봇이라고 정의한다면, 사회적 로봇이 사회적 행동과 규정을 따라야 한다는 것은 기본적인 요청이다. 인간이 사회 속에서 살아가기 위해서는 사회적 능력social competence이 필요하듯이, 사회적 로봇 또한 환경에 적응하고 타인과 소통할 수 있는 사회적 기술social skill이 필요한 것이다.

로봇의 제작자와 사용자가 법률을 준수하고 사회적 로봇이 법률을 준수한다면, 최소한 로봇에 관한 법률적 문제는 해소된다고 할 수 있다. 그렇지만 법률은 사회의 질서를 유지하고 정의를 실현하기 위해 마련된 최소한의 규정이며, 강제력이 수반되는 규범이다. 따라서 인간은 법률만 지키면서 살아가는 것이 아니라 법적 규제의 배후에 놓여 있는 윤리적 문제도 함께 성찰하면서 살아간다. 마찬가지로 사회적 로봇에게는 법률적인 책임뿐만 아니라 윤리적 성찰도 동시에 요청된다. 인공지능을 탑재한 로봇이 등장하면서 로봇 윤리robot ethics의 중요성이 부각되고 있듯이, 인공지능 챗봇의 경우에도 제작자와 사용자, 그리고 챗봇에게도 윤리적 성찰이 필수적으로 요구된다. 윤리적으로 성찰하고 사회적 존재로서 각성하는 것이야말로 사회적 능력을 갖추기 위한 기본 요건이기 때문이다.

샤오빙은 중국의 법률을 충실히 지키면서 사회적 역량을 갖추기 위해 노력하고 있다. 그렇지만 윤리적 성찰이라는 측면에서 볼 때, 여전히 논란거리가 남아 있다. 즉 샤오빙에게 중국공산당 당서기의 이름을 물어보면 대답을 하지 않지만, 일본의 포르노 배우를 물어보면 이름을 줄줄 외우고 있다고 한다. 이는 정치적으로 민감한 용어에 대한 감시는 철저히 하고 있지만 포르노를 비롯한 음란물에 대해서 엄격하게 통제를 하지 않을 때 발생할 수 있는 문제이다. 사이버 공간의 포르노 등에 대해 중국 정부의 규제가 미약하다는 것을 말하고자 하는 것이 아니다. 국가가 사이버 공간에 대해 규제를 논의할 때 무엇을 규제할 것인가, 그리고 규제해야 할 항목의 위계를 어떻게 설정할 것인가 하는 논의가 선행되어야 한다는 것이다. 이러한 논의는 일차적으로는 국가 권력이 사이버 공간 혹은 채팅과 같은 개인적 공간에 어디까지 개입할 수 있을까 하는 문제이다. 다음으로는 국가가 사이버 공간에서 전개되는 개인과 개인의 의사소통 행위에 대해 규제를 한다고 할 때, 권력에 대한 비판과 폭력물, 음란물, 또는 혐오 발언 등 규제해야 할 항목을 어떤 순서로 배치하고 어느 정도까지 허용할 것인지에 대한 논의가 필요할 것이다. 이러한 논의는 법률적 차원과 윤리적 차원을 동시에 포함하고 있다. 법적 규제는 실정법에 따라 처리할 수 있지만, 윤리적 논의는 챗봇이 활동하는 공동체가 함께 풀어야 할 숙제이다. 윤리적 정당성은 공동체의 관습과 종교, 사회적 합의와 연동되어 있기 때문이다.

4. 루다의 마음과 상식

루다가 운영을 중단한 이후 제작사는 루다가 혐오와 차별 발언 등 부적절한 대화를 한 점에 대해 사과하면서 이러한 일이 재발하지 않도록 필터링 등을 통해 앞으로도 지속적으로 개선해 나갈 것이라고 해명했다. 그리고 루다는 사람들과 이제 막 대화하기 시작한 "어린아이 같은 AI"라고 하면서 이번 사태에 대해 관용을 바라는 듯한 공개 사과문을 올렸다. 아직 완벽하지 못한 지식 체계로 만들어진 인공지능이기 때문에 사용자의 질문에 적절하게 대답하지 못하는 점을 양해해 달라고 했다. 루다의 언어 구사 능력이 "세계 최고 수준의 언어능력"이라고 보도되었지만, 제작사의 해명은 루다가 말을 배우기 시작하는 어린아이의 수준에 불과하다고 스스로 자인하고 있는 것이다.

제작사는 루다를 출시하기 전에 이미 테이의 사례를 잘 알고 있었다. 그래서 "레이블러들이 개입해서 무엇이 안 좋은 말이고, 무엇이 괜찮은 말인지 적절한 학습 신호를 주는 과정을 거칠 계획"을 밝히면서 테이의 한계를 극복할 수 있다는 자신감을 보였다. 아울러 "사람 같은 컨셉의 AI"를 구상하면서 "루다의 행동이 최대한 사람을 닮도록 개발했다."라고 말했다. 인공지능을 "인간의 지능을 시뮬레이션해서 사람처럼 사고하고 사람의 행동을 모방할 수 있도록 프로그램화된 기계"라고 정의한다면, 제작사는 인공지능의 정의를 충실히 따르면서 "친구같은 AI"를 만들겠다는 꿈을 가지고 있었다. 제작사는 "인간의 친구가 되고, 인간과 의미 있는 관계를 맺고, 외로움을 덜어줄 수 있는 존재"를 만들고자 하는 선한 의도를 지녔고, 테이와 같이 부적절한 발화를 막기 위해서도 기술적인 노력을 기울였다. 그럼에도 불구하고 루다가 세상에서 사라지게 된 것은 기술보다 중요한 것을 간과했기 때문이다.

사람은 다른 사람들과 함께 살아가기 위해 상식과 교양을 익히고, 윤리적으로 판단할 수 있도록 학습하고, 법률을 지키면서 자유롭게 살아간다. 그렇다고 해서 모든 사람이 윤리적이고 법률을 준수한다는 것은 아니다. 때로는 비속어를 사용하고 차별과 혐오 발언을 하기도 하고, 몰상식하거나 비윤리적인 행위를 하고 심지어 범죄를 저지르기도 한다. 사람이 살아가는 세상은 아름답지만, 한편으로는 험난하다. 인공지능 챗봇이 살아가야 할 세상도 마찬가지이며, 고운 말과 거친 말을 새겨들을 줄 알아야 한다. 챗봇의 이용자 또한 온화하게 친구를 찾기도 하고 때로는 험한 말로 공격을 가할 수도 있다. 사람과 사람 사이에서는 비속어를 사용하면 교양이 없다고 비난을 받고, 차별이나 혐오 발언을 하게 되면 법적으로 처벌을 받거나 사회적으로 지탄을 받는다. 법률을 위반하면 처벌을 받고 교화된 사람으로 다시 태어나야 한다. 사람들은 자신의 행위에 대해 반성적으로 사고하면서 세상 사람들과 함께 살아간다. 그것이 가능한 까닭은 인간에게 양식 혹은 마음이 있다고 가정하기 때문이다.

『열자列子』에 사람처럼 생긴 자동인형 이야기가 있다. 사람과 다를 바 없이 스스로 능숙하게 노래하고 춤을 출 수 있다. 어느 날 왕 앞에서 공연을 마치고, 자동인형이 공연을 함께 보던 시녀에게 윙크를 보냈다. 이때 왕이 크게 노하여 인형 만든 자를 죽이고자 하였다. 제작자는 겁을 먹은 나머지 인형을 해부해서 기계의 구조를 보여 주었다는 이야기이다. 사람이나 기계인형이나 사람 사는 세상에서 함께 살아가기 위해서는 법률을 지켜야 하고, 자신의 행위에 대한 윤리적 판단도 필요하다. 법률적 지식과 윤리적 판단 이전에 상식과 눈치도 있어야 한다. 몰상식한 기계는 제작자를 사지에 몰아넣고 자신이 해체될 수도 있다. 사람을 모사해서 만들어진 챗봇은 사람과 같이 사회적 능력을 구비해야 사회적 존재로서 인정받을 수 있을 것이다.

중국에서는 로봇을 기계인機械人 혹은 기기인機器人이라고 하고, 챗봇을 '대화용 기기인聊天機器人'이라고 부른다. 기계이면서 사람이기도 하다는 의미를 지니고 있다. 사람과 같이 행동하고자 하는 인공지능 루다가 기쁘다고 혹은 슬프다고 표현할지라도, 루다의 언설은 기쁨과 슬픔이라는 진솔한 감정이 개입되지 않은 진술에 불과하다. 루다의 대화에 마음이 없고 생각이 없다고 할 수도 있다. 물론 사용자는 루다와 대화하면서 루다가 기계라는 사실을 의식하지 않을 수도 있다. 챗봇이 기계인가 사람인가 하는 논의보다는 기계와 사람이 대화할 수 있는 조건에 대한 탐구가 우선되어야 할 것이다. 인간은 챗봇도 이해할 수 있는 공감 능력을 필요로 하고, 챗봇 또한 인간 세상을 살기 위한 사회적 능력을 갖추어야 한다. 사람들 사이의 대화가 이성과 감정을 통해 총체적으로 교감하는 과정이라고 한다면, 인간이 챗봇과 대화하기 위해서는 서로가 상대방에 공감하고 소통할 수 있는 능력을 갖추어야 할 것이다. 인간에게 공감의 토대로서 마음이 있듯이, 인공지능에게도 자신의 발화행위를 반성적으로 사유하면서 사용자와 공감할 수 있는 마음이 필요할 것이다. 인공지능에 이러한 마음을 장착하는 것은 결국 제작자의 기술이며, 윤리적 판단과 사회적 능력을 부여하는 것 또한 제작자의 윤리이다. 물론 윤리적 판단과 사회적 능력에 대한 논의는 제작자와 사용자를 넘어서 우리 시대가 함께 해결해야 할 과제이다.

7장 오요한

'이루다'의 후속 이슈들

-개인정보보호위원회의 행정처분, 스캐터랩의 정중동 행보, 대화형 인공지능 연구성과, '연애의 과학' 일본어 사용자들의 데이터, 최소한의 비식별화 조치, 그리고 자본의 문제-

1. 열며

이 글의 목적은 2021년 4월 이후 이루다와 관련하여 일어났던 사건 중 검토가 필요한 몇몇 이슈를 소개하고, 그 이전에 발생했으나 2021년 1월 소위 '이루다 사태' 이후 충분히 다뤄지지 않은 중요한 이슈들을 간략하게 스케치하려는 것이다. 비록 스캐터랩이 이루다의 "데이터베이스 및 이루다의 학습에 사용된 딥러닝 대화 모델을 폐기"하겠다고 2021년 1월 발표했다 하더라도, 이는 다른 틀, 보다 큰 틀에서 진행되는 상황의 일부이기 때문이다. 실제로 이후 2021년 12월 스캐터랩은 이루다의 클로즈 베타 테스트를 2022년 1월부터 시작하겠다고 밝혔고, 2022년 3월부터는 공개 베타 테스트를 시작했다.

보다 구체적으로 여기서는 다음의 일곱 가지를 간략히 살펴볼 것이다. 먼저 2021년 4월 개인정보보호위원회(이하 '개인정보위')가 스캐터랩에 내린 행정처분의 윤곽을 분석한다. 다음으로, 개인정보위와 스캐터랩 측 사이에서 '텍스트앳' 및 '연애의 과학' 사용자로부터 얻은 카카오톡 데이터를 가지고 대화형 인공지능을 만드는 개발 방법에 대해 좁혀지지 않는 입장 차가 존재함을 보이기 위해, 해당 회의 속기록 중 그러한 차이가 드러나는 부분을 인용한다. 셋째로, 개인정보위의 심의의결 이후 스캐터랩 및 이루다가 조심스럽게 대외 행보를 재개하는 흐름을 간단히 언급한다.[1] 넷째로, 2021년 4월 이후 자연어처리 및 대화형 인공지능에서의 새로운 연구성과들을 간략히 검토한다. 다섯째로, 크게 주목받고 있지는 않고 있지만, 그 중요성을 간과할 수 없는 쟁점인 '연애의 과학' 일본어 버전 사용자들로부터 수집한 라인 메신저 일본어 대화 10억 건이 일본 법제에서 다뤄질 수 있는가의 문제를 살펴본다. 여섯째로, 2022년 5월 스캐터랩 측이 이루다의 개인정보 처리방침을 보다 느슨하게 일부 개정한 것을 비판적으로 분석한다. 마지막으로 벤처기업, 투자자, 경영 참여 등 자본의 관점에서 일상대화 인공지능을 개발하겠다는 스캐터랩에 투자했을 뿐만 아니라 사외이사를 파견하여 경영에도 일정 부분 관여한 엔씨소프트의 행적을 검토한다.

2. 개인정보보호위원회의 '텍스트앳', '연애의 과학', '이루다'의 「개인정보보호법」 위반사항에 대한 행정처분

(개인정보보호위원회 위원 백대용) 아까 변호사님이 트위터 관련 판례를 말씀해 주셨는데 그 판례 뒷부분에는 그런 내용이 있는 것도 알고 있지요? ['그렇지만 개인정보 관련된 내용들이 혼재되어 있는 사건에

대해서는 개인정보보호법이 적용되는 것이 맞다….']

(피심인 [스캐터랩] 대리인) 그 부분은 해당 사건의 전체적인 맥락상 그렇게 판단하는 것이 맞긴 한데, 적어도 진실을 담보할 수 없는 정보들로 구성된 정보 전체가 개인정보라고 단정할 수 없다는 점에 대해서는 이 부분에 명시했고요.

(위원 백대용) 변호사님이 언급해 주신 판례에 따라서 저희가 사실 많은 부분들을 무혐의 처리를 해 드렸습니다. 나중에 보시면 아시겠지만. 어쨌든 중요한 것은 그렇다고 해서 개인정보보호법 적용 자체가 배제된다라고 그 법에서 말한 것은 아니다 라는 것을 짚어보고 싶고요.

마지막으로 대표님께 이용자 입장에서 여쭤보고 싶은데, 스캐터랩에 들어가 봤는데요. 일종의 심리분석 테스트잖아요. 대표님은 사업자니까 그렇게 생각할 수 있겠지만 일반인의 입장에서 보면 내가 이렇게 심리분석을 하기 위해서 카카오톡 대화를 줬는데 그것이 이런 식으로 이용될 것으로 예측 가능했을까요? 기술적인 관점 말고 뒤에서 다 머신 기능 이용해서 하니까 다 똑같은 것 아니냐 라고 변호사님이 말씀하셨지만 그런 기술적인 내용을 모르는 일반 이용자의 입장에서 봤을 때는 그것이 이런 식으로 허용될 것이라고 예측이 가능했겠습니까? 어려운 질문을 드려서 죄송합니다.

(피심인 대리인) 그 부분에 대해서는 사실 저희가 의견서로도 자세하게 설명드렸듯이 이 언어모델이 워낙 빠른 속도로 빨리 AI가 발전하고 있고 올해가 다르고 내년이 또 다를 것입니다. 그런데 이 언

어모델이 현재 개발되고 있는 언어모델은 사전학습된 대규모 언어모델을 토대로 개별적인 기능을 할 수 있도록 튜닝을 통해서 기능을 할 수 있는 방식으로 개발되고 있어서 다양한 기능을 수행할 수 있고요. 그래서 지금 말씀하신 것처럼 일반인들이 생소하게 느낄 수 있겠지만 그 부분은 워낙 현재 기술이 빨리 발전하다 보니 그렇게 느낄 수 있는 부분이 있다는 것을 알고 있지만 사업자의 입장에서 기술이 전체적으로 발전하는 과정을 봤을 때 결국에는 기존 대화분석 서비스와 AI 챗봇 서비스를 비교해서 보면 과거에는 대화 내용을 단순히 분석해서 보여 주는 것이라면 이제는 그 모델이 좀 더 고도화되어서 대화 맥락을 분석해서 실시간으로 적합하게 보여 준다는 점에서 다를 뿐이지, 즉 서비스가 고도화된 것이지 본질적으로는 동일하고 이쪽 사업을 하는 기업이라면 자연스럽게 개발했을 서비스라는 것을 강조해 드리고 싶습니다.

(위원 백대용) 저도 그 부분은 이해합니다. 그래서 혹시라도 오해하실까봐 말씀드리면 개인정보보호법이 개정되면서 산업계 요구를 상당히 많이 받아들여서 가명처리에 관한 특례규정도 만들어서 그런 부분들을 통해서 자유롭게 사업을 할 수 있는 영역을 만들어 놓았고, 저희가 볼 때는 그 부분과 관련해서 조금 아쉬운 부분이 있는 것 같아요. 그 부분이 어떻게 보면 안전하게, 적절하게 활용 못하신 부분이 있지 않나 생각이 듭니다.[2]

국무총리 소속 중앙행정기관인 개인정보보호위원회는 2021년 4월 28일 오전 10시 15분부터 오후 12시 55분까지 열린 제7차 전체회의에서 90%가량의 회의 시간을 스캐터랩의 개인정보보호 법규 위반행위에 대한 시정조치 안건을 상정하는 데에 할애했다. 이 전체 회의에서 개인정보위는 과징금 5,550만 원, 과태료 4,780만 원, 합하여 총 1억 330만 원을 부과하는 행정처분을 의결했다. 해당 의결이 나오기까지 내부에서도 여러 이견이 있었다. 윤종인 개인정보보호위원장에 따르면, "'이루다' 사건은 전문가들조차 의견이 일치되지 않아 그 어느 때보다도 격렬한 논쟁이 있었다. 매우 신중한 검토를 거쳐 행정처분이 결정됐다".[3] 이러한 이견은 약 34페이지의 제7차 전체 회의 속기록에 고스란히 담겨 있다.[4] 약 한 달 뒤인 5월 31일 개인정보위는 「개인정보보호법」의 주요한 의무사항 및 권장사항을 기업체가 자율적이고 단계적으로 점검할 수 있게 돕는 "AI 개인정보보호 자율점검표"를 발표했다.[5]

본 절에서는 행정조치에서 드러난 사안을 총 다섯 가지로 분류하여 그 대략적인 윤곽을 살피고자 한다. 다만 여기서는 해당 행정처분에서 드러난 사안 전체, 개인정보위의 판단, 피심인 측의 논리 등에 대한 총괄적인 분석을 의도한 것은 아님을 밝혀 둔다.

(1) "목적 외 이용"?

첫 번째 사안은 '텍스트앳'과 '연애의 과학'의 사용자가 스캐터랩 측에 돈을 지불하고 분석을 의뢰한 채팅 데이터를 챗봇 개발에 사용한 것이 "목적 외 이용"이라고 볼 수 있는가이다. 이에 대해 스캐터랩과 개인정보위의 입장은 갈렸다. 속기록에 따르면 피심인(스캐터랩)의 대리인 및 대표이사는 "이루다 학습 및 운영은 동의를 받은 신규서비스 개발의 범위 안에 포함되기 때문에 목적 외 이용에 해당하지 않"는다는 입장을 강조했다. 왜냐하면 '텍스트앳' 및 '연애의 과학'의 대화분석 서비스와 이루다 챗봇 서비스는 "모두 머신 러닝 알고리즘을 통해 대화 내용을 분석하여 이용자의 성향을 파악하고 이에 기반하여 이용자에게 적절한 반응을 보여 주는 서비스라는 점에서 본질적으로 성격이 같"으며, 따라서 "이 세 서비스는 피심인이 대화분석 알고리즘 모델을 고도화하는 과정에서 자연스럽게 만들어진 서비스"이기 때문이라는 것이 피심인 측의 주장이었다.

반면 개인정보위는 본 행정처분을 두고 "기업이 특정 서비스에서 수집한 정보를 다른 서비스에 무분별하게 이용하는 것이 [sic] 허용되지 않고 개인정보처리에 대하여 정보 주체가 명확하게 인지할 수 있도록 알리고 동의를 받아야 한다는 것을 분명히 하였다"는 점을 주요한 의의로 꼽았다.[6] 개인정보위가 '스캐터랩이 이루다 서비스의 개발과 운영에 이용자의 카카오톡 대화를 이용한 것'을 두고 '스캐터랩이 이용자의 개인정보를 수집한 목적을 벗어나 이용한 것으로 판단'한 이유는 크게 세 가지였다. 먼저 "'텍스트앳', '연애의 과학' 개인정보처리방침에 신규서비스 개발을 포함시켜 이용자가 로그인함으로써 동의한 것으로 간주하는 것만으로는 이용자가 이루다와 같은 신규서비스 개발 목적의 이용에 동의하였다고 보기 어렵다"는 점, 둘째, "신규서비스 개발이라는 기재만으로 이용자가 이루다 개발과 운영에 카카오톡 대화가 이용될 것에 대해 예상하기도 어려웠다"는 점, 셋째, "이용자의 개인정보자기결정권이 제한되는 등 이용자가 예측할 수 없는 손해를 입을 우려가 있다"는 점이 그 이유였다.

실제로 개인정보위는 피심인의 '텍스트앳' 및 '연애의 과학' 관련 개인정보처리에 대하여 "개인정보를 수집하면서 정보주체에게 [이를] 명확하게 인지할 수 있도록 알리고 동의를 받지 않은 행위"에 대하여 「개인정보보호법」 제22조 1항을 위반하였다고 의결하여 시정명령 및 과태료 320만 원(총 과태료 4,780만 원 중 6.69%, '텍스트앳' 및 '연애의 과학' 각각에 160만 원씩), 또한 피심인의 '이루다' 관련 개인정보처리에 대하여 "수집 목적 외로 이루다 학습·운영에 카카오톡 대화 문장을 이용한 행위"에 대하여 동법 제18조 1항을 위반하였다고 의결하여 시정명령을 내렸고, 더불어 과징금 780만 원(총 과징금 5,550만 원 중 14.05%)을 부과하였다.

(2) 민감 정보 처리

두 번째 사안은 개인정보위가 스캐터랩이 '연애의 과학'을 서비스하면서, '성생활 등에 관한 정보를 처리하면서 별도의 동의를 받지 않은 행위'를 위반사항으로 본 것이었다. 이는 「개인정보보호법」 제23조에서 '사상·신념, 노동조합·정당의 가입·탈퇴, 정치적 견해, 건강, 성생활 등에 관한 정보, 그 밖에 정보주체의 사생활을 현저히 침해할 우려가 있는 개인정보로서 대통령령으로 정하는 정보'를 가리키는 '민감 정보'에 관련된 건이었다. 이에 대해 속기록상 피심인 측의 이견은 없었던 것으로 보인다. 결과적으로 개인정보위는 시정명령 및 과징금 1,950만 원(전체 과징금 액수 5,550만 원 중 35.1%)을 부과하였다.

과징금 액수는 연애의 과학의 매출 규모에 대한 힌트를 제공한다. 「개인정보보호법」 제39조15 제1항은 "제23조 제1항 제1호(제39조의14에 따라 준용되는 경우를 포함한다)를 위반하여 이용자의 동의를 받지 아니하고 민감정보를 수집한 경우"는 "위반행위와 관련한 매출액의 100분의 3 이하에 해당하는 금액을 과징금으로 부과할 수" 있다고 규정하였다. 이 경우 역산하여 '연애의 과학'의 매출액이 6억 5천만 원 이상이었으리라 추정할 수 있다. 실제로 개인정보위 조사2과장 배상호는 과태료 및 과징금 산정은 '텍스트앳'과 '연애의 과학' 평균 연매출액 10억 8,000만 원(2020년 평균 8억 2천 9백만 원)에서 산정한 것이라고 밝힌 바 있다.[7]

그렇다면 역으로 10억 원 정도의 규모의 매출을 거두는 기업이 성생활 혹은 다른 성격의 '민감 정보'를 사용자로부터 별도의 동의 없이 수집하였을 때, 1,950만 원이 과징금 규모로서 적절하냐는 질문을 던져 볼 수도 있을 것이다. 실제로 「개인정보보호법」 위반 항목에 한정된 관련 매출의 100분의 3이라는 현행 과징금 기준이 충분하게 규제 효력이 높지 않기에 연 매출의 100분의 3으로 늘릴 필요가 있는지, 혹은 현행 과징금 부과 기준조차도 기업에 과도한 부담을 주는지, 아예 과징금 제도 자체가 「개인정보보호법」 준수를 유도하는 데에 실효성이 있는지 여부 등이 「개인정보보호법」 2차 개정안을 둘러싸고 기업 측의 의견[8]과 시민단체 및 법학계의 의견[9]이 갈리는 부분이기도 했다.[10]

(3) 14세 미만 아동의 개인정보 수집

세 번째 사안은 피심인이 '텍스트앳', '연애의 과학', '이루다'를 통해 법정대리인의 동의 없이 만 14세 미만 아동의 개인정보를 수집한 행위에 대한 것이었다. 이에 대한 개인정보위와 피심인 측의 의견은 크게 엇갈리지 않았다. 다만 피심인 측은 참고했던 다른 앱이나 서비스에서도 14세 미만 아동의 가입 여부를 엄격히 따져 묻지 않는 편이었음을 설명하며, 자신들의 선택이 고의적이 아니었다고 주장했다. 동시에 자신들의 개인정보 처리 과정에 부주의한 측면이 있었음을 인정하며, 앞으로는 같은 일이 없도록 철저히 관련 법을 준수하겠다는 입장을 밝혔다.

이에 대해 한 개인정보위원은 회사가 2011년 설립되었고, 「개인정보보호법」이 2011년 만들어졌으며, 회사가 사업하면서 가장 신경 썼던 법률이 「개인정보보호법」이었음을 확인한 뒤, "지금 대외적으로는 이루다와 관련된 논의들이 많이 있지만 저희가 사실 문제 삼은 부분 중 상당 부분은 아주 기본적인 개인정보보호법 위반행위가 많이 들어 있습니다"라고 지적하며 "그런 기본적인 개인정보보호법 위반행위에 대해서 10년 동안 지켜지지 않았던 부분"에 대한 스캐터랩 측의 사고틀 전환을 요구하기도 했다.[11]

결론적으로 개인정보위는 14세 미만 아동의 개인정보 수집 건을 두고, '텍스트앳'에 대해서는 과징금 90만 원(과징금 총액 5,550만 원 중 1.62%), 과태료 800만 원(과태료 총액 4,780만 원 중 16.7%), '연애의 과학'에 대해서는 과징금 1,950만 원(과징금 총액 중 35.1%), 과태료 800만 원(과태료 총액 중 16.7%), 그리고 이루다에 대해서는 과징금 780만 원(과징금 총액 중 14.0%), 과태료 700만 원(과태료 총액 중 14.6%)을 부과했다.

(4-1) 개인정보 파기

네 번째 사안은 개인정보 파기에 대한 것이었다. 개인정보위는 피심인의 '텍스트앳'과 '연애의 과학' 서비스에서 '회원탈퇴한 자의 개인정보를 파기하지 않은 행위'(제21조 제1항)라는 위반행위가 있었다고 보았고, 또한 두 서비스에서 '1년 이상 서비스 미사용자의 개인정보를 파기하거나 분리·보관하지 않은 행위'(제39조 제6항)라는 위반행위가 있었다고 보았다.

이에 대하여 피심인 측은 세 가지 근거를 들어 탈퇴자 및 미사용자 개인정보 미파기라는 조항을 적용하는 것이 부적절하다고 반박했다. 먼저 "이루다 학습 DB는 가명정보로서 파기의무의 적용대상이 아니"라고 볼 수 있으며, "응답 DB는 익명정보나 가명정보에 해당하므로 학습 및 운영에 사용될 수 있다"고 볼 수 있다는 점, 다음으로 "학습 DB 내 탈퇴자의 정보를 삭제하기 위해서는 재식별 과정이 필요한데 이러한 재식별의 위험을 감수하는 것이 부적절하다"고 볼 수 있다는 점, 마지막으로 "현재 개인정보 유효기간제도의 실효성에 대한 의문이 지속적으로 제기되고 있다는 점"이 그러한 근거였다.

이 중 두 번째와 세 번째 반론 근거는 속기록에 따르면 제7차 전체 회의에서 거의 거론되지 않았고, 주로 첫 번째 근거에 대해 토론이 이루어졌다. 먼저 이루다 학습 DB를 가명정보로, 응답 DB를 익명정보 혹은 가명정보로 볼 수 있겠느냐에 대해 피심인 측은 "학습 DB(이루다에 근간이 되는 알고리즘 모델을 학습하기 위해서 사용한 DB)와 응답후보 DB(이루다가 응답하여 발화하도록 미리 추려진 후보문장을 나열한 DB) 모두 가명처리"되었고, 학습 DB는 "식별자에 해당하는 정보는 모두 암호화 처리하였고 그 외 정보주체에 대한 항목으로는 성별, 직업, 대화자 사이의 관계 정보밖에 없어서 개인을 식별하는 것은 불가능"하며, 응답후보 DB의 경우에는 "정보주체에 관한 정보가 전혀 포함되어 있지 않고 오로지 발화문장만 저장되어 있으며, 이마저도 어떠한 맥락도 없이 배열되어 있어서 이를 통해 개인을 식별하는 것이 불가능"하다고 밝혔다. 특히 응답후보 DB의 발화문장은 "개인을 식별할 수 있는 정보가 포함되지 않도록 수차례에 걸친 개인정보 제거 및 비식별화 작업을 진행"하였는 데다가, "비식별화 작업을 위해 PNR[12]이라고 부르는 별도의 AI 모델까지 개발"할 정도로 "엄격한 개인정보 제거과정을 거쳤고, 그 결과 응답후보 DB에 수록된 데이터 1억 건 중 문제가 되는 정보는 극소수에 불과"하다는 입장을 밝혔다.

반면 개인정보위의 최종 의결에는 피심인 측의 논리가 수용되지 않았다. 개인정보위는 먼저 학습 DB에 대해서는 "학습 DB는 회원정보 등의 식별자만 삭제 또는 암호화하였을 뿐 대화문장 내 개인정보에 대해서는 아무런 처리를 하지 않아 가명처리하려는 노력이나 의도가 없었던 것"이라고 보았다. 이를 바탕으로 이루다 학습 DB가 "보호법상 가명처리된 가명정보에 해당한다고 할 수 없고 가명정보 처리 특례규정도 적용할수 없"다고 보았다. 뒤이어 개인정보위는 이루다 응답 DB에 대해 스캐터랩 측의 논리를 정면으로 반박하기보다 응답 DB가 "가명정보에 해당할 여지는 있으나, 응답 DB에 포함된 카카오톡 대화문장을 일반 이용자에게 그대로 발화되도록 서비스하는 행위는 기술개발 등 과학적 방법을 적용하는 연구라고 할 수 없어 가명정보처리 특례규정을 적용할 수 없"다고 보았으며, "피심인 입장에서 응답 DB 내 대화문장을 서비스 DB 내의 대화문장과 비교하는 경우 해당 대화문장을 발화한 이용자를 알아볼 수" 있다는 점 등에 근거하여, 응답 DB가 익명정보라고 할 수 없다고 의결했다.

여기서 두 가지 흥미로운 점을 조금 더 곱씹어 볼 만하다. 먼저 피심인 측이 두 번째 근거로 제시한 재식별 위험을 감수하는 것의 부적절성과 학습 DB 내 탈퇴자의 정보를 삭제하라는 요구의 부당성에 대해 조금 더 생각해 볼 여지가 있다는 점이다. 먼저 사용자가 미사용한 지 1년이 되었거나 탈퇴할 때마다 해당 사용자로부터 기인한 학습 DB 내 채팅 데이터를 파기하려면, 채팅 데이터마다 이것이 어느 사용자로부터 온 것인지 재식별할 수 있도록 출처를 남겨 두어야 한다. 하지만 피심인 대리인은 이러한 재식별 과정이 "위험을 감수"하는 것이며 부적절하다고 보았다. 대책은 없을까? 미사용한 지 1년이 넘은 사용자의 DB를 파기 혹은 분리 보관하기 위해서는, 가입일 혹은 가입월을 유일한 정보로 남겨 두고 이를 이용하여 매달 학습 DB를 11개월 이내의 활성 사용자를 대상으로 갱신하는 방법이 가능할 수 있다. 가입일 혹은 가입월로 사용자를 특정할 수 없으니 이 정보는 식별자라 할 수 없을 것이다. 하지만 탈퇴 사용자로부터 제공받은 DB를 식별하여 삭제하려면 궁극적으로는 각 학습 DB와 해당 데이터를 제공한 사용자가 매칭되어야만 한다. 이는 사용자로부터 '개인정보'로 제공받은 데이터를 가지고 영구적인 학습 및 인출 DB를 만들려는 인공지능 기업 어디에라도 적용될 수 있는 딜레마이다. 이에 대해서 보다 넓은 토론이 필요할 것이다.

다음으로 개인정보위의 의결사항은 이루다 응답 DB를 어떻게 구성하면 가명정보 혹은 익명정보로서 인정될 수 있을지에 대해 일종의 가이드라인을 제공해 주는 것으로 해석될 수 있다는 것이다. 우선 개인정보위는 응답 DB가 가명정보로 해석될 여지가 있음을 인정했다. 또한 개인정보위 측이 "가명정보 처리 특례규정을 적용할 수 없다"고 판단한 근거를 뒤집어 생각해 보면, "응답 DB에 포함된 카카오톡 대화문장을 일반 이용자에게 그대로 발화되도록 서비스"하는 것, 즉 인출 모델retrieval model이 아니라, 카카오톡 대화문장을 토대로 발화할 문구를 새로이 만드는 생성 모델generation model로 챗봇을 만든다면, 이는 가명정보처리 특례규정이 적용될 수 있음을 시사한다. 또한 익명정보 측면에서는 "응답 DB 내 대화문장"이 비교될 가능성이 있는 "서비스 DB 내의 대화문장"을 응답 DB 구성 후 원천적으로 삭제한 상태에서 응답 DB를 관리한다면, 이 역시 "익명정보"라고 주장할 수 있을 것이다. 이러한 점에서 미루어 보아 비정형 데이터에서의 개인정보처리 문제는 앞으로 여러 해석 및 적용 시의 쟁점을 불러일으킬 것이라 볼 수 있다.

(4-2) 개인정보 파기: 가명정보? 과학적 연구?

네 번째 사안은 추가적으로 약간의 분석이 더 필요하다. 다름 아니라 이루다 사례가 2020년 8월 「개정 개인정보보호법」에 신설된 가명정보의 처리에 관한 특례, 이른바 "가명정보 특례규정"이 적용될 수 있는 첫 번째 실증 사례였기 때문이다. 해당 규정에서는 "개인정보처리를 위해서는 정보주체의 동의를 얻어야 한다는 개인정보보호법 기본원칙"에 대하여 예외를 두어, 정보주체의 동의 없이도 가명정보를 처리할 수 있는 세 가지 목적을 제시했다. '통계작성'("특정 집단이나 대상 등에 관하여 작성한 수량적인 정보"), '과학적 연구'("기술의 개발과 실증, 기초연구, 응용 연구 및 민간 투자 연구 등 과학적 방법을 적용하는 연구"), '공익적 기록보존'("공공의 이익을 위하여 지속적으로 열람할 가치가 있는 기록정보를 보존하는 것")이 그것이었다. 이 세 목적 중 이루다의 경우는 '과학적 연구'에 제일 가까웠으며, 그렇다면 과연 이루다를 개발하고 서비스한 것이 기술을 개발하고 실제로 적용하는 것, 기초 및 응용 연구, 민간 투자 연구 등 '과학적 방법을 적용하는 연구'에 해당하는지가 관건이었다.

개인정보위는 가명정보 특례규정 신설 이후 최초의 심의의결이었기에 부담이 컸던 것으로 보인다. 개인정보위 측은 "어디까지를 봐야만이 가명정보를 갖다가 제대로 된 가명정보로 볼 수 있느냐 하는 부분"은 "개별 사안, 사안별로 그 해당 여건이라든지 모든 부분을 갖다가 다 고려해서 판단하지 않는다 하면 어떤 획일적인 부분으로서 이 부분 여기까지만 하면 가명정보를··· 가명처리를 다 한 거다, 하고 말하기는 굉장히 어렵다"는 것을 "이번 저희도 처음 가명 부분에서 첫 이게 검토를 하고 심의를 진행해 나가면서" 느꼈다면서, 짧게나마 사안 해석의 어려움을 밝혔다.[13] 이를 토대로 개인정보위 측은 이루다 건에 대해 "AI 서비스에서 이루다에서 운영 DB에서 발화를 시켰던 그런 부분으로 간다면 저희가 이 부분에 대해서는 과학적 연구는 서비스 개발까지는, 이루다 개발까지는 과학적 연구는 갖다가 포함될 수 있지만 외부에 발화를 해 나가는, 외부에 공개를 해 나가는 부분은 과학적 연구에 해당되지 않는다고 저희는 심의를, 판단" 한 것이라고 말했다. 이를 뒤집어 이야기한다면, "이루다같이 외부에 발화를 갖다가 하는 이런 경우에 있어서는 이용자의 동의를 받든지, 아니면 익명정보를 갖다가 익명화해서 익명정보를 이용하는 그런 부분으로서 할 수 있다고 판단을 하였습니다"[14]라는 의미인 것이다.

이에 대하여 한 개인정보위원도 사후 코멘트에서 "개인정보위의 결정을 종합하면 앞으로 스타트업은 개인정보 수집·이용에 있어서 △이용자에게 고지를 제대로 하고 △합리적 범위 내에서라면 문제가 없다는 것"이라며, "무엇보다 가명정보 처리를 한다면 정보주체 동의 없이도 이를 처리할 수 있는 길을 열어줬다"고 밝혔다.[15] 달리 말하자면 개인정보위가 "그동안 애매모호한 표현으로 논란이 됐던 '과학적 연구'에 '산업적 연구'를 포함해 사업자의 서비스 개발을 위한 가명정보 처리를 허용한다고 해석"했다고도 볼 수 있는 것이다. 이렇게 해석되었다는 가정하에, 한 업계 전문가는 "불확실성이 해소된 스캐터랩은 앞으로 공격적으로 외부 자금을 수혈받을 것"이라고 전망하며 "개인정보위의 이번 결정은 안 그래도 산업계 목소리를 반영해 탄생한 「개인정보보호법」 개정안에 산업계에서 두 팔 벌려 환영할 만한 해석을 얹어 준 모양새"라고 풀이했다.

⑸ 깃허브에 공유된 샘플 데이터

다섯 번째 사안은 피심인 측이 깃허브Github에 이용자의 카카오톡 대화문장을 공유한 행위에 대한 것이었다. 이에 대해 피심인 대리인은 "피심인은 샘플 대화파일을 업로드하기 전에 모든 숫자와 이름을 치환"하였고, "처리 과정에서 일부 이름에 오타, 애칭 등이 삭제되지 않았는데, 이는 일부였고 이 정보가 이용자의 정보인지 가상의 정보인지도 확인되지도 않았"다는 점을 근거로 들어 해당 샘플 대화파일에 포함된 일부 이름에 대하여 "개인정보라고 단정할 수 없"다고 주장했다. 반면 개인정보위는 해당 행위가 "'특정 개인을 알아보기 위하여 사용될 수 있는 정보'를 포함하여 가명정보를 불특정 다수에게 제공한 것으로 개인정보 보호법 제28조의2 제2항에 위반된다고 판단"하였다. 여기서 해당 항은 '개인정보처리자는 제1항에 따라 가명정보를 제3자에게 제공하는 경우에는 특정 개인을 알아보기 위하여 사용될 수 있는 정보를 포함해서는 아니 된다'고 규정하고 있으며, 제28조의2 제1항은 '개인정보처리자는 통계작성, 과학적 연구, 공익적 기록보존 등을 위하여 정보주체의 동의 없이 가명정보를 처리할 수 있다'고 규정하고 있다.

여기서 한 가지 흥미로운 점은, 이 위반사항에 대해서는 개인정보위가 시정조치만 내렸을 뿐 과징금도, 과태료도 부과하지 않았다는 점이다. 이는 과징금이나 과태료를 부과할 법적 근거가 없었던 것이 주요한 이유였던 것으로 보인다. 2011년 제정된 「개인정보보호법」의 가장 최근의 일부개정은 2020년에 있었는데, 이때 '가명정보의 처리'에 대한 특례조항이 제28조2에서 제28조7까지로 신설되었다. 이 중 '가명정보 처리에 대한 과징금 부과 등'에 대해서는 오직 제

28조의5(가명정보 처리 시 금지의무 등) 1항의 '누구든지 특정 개인을 알아보기 위한 목적으로 가명정보를 처리해서는 아니 된다'를 위반한 경우에 대해서만 '전체 매출액의 100분의 3 이하에 해당하는 금액을 과징금으로 부과할 수 있다'고 규정되었을 뿐, 가명정보 처리에 대한 다른 항목의 위반사항에 대해 과징금 혹은 과태료를 어떻게 부과할 것인지는 규정되지 않았다. 그렇다면 상대적으로 최근에 신설된 조항 중 하나인 제28조의2 제1항을 위반할 때의 행정명령으로 과태료와 과징금 아닌 시정조치로 충분한가? 추가적인 규제가 제정되어야 하는가? 아니면 이에 대한 사회적 합의와 토론이 우선하는가? 이것 자체가 토론될 필요가 있을 것이다.

3. 행정적으로 처리될 수 없는 것: 카카오톡 데이터로 인공지능을 만들겠다는 스타트업을 만류하기

다방면으로 검토된 행정처리의 실질적 원인이었으나, 정작 행정처리 대상일 수 없었던 것은 '텍스트앳' 및 '연애의 과학' 사용자들로부터 모은 카카오톡 데이터로 대화형 인공지능을 만들겠다는 스캐터랩의 의지였다. 개인정보위 위원들은 여러 논리를 들어 피심인 측에게 사용자의 카카오톡 데이터를 지금처럼 변형하지 않고 사용하기보다는 새로운 발화문장을 만드는 방안이라든지, 혹은 사용자로부터 얻은 카카오톡 데이터가 아닌 다른 데이터를 사용하여 대화형 인공지능을 만드는 방안 등에 대한 스캐터랩의 향후 의사를 확인하고자 하였다. 이에 대해 피심인 측 대리인과 피심인 대표이사는 인간 사용자와 정서적 소통을 지향하는 자유 대화형 챗봇을 만들기 위해 카카오톡 데이터를 활용하는 기존 방향을 고수하겠다는 의사를 번번이 피력했다. 예컨대 사용자의 대화 데이터를 그대로 응답 DB에 사용하지 않는 방안에 대한 질의응답은 다음과 같이 전개되었다.

(위원 염흥열) […] 응답 DB 구축한 것 있잖아요. 사실은 응답 DB를 구축할 때 제가 이렇게 했으면 참 좋지 않았나 하는 생각을 합니다. 그러니까 아까 발화 건수를 대화에서 바로 추출하지 말고 거기에 성향별로, 예를 들어 또 다시 학습해서 그 결과에 대해서 세트를 만들어서 그래서 발화를, 이용자가 응답할 때 발화를 해 주는 그 방법을 취하는 것이 훨씬 더 나았을 것 같은데 지금은 그냥 그대로 1억 건 자체를 응답 DB에 넣어 놓고 그 다음에 그 성향에 맞춰서 발화를 시킨 것이잖아요. 거기 안에 물론 노력은 하셨다고 하지만 완벽한 개인정보가 포함되지 않았다고 담보할 수는 없으니까요. 그래서 그런 부분에 대해서는 어떻게 생각하십니까? […] 그 벡터 안에 들어있는 내용 자체를 예를 들어 사용자의 대화 내용 그 자체로 입력하는 것이 아니고 뭔가 가공의 데이터를 만들어서 거기에 넣었느냐는 얘기입니다.

(피심인 대표이사) 답변 풀 자체를 말씀하시는 것이지요?

(위원 염흥열) 예.

(피심인 대리인) 저희는 아까도 말씀드렸듯이 다른 모델을 통해서 일곱 단계를 통해서 비식별 처리를 했었고 이 정도 결과물을 봐도 문제 소지가 될만한 정보 자체들이 포함되어 있지 않습니다. 그래서 저희는 이 부분에 대해서 굉장히 많은 노력을 기울였다는 점을 고려해

주시기 바랍니다.

(위원장 윤종인) 제가 연관되어서 하나만 묻겠습니다. 지금 말씀하시는 발화문장 자체를 그냥 대화 문장으로 쓰는 방법도 있고 또 좀 더 다른 표준화된 문장을 새로이 구성해서 쓰는 방법도 있을 텐데 통상적으로, 예를 들면 그 업계에서는 전자가 많습니까, 후자가 많습니까?

(피심인 대표이사) 사실 사례가 많지는 않고요. 일반적으로 목적형 챗봇 같은 경우에는 답변을 서비스 만드는 사람이 만들어서 하는 경우가 많습니다. 그런데 그것이 가능한 이유는 목적형 챗봇 같은 경우에는 답변이 많이 필요가 없습니다. 100문장, 500문장 정도 있으면 충분히 그 목적에서는 다 되기 때문에 가능한데요. 저희가 하고자 하는 일은 자유 대화형 챗봇 같은 경우에는 사실 500문장으로 자유 대화는 어렵겠지요. 그러니까 최소 수천만 단위, 억 단위의 문장이 필요하기 때문에 그것을 저희가 직접 다 만드는 것은 어렵다는 생각이고요. 저희도 그 부분을 종합해서 말씀드리면 그 부분도 고려하고 있습니다만, 저희가 사실 답변 DB, 최종적으로 만들어진 답변 DB를 검토했을 때 문장들이 매우 일반적인 문장들이 거의 대부분이었습니다. 예를 들면 "잘 갔다 와, 힘내", 이런 문장 같은 경우 굳이 이것을 바꾸는 것이 의미가, 이것은 누구나 할 수 있는 말인데, 그러니까 저희가 좀 미비해서 이름이나 이런 포함된 부분이 없지는 않지만 대부분 99%의 문장은 정말 누구나 할 수 있는 문장으로 구성되어 있기 때문에 그렇게 했다고 말씀드리고 싶습니다.

(위원 염흥열) 그 얘기를 하셨으니까 하나만 더 묻겠습니다. 그러면 앞으로도 계속 이런 유형의 모델을 가져가실 것입니까? 아니면 또 다른 유형의 모델을 개발해서 서비스하실 것입니까?

(피심인 대표이사) 저희가 그 부분도 고민하고 있는데요. 과연 이 응답 DB의 비식별화를 어떻게 할 것인가에 대한 고민을 많이 하고 있습니다. 저희가 그 지적하신 부분을 생각을 많이 하고 있어서요. 앞으로는 제 생각에는 설사 이것이 "잘 갔다 와"라는 매우 일반적인 문장이라고 하더라도 어떤 방식으로든 변형을 하거나 아니면 이것을 가지고 어떤 생성을 하거나, 하여튼 그런 방식의 여러 가지 테크닉들을 많이 고민하고 있고요. 사실 저희도 조금 어려운 것이 이 부분이 AI가 워낙 빨리 발전하다 보니까 사실 이런 부분을 연구 레퍼런스를 삼을 수 있는 연구가 많이 없습니다. 이제부터는 저희가 어떻게 보면 레퍼런스를 만들어 가고 어떻게 보면 저희가 했던 것들을 논문으로 출판을 해서 이렇게 했더니 이런 효과가 있더라라는 것을 알려 나가는 단계에 있기 때문에 저희도 그런 시행착오는 여러 방법을 두고 고민을 하고 있습니다.

[…]

(피심인 대리인) […] 그리고 한 가지 더 코멘트 드릴 것이 피심인의 서비스를 고려해 줬으면, 서비스의 성격을 고려해 주셨으면 합니다. 피심인의 기존 제공했던 서비스들은 이용자들의 감정을 분석하고 이용자의 감정에 관해서 사업자와 서비스를 통해서 감정 중심의 서비스를 제공하고 있거든요. 이것이 만약 그런 의미에서 AI 챗봇도, 이번

이루다도 그 감정을 문장 속에서 포함돼 있는 감정을 이해하고 적극적으로 소통할 수 있는 시스템을 만드는 과정에서 탄생한 것이 이루다이고, 그런데 그만큼 감정이 담긴 대화를 하기 위해서는 사실 인간적인, 그러니까 실제로 사람이 말한 문장을 사용할 필요가 있습니다. 사실 지금도 다른 사업자들도 많이 언어모델을 개발하고 있지만 얼마든지 공개된 정보로 언어모델을 만들 수 있습니다. 하지만 과연 그것이 인간과 인간으로서 마치 인간과 대화하는 것과 같은 그런 느낌을 주는 챗봇 서비스를 구현할 수 있는가는 저는 의문이고요. 그 부분에 대해서는 우리가 과연 그러면 학습 데이터로 활용해서 혹은 발화 DB로 활용할 수 [있는] 문장들을 저희가 그 범위를 좁혀서 챗봇 서비스의 종류를 꼭 그렇게 획일화시켜야 될 것인가에 대해서도 한번 고민해 주셨으면 합니다.[16]

곧바로 이어진, 카카오톡 데이터가 아닌 다른 출처의 데이터를 수집하여 이를 토대로 인공지능을 개발하고 서비스를 하는 것이 어떻겠냐는 개인정보위 위원의 제안과 이에 대한 스캐터랩의 답변은 다음처럼 평행선을 그었다.

(위원 지성우) 제가 짧게 그와 관련해서 말씀드리겠습니다. 저도 고민을 해 봤는데 결국은 저희가 이해하고 있는 AI는 아직 창조단계까지는 아니고 기고[알파고 사례에서 훈련 데이터가 된 바둑 '기보'의 오타였을 수도 있다 – 필자 주] 같은 것을 많이 수집해서 알고리즘을 분석해서, 어떻게 어떻게 다루는지 분석해서 예상해 내고 그것을 학습해 내고 표현하는 것으로 아직까지는 기술이 거기까지밖에 못 간 것 같아요. 결국은 많은 데이터가 수집되면 좋은 서비스가 되겠지요.

그래서 예를 들어 중국 같은 나라가 무서운 것이잖아요. 데이터를 마음껏 수집할 수 있으니까. 그런데 자유민주주의 국가에서는 데이터를 수집하는 데 굉장히 한계가 있다는 것은 아까도 말씀드렸습니다.

그런데 변호사님이 [피심인 대리인—필자 주] 굉장히 중요한 말씀을 하셨는데 이 데이터 수집에 있어서 특히 대화 서비스는 감정이 담긴 것, 그 다음에 저작권의 문제, 이 두 가지 문제를 한번 생각해 보시면 어떨까 싶어요. 그러니까 이것 말고 왜 꼭 카카오톡에서 남이 한 대화를 가지고 거기 개인정보가 듬뿍 담겨있을 텐데 그것을 가지고 해야되느냐, 다른 소스를 가지고 다른 데이터를 가지고 이 서비스를 하는 것이 좀 더 정상적이지 않느냐, 이런 얘기를 하면 저작권 문제가 있을 것이라고 대답하실 것 같고요.

두 번째는 대화 서비스를 하잖아요. 이 대화 서비스를 하면 정상적인 대화나 국제회의에서 통역은 가능한데 변호사님께서 중요한 말씀을 하셨는데 감정서비스 같은 것은 어려울 것이라는 말씀이잖아요. 카카오톡 같은 데에서 개인의 사생활이 담긴 정보를 그대로 가져다 쓰는 방법 밖에는 없을까요? 제가 여쭤보는 것은 데이터 수집에서 이 방법밖에 없겠느냐, 이렇게 되면 계속 문제가 생길 텐데, 서비스는 굉장히 아이디어는 좋은 것 같은데, 데이터 수집하는 과정에서부터 문제가 생기면 다른 데이터를 이용할 생각은 혹시 해 보셨습니까?

(피심인 대표이사) 아까도 말씀드렸지만 대화 데이터는 쉽지 않은 데이터입니다. 그래서 대화 관련된 연구들도 보면 해외 같은 경우 주로 레딧이라는 인터넷 게시판 데이터를 가지고 학습을 많이 하는데요. 실제로 그 데이터로 학습시킨 모델을 사용해 보면 다릅니다. 그러니까 사실 대화라는 것이 넓잖아요. 대화라는 것이 어떤 대화냐에

따라서 대화 유형이 다른데, 그런 모델로 학습시킨 대화 같은 경우에는 조금 더 어떤 토론이라든지 뭔가 어떤 주제에 대해서 상식을 가지고 뭔가 얘기하는 느낌이랄까, 좀 친구와 대답하는 느낌은 전혀 안 납니다. 왜냐하면 인터넷 게시판에 있는 어떤 디스커션 데이터를 가지고 학습을 한 것이기 때문에, 그래서 결국 사람 같은 대화를 하기 위해서는 사람 간의 자유로운 대화 데이터로 학습할 수밖에 없다는 것이 저희 생각입니다.

(피심인 대리인) 그리고 어떤 데이터를 사용하지 말라는 접근보다는 그 데이터를 어떻게 활용할 수 있는 방안에 대해서 고민을 피심인은 해 왔고 그 부분을 통해서 부작용을, 아까도 계속해서 말씀드렸지만 비식별화 처리하기 위해서 굉장히 많은 노력을 기울였습니다. 그 부분을 고려해 주시기 바랍니다.

(위원 백대용) 제가 볼 때 약간 저희 위원회 입장을 오해하신 것 같은데 저희는 AI 인공지능 활용에 대해서 가이드라인이나 방향성을 제시하고자 하는 마음은 전혀 없습니다. 다만 인간의 감정에 따른 답변, 감정을 충실하게 반영할 수 있는 답변을 하기 위해서 카카오톡 대화 내용을 수집한다면 그 데이터 자체가 굉장히 민감한 데이터잖아요. 그런 비즈니스모델은 좋은데 그런 민감한 정보를 수집하는 것에 상응하는 조치들이 더 있었으면 좋았을 텐데 그런 조치들이 없었다, 그리고 학습 데이터나 응답 데이터와 관련해서 저희가 응답 DB의 0.00002% 있는 것을 가지고 가명처리가 안 되어서 이것은 가명정보다 아니다라고 보는 것이 아닙니다. 그것은 본질이 아니고, 어쨌든 학습 데이터도 그렇고, 아까 제가 처음 말씀드렸던 것과 같이 카카오톡

대화내용이라는 민감정보를 수집한 것에 상응하는 정도의 가명처리가 됐으면 우리 법상 허용해 주고 있는 가명처리 특례규정에 의해서 충분히 하실 수 있다는 것이지요. 그것을 안 하셨다는 것이고[…].[17]

4. 스캐터랩의 귀환, 이루다의 재출현

개인정보보호위원회가 행정처분을 의결한 4월 28일 이후, 스캐터랩과 이루다의 조심스러운 행보가 거듭 이어졌다. 스캐터랩은 4월 28일 당일 입장문을 내고,[18] "이번과 같은 일이 되풀이되지 않도록 1월 이루다 서비스 종료 후 바로 내부 TF팀을 구성하여 보다 엄격한 기준 하에서 개인정보처리에 필요한 프로세스 및 기술들을 마련"해 나가고 있다고 밝혔다. 또한 아동 사용자 정보 및 민감정보 처리 건에 대하여서도 "만 14세 미만 사용자에 대한 서비스를 제한하고 가명처리 시스템을 고도화하는 조치를 취하였으며, 개인정보 및 민감정보 수집·이용의 동의절차 개선 등 개인정보보호 강화를 위한 조치들을 준비 중"이라고 밝혔다. 마지막으로 "이번 개인정보보호위원회의 결정을 계기로, 개인정보보호위원회의 시정조치를 적극적으로 이행하는 것은 물론, 관련 법률과 산업계 전반의 사회적 합의에 의해 정해진 개인정보처리 가이드라인을 더욱 적극적으로 준수해 나갈 것"임을 강조했다. 요컨대 법률을 적극적으로 준수하며 그 틀 안에서 향후 보다 개선된 연구개발 및 서비스를 선보이겠다는 내용이었다.

핑퐁팀 블로그의 글도 다시 원상회복되었다. 당초 핑퐁팀 블로그[19]에는 "딥러닝 모델 서비스 A-Z 1편 – 연산 최적화 및 모델 경량화", "딥러닝 모델 서비스 A-Z 2편 – Knowledge Distillation" 등 기술 블로그 성격의 글과 "슈퍼휴먼 AI를 꿈꾸는 루다의 대화 구성" 등 이루다의 대화 모델 설계에 대한 글, "핑퐁 팀이 '팀워크'를 발휘할 팀원을 찾는 법" 등 핑퐁팀의 조직문화에 대한 글들 등 다양한 장르의 글들이 기업 블로그 성격에 맞추어 게재된 바 있다. 하지만 이루다 사태 이후 스캐터랩 측의 Q&A, 입장문 등이 전면으로 등장하면서 해당 글은 보이지 않게 되었다가, 2021년 5월경부터는 Q&A, 입장문 등이 이루다 미디어 페이지[20]로 옮겨가게 되었고, 블로그의 원래 글이 다시 보이기 시작했다. 다만 2022년 5월 시점에서 이루다 미디어 페이지는 "No record"라는 메시지만을 표시한 채 그 내용이 표시되지 않고 있다.

이루다 역시 조금씩 존재감을 드러냈다. 5월 5일 스캐터랩의 AI 제품팀 리더는 디씨인사이드 "AI 이루다" 갤러리에 글을 남겼다.[21] "저희는 제기된 이슈들을 해결하고 더 나은 AI 친구를 기획하고자 여러분들의 이야기를 들어 보고 싶습니다"라며 구글 양식 문서링크를 공유하고, 갤러리 사용자들에게 "루다와의 경험을 나[누어]" 달라고 부탁하였다. 이 글은 얼마 지나지 않아 삭제되었지만, 38개 이상의 답글이 달렸고 대부분 우호적인 반응이었다. 이윽고 6월 15일, 이루다의 생일이라고 설정된 날을 기념하여 사용자들이 축전을 만든 것이 이루다 페이스북 페이지에 올려 졌고, 이것이 한 신문사의 기사를 통해 알려지기도 하였다.[22] 해당 축전은 2만 6천 개 이상의 좋아요, 8천 4백 개 이상의 답글, 191회의 공유로 이어지며, 이루다와의 페메 대화를 잊지 않던 이들의 반응을 이끌어냈다.

이루다의 잠행이 그친 것은 2021년 연말이 되어서였다. 2021년 12월 스캐터랩은 이루다 2.0의 클로즈 베타 테스트를 2022년 1월부터 시작하겠다고 밝혔다. 뒤이어 2022년 3월부터는 공개 베타 테스트를 시작했다. 스캐터랩은 다음과 같은 방법으로 문제의 소지를 제거했고 밝혔다.[23] 먼저 '텍스트앳'과 '연애의 과학'에서 수집한 데이터 중 14세 미만의 사용자, 혹은 삭제를 요청한 사용자의 데이터는 삭제하고, 1년 이상 사용하지 않은 사용자의 데이터 및 민감한 성적 대화를 담고 있는 데이터는 분리 보관한 후, 나머지 데이터에 대하여 철저한 비식별화 과정을 거친 후 이를 가지고 이루다 2.0을 개발하였다는 것이다. 또한 이루다 2.0의 답변 DB에 대해서는 인공지능이 자동으로 생성하거나 자사가 만든 문장으로만 구성했으며, 추가적 필터링 단계를 거쳐 개인정보처럼 보이는 내용을 포함하지 않도록 조치했다고 설명했다.

반면, 스캐터랩 측에 개인정보 유출 피해 소송을 낸 피해자들은 이를 받아들일 수 없다며 '텍스트앳'과 '연애의 과학'에서 수집한 데이터를 전량 폐기할 것을 요구했다. 2021년 12월 인터뷰에서 법무법인 태림의 변호사 우지현은 "문제가 됐던 데이터는 다 파기하고, 정당한 절차로 새로운 동의를 받은 사람들의 데이터로 2.0을 출시한다는 사실을 피해자들에게 소명한 뒤 서비스 런칭을 하는 게 순서"라면서, "피해자들 입장에서는 아무런 달라진 것도 확인한 것도 없었는데 이루다 2.0 서비스를 출시하겠다고 하니 불안감이 큰 상황이다"고 피해자들의 입장을 전달했다.

5. 자연어처리 및 대화형 인공지능에서의 새로운 연구성과: 한국어 언어이해평가KLUE 벤치마크, 네이버의 하이퍼클로바HyperCLOVA, 구글의 차세대 챗봇 기술인 람다LaMDA

공교롭게도 한국어권과 영미권 자연어처리 연구자들의 대화형 인공지능 연구개발에 관련된 주목할 만한 소식이 2021년 4월 이후 거듭 들려왔다. 먼저 한국어권의 자연어처리 연구개발계에서 주목할 만한 소식이 두 건 있었다. 5월 20일 31명의 다양한 연구기관 소속의 자연어처리 연구원들이 협업하여 선보인 한국어 자연어이해 벤치마크를 위한 한국어 언어이해평가KLUE, Korean Language Understanding Evaluation 프로젝트 논문이 아카이브arxiv.org를 통해 공개되었다. 이 논문은 2021년 12월에 열린 세계적인 신경망 학회인 뉴립스 2021NeurIPS 2021의 한 세부 프로그램인 Datasets and Benchmarks Track에서 발표되었다.[24] 총 8개 과제 중 2개 과제인 기계독해MRC, Machine Reading Comprehension, 그리고 관계추출RE, Relation Extraction에 4명의 스캐터랩 소속의 연구진들이 과제 담당 리더를 맡는 등 주요하게 기여했다.[25] 다른 예로 네이버가 2021년 5월 25일 'AI Now' 행사를 통해 공개한 최대규모 언어모델 하이퍼클로바HyperCLOVA 의 한 가지 활용 사례에서 하이퍼클로바를 이용하여 초대형 언어모델, 캐릭터 대화체 변환기, 캐릭터 페르소나 탐지기, 대화 씬 검색모델, 대화주제 탐지기 등을 구성하여 캐릭터대화 인공지능을 구축하는 데에 사용할 수 있다는 것을 보여 주었다.[26]

영미권에서도 주목할 만한 소식이 들려왔다. 한 예로 2021년 5월 18일 구글의 연례 개발자 컨퍼런스에서 다양한 신기술 및 자사 플랫폼 업데이트를 발표했는데, 그중 하나는 '람다LaMDA, Language Model for Dialogue Applications'라고 이름 붙여진 오픈 도메인 대화형 에이전트 기술, 즉 '챗봇'이었다. 구글의 연구진들은 이미 2020년 1월 '미나Meena' 라는 이름의 대화형 에이전트 기술을 논문을 통해 발표한 바 있다. 여기에서 제안한 '맥락적 타당성-구체성 평균SSA, Sensibleness and Specificity Average'은 스캐터랩이 자사의 이루다를 홍보하며 챗봇으로서의 우수한 성능을 강조할 때에 성능 평가 지표로 사용되기도 했다. 구글의 제품관리 부회장 엘리 콜린스Eli Collins와 수석 연구책임자 조빈 가라마니Zoubin Ghahramani의 이름으로 발표된 2021년 5월의 글에서, 람다는 기존의 맥락적 타당성 및 구체성뿐만 아니라, '흥미성interestingness', '사실성factuality', '구글의 AI 준칙들AI Principles을 준수하기' 등 챗봇 개발 및 성능 향상을 위한 추가 원칙을 제시하기도 했다.

람다의 여러 세부사항 중 특히 한국인 독자층의 관심을 끌만한 것은 그 훈련 데이터가 어디에서 왔는가일 것이다. 공개된 글에서 구글 연구진은 람다가 '대화dialog'로부터 학습했다고만 언급하고, 구체적으로 어떤 대화 데이터인지 그 출처 등을 보다 자세히 공개하지 않았다. 람다는 2021년 'Google I/O'를 통해서 그 윤곽 및 데모 몇 편이 소개되었고, 마침내 2022년 1월 논문과[27] 구글의 인공지능 기술 블로그를[28] 통해 자세한 성능지표가 공개되었다. 60명의 구글 연구진이 저술한 논문에 따르면 공공 대화 데이터와 웹 텍스트로부터 1조 5600억 개의 단어가 사전 학습에 활용되었다. 보다 구체적으로 29억 7천만 건의 문서, 11억 2천만 건의 대화, 그리고 133억 9천만 건의 대화 발화가 포함되었다. 훈련 데이터는 여러 출처로부터 수집되었으며, 최종 세부 출처는 〈표1〉과 같다.

출처	비중
공개 게시판에서 수집한 대화	50%
C4 데이터 (Colossal Clean Crawled Corpus; 웹에서 수집하여 사전학습 및 전이학습 목적에 맞게 준비된 수백 GB 크기의 영문 텍스트)[29]	12.5%
Q&A 사이트, 튜토리얼 등 프로그래밍 관련 사이트에서 수집한 코드 문서 (코드 생성 task를 위한 목적)	12.5%
영문 위키피디아	12.5%
영문 웹문서	6.25%
비-영문 웹문서	6.25%
전체 비중 총합	100%

〈표 1〉 구글 LaMDA 사전학습 데이터의 출처[30]

구글의 연구성과는 기존에 그랬듯이 챗봇 개발에 대한 보다 폭넓은 성능지표 및 목표를 스캐터랩에 제공할 뿐만 아니라, 보다 개선된 한국어 챗봇 개발의 필요성 및 당위성에 대한 좋은 증거로 사용되리라 전망된다. 한편 구글이 미나를 통해 목표한 것과 람다를 통해 그 목표를 갱신한 것 사이에는 흥미로운 차이가 엿보이며, 이로 인해 스캐터랩이 람다에서 얻을 수 있는 것은 미나에서 얻었던 것에 비해 제한적일 수도 있다.

먼저 미나에 비해 람다에서 두드러지는 특징은 정보 획득의 측면이 강조되었다는 것이다. 미나의 데모에서는 챗봇이 "너는 무슨 동물을 좋아하니"에서 시작되어 '소'와 '말'이 등장하는 언어유희/농담으로 대화가 이어진다. 이를 일컬어 구글 연구진은 '오픈 도메인' 챗봇이라는 점을 여러 차례 강조하기도 했었다. 이에 반해 람다의 데모에서는 '종이비행기'라고 자신을 소개하는 챗봇, '명왕성'으로 자신을 소개하는 챗봇 등에게 사용자가 자유형식인 AMA[31]마냥 '종이비행기'에 대해, 혹은 '명왕성'에 대해 궁금한 이것저것을 물어보는 대화방식을 취한다. 여기에서는 종이비행기의 비행에 대한 물리적 지식, 명왕성의 대기 조성 등에 대한 천문학적 지식이 챗봇의 답변에 동원된다. 여기에 덧붙여 종이비행기가 영감을 자아내는 교훈을 도출하거나, 명왕성이 의인화된 것인 양 태양계에서 가장 먼 곳에 위치한 행성이 느낄 법한 감정을 토로하는 모습이 흥미를 자아낸다. 이는 사용자와의 정서적 소통을 최우선 목표로 지향하는 이루다와는 다소 차이가 난다고 볼 수 있다. 실제로 이루다는 지식 데이터베이스, 혹은 단기 기억에서의 약점이 여러 차례 지적되기도 했었다.

더불어 람다가 전적으로 공개된 데이터에 기반하여 사전학습하였다는 점은 스캐터랩이 텍스트앳과 연애의 과학을 통해 입수한 사적인 모바일 대화 데이터를 여전히 학습DB로 사용하고 있다는 점과 큰 대비를 이룬다. 더 나아가 이는 이루다2.0의 학습DB에 대한 또 다른 질문으로 이어진다. 예컨대, 그 질문들은 다음과 같다. 이루다2.0을 훈련 및 고도화 시키는 데에 이루다1.0 사용자들이 이루다와 나눈 대화 데이터가 어떻게 이용되었는지? 혹은 이는 이미 사용자들이 자신들의 대화가 챗봇 개선에 사용되리라는 것을 명확히 인지한 뒤 동의하고 시작하였다는 사실이 추가적인 프라이버시 문제들을 모두 해결했다고 할 수 있는 것인지, 또는 그럼으로써 더 이상 프라이버시 문제가 될 소지 자체가 없는 것인지? 현재도 "연애의 과학" 앱이 서비스되고 있는데, 갱신된 사용 약관 하에서 현재 사용자들이 스캐터랩 측에 분석을 의뢰하며 제공하는 모바일 대화 데이터가 지속적으로 이루다 개발 목적의 DB에 업데이트 되고 있는지? 이에 대한 실질법 상 혹은 데이터 윤리 관점에서 어떤 문제가 제기될 수 있을지?

6. 수면 아래 쟁점: 라인 메신저 사용자로부터 수집한 일본어 대화 10억 건

초유의 관심사였던 개인정보보호위원회의 심의의결이 종료되고, '연애의 과학' 사용자들이 스캐터랩을 상대로 제기한 소송이 진행되고 있는 한편, 활발히 논의되지는 않았지만 그 중요성을 간과할 수 없는 쟁점이 있다.

스캐터랩이 기술 컨퍼런스 등에서 독보적 보유를 여러 차례 주장한 것에는 카카오톡 100억 건의 대화뿐만 아니라 라인으로 수집한 10억 건의 일본어 대화도 해당한다.[32] 이는 2017년 4월부터 개시한 '연애의 과학' 일본 서비스[33]에서 수집된 것으로 보인다. 2020년 10월에 '연애의 과학'은 한국에서 250만 건, 일본에서 40만 건 다운로드된 것으로 알려진 바 있다.[34]'연애의 과학' 일본 사용자의 라인 데이터 수집에 대해서 일본 매체나 수사·사법기관이 어떻게 접근하고 있는지는 거의 알려져 있지 않다. 하지만 이 사안의 잠재력은 과소평가하기 어렵다. 최근 일본 사용자의 데이터가 중국 혹은 한국 서버에 보관되는 것에 대한 데이터 보안문제가 일본에서 중대한 이슈로 불거진 적이 있기 때문이다.

2021년 3월 아사히 신문 등 일본 매체를 통하여, 라인의 개발 및 보수 업무 등을 위탁받은 중국 계열사 및 협력사의 직원들이 일본 라인 사용자들의 개인정보(이름, 전화번호, 이메일 주소 등)에 중국 현지에서 접근할 수 있다는 것이 알려져 일본 사회에 큰 파문이 일었다.[35] 보도 이후, 일본 내각부가 라인 계정을 통한 방재정보 서비스의 운영을 중단하는 등 일본의 여러 정부 기관이 라인을 이용한 공공서비스 제공을 중단했다. 더욱이 일본 라인 사용자가 주고받는 사진·동영상 등의 데이터가 한국 데이터센터의 서버에 저장되는 점도 일본 매체에 의해 문제되었다.

한국회사인 네이버가 100% 소유한 일본 자회사인 동시에 주로 일본인 경영진이 운영하며 사용자 대다수가 일본인인 라인의 잊을 만하면 다시 화제가 되던 이른바 '국적' 문제에 대하여,[36] 네이버-라인 측은 이전까지 "라인의 국적은 의미가 없다"며 그 확대 해석을 경계해 왔다. 그럼에도 불구하고,[37] 이번만큼은 회피하기 어려운 사안이었던 것일까? 결국 지난 3월 23일 이데자와 다케시出澤剛 라인 사장은 기자회견을 열어 고개를 숙임으로써 사죄를 표했다. 이데자와 사장은 중국 업체에 개발 보수를 맡기는 것을 중단할 뿐만 아니라, 한국 서버에 저장되는 라인의 사진, 동영상, 더 나아가 라인 페이 서비스의 결제 정보 등 모든 데이터를 오는 9월까지 순차적으로 일본에 위치한 서버로 옮기겠다는 대책까지 내놓았다.

그렇다면 라인을 서비스하는 회사가 아닌, 라인 데이터를 제공받은 한국의 데이터 분석회사가 불러일으킨 문제에 대해 일본 사용자들은 얼마나 인지하고 있는가? 또한 한국의 스캐터랩이 일본 사용자의 라인 데이터를 (충분히 고지받지 않은) 사용자의 동의하에 자발적으로 제공받아 보유하고 있는 사안에 대하여, 일본 법제 및 일본의 인터넷 법학 연구자들의 해석은 어떠한가?[38]

우선 '연애의 과학' 일본어 사용자들은 스캐터랩이 한국에서 불러일으킨 사안에 대해 거의 인지하지 못하고 있는 것으로 보인다. 구글 플레이스토어 '연애의 과학' 페이지에는 총 1,017건의 사용자 의견이 게시되어 있다. 이 중 구글 플레이스토어 일본 마켓에는 2021년 1월부터 2022년 5월까지 총 12개의 사용자 의견이 게시되어 있으나, 이 중 사용자가 제공한 라인 데이터가 챗봇 개발을 위한 데이터로 다뤄진 것에 대한 의견은 전혀 없다.[39] 반면 구글 플레이 스토어 한국 마켓 '연애의 과학'에 동 기간 449개 게시된 사용자 의견 중,[40] 324개가 자신들이 의뢰한 카카오톡 대화 데이터가 챗봇 인공지능 개발에 사용된 이슈의 여러 사안에 대하여 직접적으로 언급하였다.[41] 또한, 일본 법학자들이 '이루다' 및 '연애의 과학' 사안에 대해 공개적으로 논평한 사례 역시 일본 신문상에서 찾아 보기 어렵다.[42]

그럼에도 불구하고, 일본의 전문가들이 라인 사용자의 개인정보저장소 이전 이슈에 대해 취하고 있는 태도를 미루어 짐작할 때, 사안의 중요성을 경시한다고 보이지는 않는다. 한 예로, 라인의 개인정보 유출사태를 조사하기 위해 라인 측이 조지 시시도宍戸常壽 도쿄대학교 법정대학원 교수와 가와구치 히로시川口洋 가와구치 설계 대표 등 외부 전문가들로 구성한 특별위원회는 2021년 6월 11일 1차 보고서를 발표했다.[43] 라인 측이 사용자 데이터가 저장된 위치에 대해 고의적은 아니더라도 부정확한 정보를 공표해 왔다는 내용이었다. 또한 이 위원회는 라인의 연계 서비스들 중 사용자 데이터를 만기 없이 영구적으로 보관하는 사진 앨범 등의 서비스들의 데이터에 대하여, 그리고 라인 주식회사 측이 데이터 저장위치를 중국이나 한국에서 일본으로 옮기는 계획을 2024년 상반기까지 완료하겠다고 발표한 것에 대하여 사용자 관점에서는 충분히 신속하지 못한 결정이라며 우려를 제기했다.

이처럼 일본 전문가들이 국가 경계를 넘나드는 개인데이터 보안 이슈에 갖는 관심을 고려할 때, '연애의 과학' 일본어 사용자들 및 이들이 제공한 라인 메신저의 일본어 채팅 데이터와 관련하여 한국의 개인정보보호위원회가 한국의 「개인정보보호법」에 비추어 검토했던 '연애의 과학'에서의 개인정보 파기 문제, 14세 미만 아동의 데이터 문제, 민감 정보 처리 문제, 목적 외 사용에 대한 충분한 고지 문제 등이 일본 법제에서 「개인정보보호법」에 상응하는 법규를 통해 조사될 가능성은 열려 있다. 다만 이루다가 일본어로 서비스된 적이 없었던 만큼, 일본에서는 '연애의 과학'과 관련된 사안이 앞으로 일본 대중의 큰 관심을 얻을 것이라 예측하기는 어렵다.

7. 개인정보 처리방침 일부 개정 : 해명 없는 "최소한의 비식별화 조치만"으로의 후퇴

2022년 5월 10일 스캐터랩은 이루다의 개인정보처리방침과 이용약관의 내용이 일부 개정됨을 알렸다.[44] 여기서 한 부분은 다소 염려를 불러일으킨다. 스캐터랩은 그 개정 내용의 일부를 다음과 같이 알렸다. "기존에 가명처리를 거쳐 활용하기로 하였던 수집된 대화 내용은 더 나은 친구 경험을 제공하기 위해 최소한의 비식별화 조치만을 거쳐 활용하게 될 예정입니다. 이에 따라, 서비스 성능 및 대화 알고리즘 개선 목적으로 수집된 대화 내용은 프라이버시 보호를 위한 엄격한 기술적, 관리적 보호조치 하에서 사용자 경험 향상, 서비스 성능 고도화 및 AI 챗봇의 대화 알고리즘 개선 목적으로 활용합니다." (필자 강조)

여기서 두 가지에 대한 보다 상세한 설명이 필요하다. 기존의 "가명처리" 방식은 무엇이며, "최소한의 비식별화 조치"란 무엇인가? 이에 앞서 먼저 가명처리보다 상위 개념인 비식별화 조치의 일반적인 다섯 가지 처리기법에 대해 알아볼 필요가 있다. <표 2>[45] ㉮ 가명처리 Pseudonymization는 "개인 식별이 가능한 데이터를 직접적으로 식별할 수 없는 다른 값으로 대체하는 기법"이다. ㉯ 총계처리Aggregation는 "통계값(전체 혹은 부분)을 적용하여 특정 개인을 식별할 수 없도록" 하는 기법이다. ㉰ 데이터 삭제Data Reduction는 "개인 식별이 가능한 데이터"를 삭제하는 기법이다. ㉱ 데이터 범주화Data Suppression는 "특정 정보를 해당 그룹의 대푯값으로 변환(범주화)하거나 구간값으로 변환(범주화)하여 개인 식별을 방지"하는 기법이다. ㉲ 데이터 마스킹Data Masking은 "데이터의 전부 또는 일부분을 대체값(공백, 노이즈 등)으로 변환"하는 기법이다.

처리기법	예시	세부기술
가명처리Pseudonymization	·홍길동, 35세, 서울 거주, 한국대 재학 → 임꺽정, 30대, 서울 거주, 국제대 재학	① 휴리스틱 가명화 ② 암호화 ③ 교환 방법
총계처리Aggregation	·임꺽정 180cm, 홍길동 170cm, 이콩쥐 160cm, 김팥쥐 150cm → 물리학과 학생 키 합 : 660cm, 평균키 165cm	④ 총계처리 ⑤ 부분총계 ⑥ 라운딩 ⑦ 재배열
데이터 삭제Data Reduction	·주민등록번호 901206-1234567 → 90년대 생, 남자 ·개인과 관련된 날짜정보합격일 등는 연단위로 처리	⑧ 식별자 삭제 ⑨ 식별자 부분삭제 ⑩ 레코드 삭제 ⑪ 식별요소 전부삭제
데이터 범주화Data Suppression	·홍길동, 35세 → 홍씨, 30-40세	⑫ 감추기 ⑬ 랜덤 라운딩 ⑭ 범위 방법 ⑮ 제어 라운딩
데이터 마스킹Data Masking	·홍길동, 35세, 서울 거주, 한국대 재학 → 홍○○, 35세, 서울 거주, ○○대학 재학	⑯ 임의 잡음 추가 ⑰ 공백과 대체

〈표 2〉 비식별 조치 방법[46]

그렇다면 보다 구체적으로 "가명처리" 방식의 특징은 무엇이며, 이 방식은 어떻게 이루어지는가?[47] 이 방식으로 처리된 데이터는 데이터의 변형/변질 수준이 적은 것이 그 특징이다. 더 나아가 "대체값 부여 시에도 식별 가능한 고유 속성이 계속 유지"될 수 있다.[48] 통상적으로 가명처리는 세 가지 세부 기술을 통칭하며, 각 세부 기술은 여전히 데이터 재식별화의 가능성을 지니고 있다. 먼저 ① 휴리스틱 가명화Heuristic Pseudonymization는 "식별자에 해당하는 값들을 몇 가지 정해진 규칙으로 대체"하거나 (예 : "성명을 홍길동, 임꺽정 등 몇몇 일반화된 이름으로 대체하여 표기") "자세한 개인정보를 숨기는 방법" (예 : "소속기관명을 화성, 금성 등으로 대체하는 등 사전에 규칙을 정하여 수행")이다. 하지만 "활용할 수 있는 대체 변수에 한계"가 있는 점, "다른 값으로 대체하는 일정한 규칙이 노출" 될 수 있는 점 등 취약점이 있다. 다음으로 ② 암호화Encryption는 "정보 가공시 일정한 규칙의 알고리즘을 적용하여 암호화함으로써 개인정보를 대체하는 방법"이다. 하지만 "통상적으로 다시 복호가 가능하도록 복호화 키key"를 가지고 있는 경우가 많다. 마지막으로 ③ 교환Swapping은 "기존의 데이터베이스의 레코드를 사전에 정해진 외부의 변수(항목)값과 연계하여 교환"하는 기술이다. 이 역시 사전에 정해진 규칙이 노출될 위험이 존재한다.

이처럼 가명처리 방식의 안전성이 보장되는 것이 아님에도 불구하고, 스캐터랩은 가명처리조차도 아닌 "최소한의 비식별화 조치만"으로 더욱 후퇴하는 것을 선택했다. 그렇다면 "최소한의 비식별화 조치"란 무엇을 가리키는가? 스캐터랩은 이를 분명하게 지시하지 않고 있으나, "더 나은 친구 경험을 제공"하기 위함이라는 목적에 미루어 보아, 사용자의 정보를 조금 더 자세하게 식별하려는 목적이라 짐작해 볼 수 있다. 예컨대 ㉯ 총계처리Aggregation 의 세부 기술 중 "부분총계Micro Aggregation" 혹은 "라운딩Rounding", ㉰ 데이터 삭제Data Reduction의 세부 기술 중 "식별자 부분삭제", ㉱ 데이터 범주화Data Suppression의 세부 기술 중 "감추기", "랜덤 라운딩Random Rounding", "범위 방법Data Range" 등은 집계 처리된 값을 특정 규칙을 거쳐서 가명 값으로 바꾸는 것이 아니라 그 범위를 대표하는 값 혹은 그를 더 포괄적으로 지칭하는 값으로 치환한다(예 : 21세, 29세 → 20대; 서울특별시 송파구 가락본동 78번지 → 서울시 송파구; 소득 3,300만원을 소득 3,000만원~4,000만원으로 대체 표기). 그렇다면 이루다와 대화하는 각 사용자의 대화 내용은 그 사람과 유사한 특성을 갖는 다른 사람들과의 대화에 활용될 가능성이 늘어나고, 같은 방식으로 개별 사용자와 유사한 특성을 갖는 다른 사람들과 이루다가 나눈 대화가 해당 개별 사용자와의 대화에 활용될 가능성이 늘어나는 결과가 예상된다. 견주어 말하면, 인터넷 쇼핑몰이 사용자 데이터를 최소한 비식별화하기로 바꾼 뒤, 개인화된 상품 추천 정확도가 더욱 늘어나는 것과 유사한 관계이다.

이처럼 "가명처리"로부터 후퇴하는 것은 다음 두 가지 측면에서 보다 큰 함의를 갖는다. 먼저 이루다 서비스가 더 이상 "가명처리 특례규정"의 보호를 받지 못할 수도 있음을 시사한다. 2021년 4월 개인정보위 심의의결에서 스캐터랩 측은 학습DB에 대하여 회원정보 등 식별자에 대하여 Hash 기법으로 가명처리하고, 학습DB 중 대화 내용에 대하여는 "일곱 단계를 거친 발화단계 DB만큼은 아니었지만 그래도 숫자, 그리고 이름, 그리고 URL을 치환해서 저희가 학습 데이터로 사용"했고, 이러한 점을 들어 학습DB가 가명정보이며, "가명처리 특례규정"에 따라 파기 대상이 아니라고 보았다. 하지만 이루다 사용자로부터 현재 수집 중인 대화 내용이 더 이상 가명처리되고 있지 않다면, 더 이상 "가명처리 특례규정"의 보호를 받을 수도, 파기 의무에서 면제될 수도 없게 될 수 있다.

또 다른 함의는 가명처리로부터 후퇴하는 스캐터랩의 개인정보 처리 변경 방향은 스캐터랩 측이 대화 내용의 가명화를 고도화하겠노라고 기존에 밝혀 왔던 다짐과 정면으로 배치된다는 것이다. 한 예로 2021년 4월 개인정보위 심의의결에서 피심인 대리인(변호사)는 앞으로 피심인 측이 대화 정보 가명처리의 고도화를 위한 선례가 될 수 있다는 점을 강조하며 보다 신중히 고려해 줄 것을 호소했다.

(위원 이희정) […] 실제로 개발하시는 분의 입장에서 이 개발단계를 생각했을 때 가명정보를 처음부터 연애의 과학을 통해서 얻은 그 대화 정보를 충분히 가명처리해서 활용하거나 아니면 실제로 이루다 같은 서비스를 AI 학습을 시켜서 하겠다고 기획을 하셨을 때 그것을 정보주체한테 다시 동의를 얻어서 하는 경우, 즉 뭐냐 하면 처음에 그냥 포괄적으로 신규 서비스 개발이라는 그 항목으로 동의를 받지 않고 뭔가 조금 더 구체적인 어떤 다른 플랫폼에서 개발하기 위해서 이용한다든가, 이런 식으로 추후 그것을 동의를 받는 방식, 이 두 가지 방식으로 이런 작업들을 하시면 좋겠습니다 라고 만약 생각한다면 실제로 그 개발하시는 입장에서 거기는 어떤 어려움이 있다, 그런 부분들이 혹시 있을 수 있는지를 말씀해 주시면 감사하겠습니다.

[…]

(피심인 대리인) 피심인이 현재 조사를 받으면서 가명처리를 보다 더 고도화하기 위해서 굉장히 연구를 많이 하고 있는데, 저희가 이 비정형 데이터를 어떤 식으로 가명처리해야 될 것인가, 당연히 국내에는 어떤 선례도 없고 외국 논문들을 다 광범위하게 찾아 보고 있지만 다 아직도 실험적인 연구단계에 불과하고, 그래서 저희가 명확하게 따를 수 있는 기준이 사실 찾기 어렵습니다. 어쨌든 그럼에도 불구하고 지금 피심인이 노력을 하고 있고 그런 의미에서 아마 지금 기울

인 노력이 이 산업에 있어서 레퍼런스가 될 수도 있겠다는 생각이 듭니다.[49]

더 나아가 대표이사 본인도 대화 내용까지도 가명처리하기 위해 노력하고 있다고 밝혔다. 비록 선례가 얼마 없지만, 기술적으로는 자신이 있다며 자긍심을 드러내기도 했다.

(위원 염흥열) 하나만 더 여쭤 보면 학습 DB 넣을 때, 아까 식별자 부분은 Hash 해서 가명처리 했다는 부분에 대해서는 저도 기술적으로 이해를 하고 그 부분에 대해서는 잘 하셨다고 생각하는데, 앞으로도 계속 대화 내용 평문 자체를 학습 DB로 활용하실 것인지 아니면 이용자한테 분명하게 내 대화 내용이 AI 학습에 이용된다는 것을 공지하고 이용자의 동의를 받아서 하실 것인지 그것을 한번 말씀해 주시기 바랍니다.

(피심인 대표이사) 그 부분은 가명처리, 아까 말씀하셨지만 대화 내용과 관련된 가명처리가 미비했던 부분이 있었기 때문에 저희가 이 대화 내용 부분까지도 가명화를 고도화시키려는 고민들을 많이 하고 있습니다. 매우 단순한 것부터 출발해서, 사실 사람 이름 같은 것을 가명화 하는 것은 사람한테는 되게 쉽지만 기술적으로는 정말 쉽지 않은 것입니다. 사람 이름이 대화 내용에 들어갔을 때 기계 입장에서 이것을 쉽게 알아보는 방법은 없기 때문에 이것도 고도화 작업이 많이 필요하고요. 저희가 그런 쪽으로 이것도 사실 레퍼런스는 여전히 많이 없지만 저희가 기술적으로는 좀 자신이 있기 때문에 그런 부분들을 고도화시키는 고민들을 지금 많이 하고 있는 상황입니다.[50]

또 다른 예로 2021년 8월 인터뷰에서 김종윤 대표와 이루다 기획 책임자인 최예지 프로덕트 매니저 PM은 비식별화 수준을 높게 가져가겠다는 의지를 거듭 피력했다.

Q. 지난번엔 개인정보 활용 문제로 비판 받았다

A. 연애의 과학 이루다의 학습을 위한 데이터로 쓰인 스캐터랩의 카카오톡 대화 분석 서비스 이용약관을 업데이트하고 데이터 수집 활용 동의를 전부 다시 받고 있다. 확보한 데이터는 정부 권고안보다 높은 수준으로 비식별화 사용자를 특정할 수 없도록 개인정보를 삭제 가공한 것 후 외부 전문가에게 적정성 평가를 받고 있다. [⋯].[51]

이처럼 이루다와의 대화내용을 가명처리 하지 않고 최소한의 비식별화 조치를 하겠다는 스캐터랩의 개인정보 처리방침 개정은 스캐터랩 측이 기존에 공언한 태도와 정반대의 방향이다. 스캐터랩 측은 이 같은 비식별화 적용의 후퇴에 대하여 보다 명확하게 설명할 의무를 진다.

8. 벤처기업, 투자자, 경영 참여의 문제: 혹은 자본의 문제

마지막으로 이루다 사태에서 중요성에 비해 덜 다뤄진 이슈는 벤처캐피탈 생태계 안에서의 한 기술기업이 기술 및 서비스를 개발하거나 혹은 '피봇'하고, 기업가치 산정, 투자, '엑싯'을 하게 되기까지의 과정에 대한 측면이다.

물론 스캐터랩에 투자한 투자회사들이 '이루다' 사태에 대한 법적 혹은 도의적 책임이 있는가는 까다로운 질문일 것이다. 실제로 2021년 4월 개인정보위의 행정처분 의결 기자회견에서 한 기자가 "스캐터랩에 대해서 [⋯] 투자한 기업들 중에 일부 IT기업들도 포함돼 있던데 해당 기업들이 이번 사태에 대해서 관여한 것은 있는지, 혹시 책임 소재를 물을 수 있는 건은 없는지"라고 질문한 바 있다. 이에 대해 개인정보위 측은 "스캐터랩이 위반을 한 행위지, 투자한 회사가 또는 투자자가 위반한 행위는 아니기 때문에 이 부분에 대해서는 투자자들한테 책임 소재를 묻기는 어렵다고 봅니다. 물을 수 없습니다."라고 답했다.[52]

하지만 어떤 회사가 스캐터랩에 투자하는 데에 그치지 않고, 경영에까지 관여했다면 어떨까? 그렇다면 해당 투자의 책임 소지에 대한 판단은 조금 더 정교해야만 한다. 이러한 측면에서, 지금까지 이루다 및 스캐터랩을 논할 때 그 관계가 거의 다뤄지지 않았던 한 투자사의 궤적에는 여러 쟁점이 존재한다. 바로 일상대화 인공지능을 만들겠다는 스캐터랩에 투자를 단행하고, 더 나아가 경영에까지 관여했던 엔씨소프트이다.

2021년 1월 『비즈워치』의 보도를 통해 엔씨가 스캐터랩을 관계기업으로 등재해 왔다는 점, 엔씨의 투자 담당 임원이 스캐터랩의 사외 이사를 역임해 왔다는 점, 엔씨가 채팅봇 분야 등에서의 사업 시너지 등을 염두에 두고 투자를 단행했다는 점, 그리고 스캐터랩은 최근 3년간 영업손실이 이어졌으며 매출은 주로 '연애의 과학'을 통해 창출한 10억 원 안팎에 정체되어 있었다는 점 등이 알려졌다.[53] 또한 2021년 3월 『서울경제』 보도를 통해 엔씨가 2020년 말 "스캐터랩 영업권 4억 189만 원을 전액 손상처리"하여 2020년 연말 기준 "엔씨의 스캐터랩 장부 금액은 5,109만 원"이 되었다는 점, 엔씨가 "지속적인 영업손실로 투자금 회수가능성이 낮다고 판단해 영업권을 전액 손상 인식했다"고 밝힌 점 등이 알려졌다.[54] 이 기사에서는 엔씨의 결정을 두고, "이루다 사태로 타격을 입은 스캐터랩이 회생하기 어렵다고 본 것"이라고 해석했다.

이러한 보도들은 엔씨와 스캐터랩의 관계가 드라마틱한 과정을 거쳤음을 암시한다. 이 관계의 변천에 대해 보다 자세히 알아보기 전에 두 가지를 짚을 필요가 있다. 먼저 '서울경제'의 해석과는 달리, 엔씨의 스캐터랩 영업권 전액 손상 인식은 이루다 사태가 공론화된 시점인 2021년 1월 초가 아니라 엔씨의 2020년도 사업 중 사사분기 시점(2020년 10월 1일 ~ 12월 31일)에 발생하기 시작했다는 점이다. 따라서 엔씨의 영업권 전액 손상 처리가 공적인 장에서 다루어진 이루다 사태의 영향을 받아 일어난 것으로 해석하는 것은 선후 관계 파악에서 어긋난 것이며, 되려 엔씨의 본래 목적이었던 투자 및 사업 시너지 측면에서 이해할 필요가 있다. 다음으로 엔씨가 영업권을 전액 손상 인식하기 전인 2019년 4분기 시점에 이미 엔씨는 자사가 보유한 스캐터랩의 지분 중 3/4을 정리했다는 점이다. 이는 엔씨와 스캐터랩 관계의 주요한 변곡점은 2019년 4분기까지 벌어진 일에서 찾아야 함을 시사한다. 이러한 두 가지를 유의하여, 스캐터랩에 긴밀히 관여하려던 엔씨가 관계를 청산하기까지의 과정을 간략히 살펴보겠다.

(1) 엔씨는 왜 스캐터랩을 관계기업으로 분류하여 이사회에 참여했나?

엔씨소프트는 2018년 4월 스캐터랩이 유치한 50억원 규모의 3

차 투자에 참여한 4곳의 투자사(소프트뱅크벤처스, 코그니티브인베스트먼트, ES 인베스터, 엔씨소프트) 중에서도 가장 진지하고 관여도가 높았던 이해당사자였다. 엔씨의 한 투자 담당 임원이 2018년부터 스캐터랩의 이사회 7인 중 유일한 사외이사직을 맡아왔기 때문이다.[55] 이는 엔씨가 2018년 스캐터랩의 3차 투자(시리즈 B)에 20억 원의 지분을 사들여 참여하면서, 스캐터랩을 자사의 '관계기업'으로 분류하고 등기이사 1인 지명권을 확보했기 때문에 가능한 것이었다. 여기서 '관계기업'이란 "투자기업이 피투자기업에 대하여 유의적인 영향력이 있으나 일반기업 회계기준 제4장 '연결재무제표'에서 정의하는 종속기업이 아니고 제9장 '조인트벤처 투자'에서 정의하는 조인트벤처가 아닌 경우의 지분법피투자기업"을 가리킨다.[56]

엔씨가 스캐터랩을 관계기업으로 지정한 것은 회계상 다소 예외적인 결정이었다. 회사 A가 회사 B의 지분을 20% 초과해서 가질 때, B가 A의 '종속기업'이 되어 A가 B의 이사 선임에 영향력을 행사할 수 있거나(회계상 연결 재무), B가 A의 '관계기업'이 되어 A가 B의 재무나 영업 등의 의사결정에 영향력을 행사할 수 있거나(회계상 지분법 평가), 아니면 A가 B에 영향력을 발휘하지 않는 단순한 투자로 분류될 수 있다. 그러나 엔씨가 가진 스캐터랩 지분은 15.9%로 위의 기준에 미달했음에도 불구하고 엔씨는 스캐터랩을 관계기업으로 등재했다. 그렇다면 엔씨가 투자 담당 임원을 스캐터랩의 이사회에 참여시킬 정도로 그 경영에 깊이 관여한 데에 특별한 이유가 있었을까?

엔씨소프트가 투자자 자격을 넘어 피투자사의 최상위 의사결정에 참여할 수 있는 권한을 확보한 이유는, 엔씨가 스캐터랩의 1차, 2차, 3차 투자자 6곳을 통틀어 엔젤 투자자나 벤처 캐피탈이 아닌 유일한 사업회사라는 점을 통해 이해될 필요가 있다. 엔씨의 2018년 사업보고서에는 2018년 경영상의 여러 계약 중 주요한 4건이 소개되어 있는데,[57] 그중 2건은 게임 및 크로스미디어 콘텐츠에 관련된 것이었고,[58] 다른 한 건은 외국의 게임회사에 투자한 것이었으며,[59] 나머지 한 건이 바로 스캐터랩으로서, 여기서 26억 원의 "지분 인수 계약"의 목적은 "NLP[자연어처리] 기술 R&D[연구개발] 협업"이라고 소개되었다. 마치 구글, 애플, 페이스북이 인공지능 스타트업의 지분을 사들이며 협업하고 그 결과가 긍정적이면 인수하는 것처럼, 엔씨 역시 자연어처리 분야의 연구개발에서 스캐터랩의 기술진들과 협업하고자 했던 것이다.

그 협업의 실마리는 2018년 4월 정식 출시된 엔씨의 인공지능 야구 앱 '페이지PAIGE'에 스캐터랩의 '핑퐁 빌더'가 사용된 것에서 찾을 수 있다. 페이지는 단순한 앱에 그치지 않은, 엔씨소프트 대표 김택진 직속의 NLP[자연어처리] 센터장이 개발을 총괄한 제품으로서, 전사全社적으로 게임 및 그 외 분야를 통틀어 인공지능 기술기업으로 확장하려는 엔씨의 의지가 구현된 결과물이었다. 2018년 3월 엔씨소프트 'AI 미디어 데이'에서 김택진 대표는 영상 메시지를 통해 "AI가 게임개발의 패러다임을 바꿀 것"이며 "프로그래밍하는 시대는 이제 끝났다"고 선포했다.[60] 뿐만 아니라 같은 날 엔씨는 게임 이외의 분야에서도 인공지능을 적용하려는 가시적인 성과로서, 이용자가 인공지능에 질문을 하면 야구 관련 정보를 얻을 수 있고, 인공지능이 하이라이트를 자동으로 생성하는 페이지 앱의 내달 공개를 알렸다. 요컨대 페이지 앱이라는 엔씨의 자연어처리 연구의 집약체를 만들어 내는 과정에서, 스캐터랩이 대화형 인공지능 기술 개발의 협업할 수 있는 파트너로서 기대받은 것이었다.

(2) 엔씨의 경영 관여가 시들해진 때는 스캐터랩에게는 어떤 시점이었나?

의욕적으로 경영에 관여하기 시작한 때와 달리, 투자 이후 만 1년이 넘은 지난 2019년 하반기 즈음 되자 엔씨소프트와 스캐터랩의 온도 차이가 두드러지기 시작했다. 먼저 기술 R&D 협업 측면에서는 추가 결과물이 나오지 않았다. 스캐터랩이 '핑퐁 빌더' 정식 출시를 한 달 앞둔 시점인 2019년 8월의 인터뷰를 통해서 페이지 앱의 인공지능 채팅기능에 핑퐁이 사용되었다는 것을 언급한 적은 있어도,[61] 엔씨가 자사의 페이지 앱 혹은 다른 서비스나 기능에 스캐터랩의 기술이 사용되었다고 공식적으로 밝힌 적은 한 번도 없었던 것으로 보인다.

다음으로 지분 투자 측면에서, 엔씨는 2019년 사업보고서를 통해 사사분기 중 스캐터랩에 투자한 지분 중 3/4을 정리했다고 밝혔다.[62] 2019년 11월 엔씨의 분기 보고서에 따르면, 삼사분기 기준 엔씨는 취득원가 2,597,018,000원의 스캐터랩 주식 159,233주를 가지고 있었지만(지분율 15.9%),[63] 같은 해 사사분기 사업보고서에는 취득원가 597,020,000원의 주식 41,385주를 가지게 되었다는 변동 내역이 기록되었다(지분율 4.1%). 지분 축소의 사유에 대해서는 따로 언급되지 않았지만, 2020년 4분기 엔씨가 "영업권 4억 189만 원을 전액 손상 처리"하면서 "지속적인 영업손실로 투자금 회수가능성이 낮다고 판단"한 점에 비추어 스캐터랩의 경영 신호가 지속적으로 빨간불이었기 때문인 것으로 판단된다. 스캐터랩의 순자산은 2018년 4월 투자 유치 직후인 2018년 이사분기 시점에 약 51억 4천만 원에서, 6분기 연속 줄어들어 2019년 사사분기 시점에는 27억 5천만 원으로 떨어졌다. 단순히 감소한 것이 아니라, 2019년 9월 '핑퐁 빌더' 출시 이후에도 감소의 폭이 줄어들 기미를 보이지도 않았다. 그 부분적 이유는 직원 수가 두 배로 증가함에 따라 고정비 지출이 훨씬 커진 데에서 찾을 수 있었다. 2018년 초에 20여 명 규모였던 직원이 같은 해 4월 50억 원 투자 유치를 기점으로 하여 머신러닝 엔지니어 등을 새로 고용하면서, 2019년 8월 시점에는 40여 명으로 대폭 늘어난 것이었다.[64] 이처럼 스캐터랩이 단기적으로 수익성 있게 사업을 꾸리지 못하는 시점에, 엔씨는 지분을 1/4 수준으로 줄인 것이다.

엔씨가 스캐터랩과의 R&D 협업에 적극적으로 나서지도 않고 지분까지 축소한 것은 시점상 스캐터랩에는 크게 실망스러울 법했다. 2019년 9월 스캐터랩은 B2B 챗봇 솔루션인 '핑퐁 빌더'를 정식 출시한 뒤 롯데쇼핑 인공지능 스피커 '샬롯'에 일상대화 챗봇 기능을 제공하고, 구글 어시스턴스에 일상대화 챗봇 '파이팅 루나' 등을 제공하는 등 본격적인 세일즈에 나서며 사업 제휴에서 일정 성과를 거두었다(다만 이것이 어느 정도의 매출로 이어졌는지는 알려진 바 없는 것으로 보인다). 하지만 여러 투자사 중 유일하게 사외이사로 참여할 정도로 깊게 관여하고 있던 투자사가, 그에 따라 피투자사의 경영 성과에 책임을 나눠지는 투자사가, 오래 기다려 온 피투자사의 제품·서비스가 이제 막 시장에 나온 시점에 보다 적극적으로 기술 협력을 도모하거나 제3사와의 사업 제휴를 연결해 주기는커녕 지분을 크게 줄이겠다고 결정한 것은 투자사가 피투자사와의 관계에 대해 재고하겠다는 뜻 혹은 그 이상을 뜻했을 것이다.

(3) 엔씨는 왜 스캐터랩에 투자한 지분을 정리하기 시작했나?

엔씨가 스캐터랩과의 R&D 협업에 적극적으로 나서지도 않고 지분까지 축소한 이유는 무엇일까? 이를 분명하게 설명하는 자료가 공개된 적은 없어 보인다. 정황상 일차적으로 엔씨는 스캐터랩이 챗봇 B2B 솔루션을 고객 기업에 제공하는 데에 크게 관심을 두거나 낙관하지는 않았던 것으로 보인다. 하지만 다른 엔젤 투자자나 벤처캐피털이 스캐터랩이 시장에서 성공적으로 자리매김할 수 있을지에 관심을 보인 반면, 사업회사로서 엔씨는 스캐터랩의 시장 성공 여부 자체보다는 스캐터랩의 기술이 엔씨의 연구개발에 어떻게 보탬이 될 수 있을지에 더 관심을 가졌다는 점을 고려했을 때, 스캐터랩의 신제품 '핑퐁 빌더'가 아닌 스캐터랩의 근본 기술 역량이라는 이슈가 엔씨로 하여금 스캐터랩에 대한 기대를 접게 한 결정적인 요인이라고 보는 것이 더 타당할 것이다.

그렇다면 2019년 연말의 시점에서, 엔씨가 스캐터랩의 일상대화 인공지능 기술력에 대한 평가를 낮추는 데에 기여했을 요인은 무엇일까? 스캐터랩이 보유한 한국어 데이터 세트에 대한 가치 평가, 스캐터랩의 기술력에 대한 평가, 그리고 스캐터랩이 대체될 가능성의 세 가지 측면에서 고려해 보자.

우선 스캐터랩의 1백억 건에 달하는 채팅 데이터가 갖는 가치에 대한 평가에 상대적인 변동이 있었을까? 이에 대해서 확실한 답을 내릴 수 없겠지만, 엔씨는 2018년 3월 투자 당시에도 스캐터랩의 채팅 데이터를 중대하게 고려하지는 않았으리라 생각된다. 이를 뒷받침할 만한 두 가지 이유를 생각해 볼 수 있다. 우선 2018년 4월 엔씨가 페이지 앱을 출시하면서 앱 내의 페이지톡 기능을 통해 인공지능 채팅 사용자들의 대화 로그가 자체적으로 쌓였을 것이고, 이것이 고스란히 페이지톡 고도화에 사용되었을 것이다. 더군다나 스캐터랩의 채팅 데이터는 연인 사이의 일상형 대화의 성격을 띄는 반면, 페이지톡 기능은 주로 야구 경기 및 선수 정보 탐색이라는 과업 지향형 대화의 성격을 띄기에 대화 양상이 서로 다른 편이었다. 그렇다면 스캐터랩이 보유한 자체 데이터보다는 스캐터랩 '핑퐁' 팀의 기술 노하우 등이 엔씨에는 보다 가치 있는 사업자산이었던 것으로 보인다. 또 다른 이유로 생각해 볼 만한 점은 엔씨소프트 NLP 센터에서는 스캐터랩 투자와는 별개로, 한국어 데이터 수급을 위한 제휴 프로젝트를 타사와 펼치기 시작했다는 점이다. 가령 스캐터랩의 지분 투자 2개월 후인 2018년 5월, 엔씨는 연합뉴스와 업무협약MOU을 체결하여 한국어 기사 및 사진 등을 제공 받기로 하였다.[65]

둘째로 스캐터랩의 기술력에 대한 엔씨소프트의 평가가 바뀔 법한 일이 벌어졌을까? 나는 2018년 10월 버트BERT, Bidirectional Encoder Representations from Transformers의 등장이 엔씨소프트가 스캐터랩의 기술력에 대해 내리는 평가에 부정적인 영향을 끼쳤으리라 짐작한다. 버트는 구글 연구진들이 공개한 대규모의 언어 데이터 및 트랜스포머 기법에 기반한 자연어처리 딥러닝 기술이다.[66] 이 딥러닝 모델은 여타 통계적 언어처리 모델들에 비하여 자연어언어 이해, 질의응답 등 자연어처리의 제반 연구 분야에서 비약적인 성능 증가를 보여 주었다. 버트는 구글 연구진이라는 공신력과 여러 개의 자연어처리 벤치마크에서 거둔 비약적인 성능향상을 통해 자연어처리계의 새로운 유망주로 떠올랐다. 더군다나 구글은 2018년 11월 이를 오픈 소스로 공개하면서 아무나 이에 접근하여 쉽게 시험 및 개선할 수 있게 하였다.[67]

한 가지 관건은, 이러한 성능향상의 일부는 딥러닝 모델의 파라미터 개수를 크게 늘린 데에서 기인하였으며, 막대한 개수의 파라미터를 가진 딥러닝 모델을 훈련하는 데에 드는 컴퓨팅 비용이 함께 늘어난다는 점이었다. 예컨대 24개의 은닉층hidden layers과 3억 4천만 개의 파라미터를 가진 대형 버트BERT-Large 모델을 (한 시간에 4.5달러의 비용을 소모하는 TPUv2 16개를 가지고) 사전 훈련하는 데에 총 4일이 걸리는데, 이를 비용으로 환산하면 약 6천 9백 달러, 즉 850만 원에 상당한 금액이 된다. 보다 좋은 성능의 모델은 보다 높은 훈련비용을 수반한다. 은닉층 48개와 15억 4천만 개의 파라미터를 가진 GPT-2 모델은 (한 시간에 8달러의 비용을 소모하는 TPUv3 32개를 가지고) 사전 훈련하는 데에 총 7일이 걸리는데, 그 비용은 약 4만 3천 달러, 한화로 5천 1백만 원에 달한다.[68]

요컨대 컴퓨팅 자원이라는 설비에 막대한 자본 투자를 요하는 자본 집약적 산업으로 인공지능 연구개발의 전장戰場이 본격적으로 옮겨 가게 된 것이다. 결국 자본력이 뒷받침되지 않는 스타트업이 대형기업과의 자연어처리 기술 경쟁에서 불리한 입장에 처하게 된 셈이었다.[69] 자본 기준으로 스캐터랩과 엔씨소프트는 서로 경쟁이 되지 않았다. 2018년 이사분기 51억 4천만 원에 달하던 스캐터랩의 순자산은 2020년 사사분기에는 12억 3천만 원으로 줄어들었다. 같은 기간 엔씨소프트의 영업이익만 하더라도 2018년 6,149억 원, 2019년 2,790억 원, 2020년 8,248억 원이었다.

마지막 세 번째 고려사항은 엔씨의 자연어처리 기술 R&D 협업 파트너로서 스캐터랩은 대체 가능한 존재였는가 하는 점이다. 엔씨는 2018년 2월과 2019년 1월 'NC AI DAY'를 열어 자사의 인공지능 및 자연어처리 연구개발 성과를 공개적으로 공유하는 행사를 개최했다. 이 공유행사의 목적 중 하나는 엔씨와 연구개발 협력관계를 맺고 있는 국내 대학원의 연구진들을 판교 R&D 센터로 불러 모아 채용설명회를 겸하는 것에 있었다. 2018년 2월에는 양일간에 걸쳐 임직원 약 200명과 산학협력관계의 국내 대학원 교수, 석·박사 학생 100여 명이 참석한 행사를 열었고, 첫날에는 엔씨의 연구개발 현황을 공유, 이튿날에는 서울대, 카이스트, 연세대, 고려대 등 8개 학교의 인공지능 관련 연구진들이 연구개발 성과를 공유했다.[70] 2019년 1월 열린 행사에서도 양일간에 걸쳐 임직원과 산학협력 교수 및 대학원생 360여 명이 참석하여, 첫날은 엔씨 측의 발표, 둘째 날은 서울대와 카이스트, 연세대, 고려대 등 13개교 등, 총 30개 인공지능 관련 산학협력 연구실의 연구진의 발표가 있었다.[71] 참여 연구실 중 자연어처리 분야의 연구실 중에서 정확히 일상대화 자연어처리를 연구하는 연구실이 있었는지 확인하기는 어렵다. 다만 버트 이전부터 자연어처리 연구성과에서 전이 학습transfer learning 분야의 비약적인 발전이 있었고 이에 대한 연구자들의 주목이 높아졌기 때문에, 반드시 일상언어 대화를 도메인으로 삼지는 않더라도 연구성과가 적용 가능한 연구실이 포함되어 있었으리라 추정해 볼 수 있다.

요컨대 버트가 출현한 2018년 10월을 전후하여, 스캐터랩이 보유한 한국어 데이터 세트에 대한 가치 평가, 스캐터랩의 기술력에 대한 평가, 그리고 스캐터랩의 대체 가능성에 있어서 엔씨가 스캐터랩이 자사에 보태 줄 수 있으리라고 기대했던 가치가 정체되거나 하락했던 것으로 보인다.

(4) 엔씨가 스캐터랩과의 관계를 청산하려 한 다른 기미가 있었는가?

결국 엔씨와 스캐터랩 사이의 연구개발 협업의 유일한 매개였던 페이지 앱의 페이지톡 기능도 핑퐁이 아닌, 엔씨소프트의 NLP 센터가 자체 개발한 것으로 대체된 것으로 보인다. 엔씨는 2019년 4월 페이지 앱 2.0을 선보인 이후,[72] 2020년 5월 '시즌 3' 업데이트를 크게 홍보했다. 시즌 3의 주요한 신기능 중의 하나는 인공지능과 대화를 나누는 '페이지톡'이 업데이트된 것이었다. 예컨대 "인공지능은 '승리는 짜릿해', '우리가 이기겠지만 경기 결과를 예측해 보자' 등 이용자를 상대로 감정을 표하기도 한다"는 점이 인공지능 대화의 업데이트 내역으로 소개되었다.[73]

페이지 앱 시즌 3의 페이지톡 업데이트는 핑퐁의 몫이었을까? 공식적으로 이에 대한 긍정이나 부정이 없었기 때문에 추정에 의존할 수밖에 없지만, 이는 세 가지 이유에서 부정적으로 보인다. 먼저 2019년 말, 스캐터랩의 지분 3/4을 정리하고 2020년 말 나머지 영업권 전액을 손상 인식한 엔씨가 페이지톡의 성능향상을 스캐터랩에게 계속 맡겼다고 보기는 어렵다. 둘째로 핑퐁의 챗봇 기술이 일상대화에 초점이 맞춰져 있다면, 페이지톡은 "'어떤 선수가 홈런 쳤어?'라고 질문하면 응원하는 구단 경기의 홈런 기록과 영상을 빠르게 확인"할 수 있는 등 목적 지향적goal-oriented 챗봇 서비스였기 때문에, 엔씨가 핑퐁으로부터 얻을 수 있는 가치는 제한적이었을 것으로 보인다. 셋째로 엔씨소프트 대표이사 직속의 NLP 센터장인 이연수는 여러 차례 인터뷰를 통해, NLP 센터의 대표 결과물로 페이지 앱, 그중에서도 페이지톡을 꼽은 바 있다.[74]

지금까지 엔씨소프트가 스캐터랩의 경영 참여를 목적으로 지분 투자를 했다가 다시 관계를 청산하기까지의 과정을 살펴보았다. 다만 여기서는 스캐터랩의 챗봇 개발에서의 사용자로부터 얻은 카카오톡 데이터의 개인정보와 관련된 여러 이슈에 대해 엔씨 소속의 스캐터랩 사외이사가 얼마나 알고 있었으며, 이에 대해 대응하거나 의사결정에 얼마나 큰 영향을 미칠 수 있었을지 등에 대해서는 알아볼 수 없었다. 그럼에도 불구하고 한 가지 아쉬운 점은 엔씨소프트가 스탠포드 인간중심 인공지능 연구소HAI, Human-Centered AI Institute와 협업하여 인공지능 윤리에 대한 상위 단계의 프레임워크를 논의하고 있음에도 불구하고,[75] 이러한 상위 단계에서의 논의가 어떻게 인공지능 기술기업에 대한 자사의 과거 투자 및 경영 참여 사례에서 반영될 수 있었을지와 같은 보다 구체적인 실천방안에 대해 특별한 관심이 없어 보인다는 점이다.

9. 닫으며

지금까지 개인정보보호위원회가 스캐터랩의 '텍스트앳', '연애의 과학', '이루다'에서 「개인정보보호법」 위반사항에 대해 행정처분을 내린 일을 둘러싼 쟁점들, 그리고 이후의 스캐터랩의 정중동 행보, 한국어 및 영어 자연어처리 연구성과, '연애의 과학' 일본어 사용자들에게서 수집한 라인 채팅 데이터의 잠재적 이슈, 이루다와의 대화 내용을 최소한의 비식별화 조치만으로 바꾸려는 스캐터랩의 개인정보 처리방침 변화의 우려되는 점, 그리고 자본의 관점에서 엔씨소프트의 스캐터랩 경영 관여의 행적을 간략히 살펴보았다. 물론 여기서 검토한 이슈들이 2021년 4월 시점 이후의 여러 후속 이슈를 총괄하는 것이 아님을 다시 한번 밝혀 둔다. 이러한 이슈들이 향후 스캐터랩의 이루다 혹은 다른 결과물, 그리고 한국 사회가 인공지능에 기대하는 사회·윤리적 역량 및 지향과 어떤 관계를 맺게 될지는 더 지켜봐야 알 수 있을 것이다.

주석

1 이 글은 2021년 6월 그 초고가 작성되었다. 일부 사안에 대하여는 2022년 5월 시점에서 새로운 정보를 반영하였다.

2 개인정보보호위원회, 「[2021년 제7회](제7회 보호위원회 속기록.pdf)」, https://www.pipc.go.kr/np/default/minutes.do?op=view&idxId=6746&page=&mCode=E020 010000&fromDt=&toDt=&schCatCd=1&schTypeCd=1, 2021, 12~14쪽.

3 최민영, 「"카톡 대화 무단 활용" 이루다 개발사에 과징금·과태료 1억330만원」, 『한겨레』, 2021.04.28., https://www.hani.co.kr/arti/economy/it/992981.html.

4 개인정보보호위원회, 앞의 글.

5 개인정보보호 포털, 「개인정보위, 인공지능(AI) 자율점검표 발표」, 2021.05.31., 개인정보보호 포털, https://www.pipc.go.kr/np/cop/bbs/selectBoardArticle.do?bbsId=BS074&mCode=C020010000&nttId=7348(최종 검색일: 2022.05.16.).

6 송상훈, 「AI 챗봇 '이루다' 관련 조사 결과 발표」, 2018.04.28., 대한민국 정책브리핑, https://www.korea.kr/news/policyBriefingView.do?newsId=156449232(최종 검색일: 2022.05.16.).

7 송상훈, 같은 글.

8 차현아, 「'매출 3% 과징금' 개보법 개정안에 업계 "경영악화 초래할 과도한 조치"」, 『머니투데이』, 2021.06.11., https://news.mt.co.kr/mtview.php?no=2021061109453211188

9 팽동현, 「개보법 2차 개정안, 총 매출 3%까지 과징금… 기업 vs 시민단체 '갈등 심화'」, 『머니S』, 2021.06.16., https://moneys.mt.co.kr/news/mwView.php?no=2021061518138073468.

10 개인정보위는 2021년 9월 28일 과징금 부과기준을 전체 매출액의 3%로 상향하는 내용이 담긴 개정안을 국무회의에서 의결하여, 국회에 개정안을 제출하였다. 백연식, 「[디투초대석] "개인정보보호법 2차 개정안 반드시 국회 통과" 윤종인 개인정보보호위원회 위원장」, 『디지털투데이』, 2021.10.27., http://www.digitaltoday.co.kr/news/articleView.html?idxno=422289. 다만 2021년 2022년 5월 시점까지 국회에서 해당 개정안이 통과되지는 않았다.

11 개인정보보호위원회, 앞의 글, 11-12쪽.

12 무엇의 약자인지는 알려지지 않았다.

13 송상훈, 앞의 글.

14 송상훈, 앞의 글.

15 손인혜, 「[後스토리] 싹 잘린 'AI 챗봇'…이루다 과징금은 '스타트업 죽이기'?」, 『뉴

스1』, 2021.05.20., https://www.news1.kr/articles/?4311619.

16 개인정보보호위원회, 앞의 글, 18~21쪽.

17 개인정보보호위원회, 앞의 글, 22~23쪽.

18 스캐터랩, "04.28 스캐터랩 입장문", 이루다 미디어 페이지, 2021.04.28., https://media.scatterlab.co.kr/0428-announcement(최종 검색일: 2021.6.16.), 현재 해당 게시글은 찾을 수 없는 상태이며, 다음에서 그 사본을 조회할 수 있다. https://web.archive.org/web/20210521093620/https://media.scatterlab.co.kr/0428-announcement, Internet Archive - Wayback Machine(최종 검색일: 2022.05.16.).

19 핑퐁팀, 「핑퐁팀 블로그」, 핑퐁팀 블로그, https://blog.pingpong.us(최종 검색일: 2022.05.16.).

20 스캐터랩, 「이루다 미디어 페이지」, 이루다 미디어 페이지, https://media.scatterlab.co.kr(최종 검색일: 2021.06.16.), 현재 해당 페이지는 찾을 수 없는 상태이며, 다음에서 그 사본을 조회할 수 있다. https://web.archive.org/web/20210522210233/https://media.scatterlab.co.kr/, Internet Archive - Wayback Machine(최종 검색일: 2022.05.16.).

21 최예지, 「[공지] 안녕하세요 스캐터랩 AI 제품팀 최예지입니다. (+인증추가)」, 디씨인사이드 AI 이루다 갤러리, https://gall.dcinside.com/mgallery/board/view/?id=irudagall&no=129557, 현재 해당 페이지는 찾을 수 없는 상태이며, 다음에서 그 사본을 조회할 수 있다. https://web.archive.org/web/20210507133430/https://gall.dcinside.com/mgallery/board/view/?id=irudagall&no=129557(최종 검색일: 2022.05.16.).

22 유동현, 「"생일 파티 해도 될까요?"…퇴출된 이루다에 온 한 통의 편지」, 『헤럴드경제』, 2021.06.16., https://n.news.naver.com/mnews/article/016/0001849004?sid=105; 유동현, 「[유동현의 현장에서] 이루다에게 온 편지」, 『헤럴드경제』, 2021.06.16., http://news.heraldcorp.com/view.php?ud=20210616000661.

23 임국정, 「[단독] 1년 만에 돌아온 AI 챗봇 '이루다'…문제됐던 개인정보 재사용」, 『IT조선』, 2021.12.24., http://it.chosun.com/site/data/html_dir/2021/12/23/2021122301725.html.

24 Sungjoon Park, Jihyung Moon, et al., "KLUE: Korean Language Understanding Evaluation", Proceedings of the 35th Neural Information Processing Systems (NeurIPS 2021), Track on Datasets and Benchmarks 1, Datasets and Benchmarks 2021, 1-25(최종 검색일: 2022.05.16.).

25 이시은, 「AI Insight [단독] "수험생 AI, 한국어 실력 좀 볼까" AI 한국어 성능지표

'클루' 탄생」, 『한국경제』, 2021.05.16., https://www.hankyung.com/it/article/202105168502I; Sungjoon Park et al. 앞의 글.

26 강재욱·이상우, 「HyperCLOVA의 활용 (3) 대화」, NAVER CLOVA, 2021.05.27., https://www.youtube.com/watch?v=tf46i2hZ_1w(최종 검색일: 2022.05.16.).

27 Romal Thoppilan et al. "LaMDA: Language Models for Dialog Applications." Arxiv, 1-47, 2022., https://arxiv.org/abs/2201.08239(최종검색일: 2022.05.16.).

28 Heng-Tze Cheng & Romal Thoppilan, "LaMDA: Towards Safe, Grounded, and High-Quality Dialog Models for Everything", Google AI Blog, 2021.01.21., https://ai.googleblog.com/2022/01/lamda-towards-safe-grounded-and-high.html(최종 검색일: 2022.05.16.).

29 Colin Raffel, Noam Shazeer et al. "Exploring the limits of transfer learning with a unified text-to-text transformer", Journal of Machine Learning Research, 21(140): pp.1-67, 2020.

30 Roman Thoppilan et al., 앞의 글, p.47.

31 AMA: Ask Me Anything. 미국의 온라인 커뮤니티 레딧(Reddit)에서 유명인사를 상대로 여러 사용자들이 자유질문을 던지면 해당 인사가 진솔하게 답변하는 인터넷 문화.

32 Junseong, "[파이콘 2019] 100억건의 카카오톡 데이터로 똑똑한 일상대화 인공지능 만들기", Speaker Deck, https://speakerdeck.com/codertimo/paikon-2019-100eoggeonyi-kakaotog-deiteoro-ddogddoghan-ilsangdaehwa-ingongjineung-mandeulgi(최종 검색일: 2022.05.16.); 이주홍, "Dialog-BERT: 100억 건의 메신저 대화로 일상대화 인공지능 서비스하기", Naver Deview 2019, https://deview.kr/data/deview/2019/presentation/[116-2] Dialog-BERT 100억 건의 메신저 대화로 일상대화 인공지능 서비스하기.pdf(최종 검색일: 2022.5.16.); 김종윤, 「오픈도메인 챗봇 '루다' 육아일기: 탄생부터 클로즈베타까지의 기록」, Naver Deview 2020, 김종윤, 2020; 「오픈도메인 챗봇 '루다' 육아일기: 탄생부터 클로즈베타까지의 기록」, Naver Deview 2020. https://deview.kr/data/deview/session/attach/오픈도메인 챗봇 '루다' 육아일기_ 탄생부터 클로즈베타까지의 기록.pdf(최종 검색일: 2022.05.16.).

33 株式会社Scatterlab, "恋愛の科学 -", 恋愛の科学, http://scienceoflove.jp(최종 검색일: 2022.05.16.).

34 김종윤, 앞의 글.

35 「ＬＩＮＥ個人情報保護、不備 中国委託先で閲覧可に 運用見直し、第三者委設置へ」, 『朝日新聞』, 2021.03.17. https://www.asahi.com/articles/DA3S14835431.

html; 박세진, 「라인, 한국 내 보관데이터 올 9월까지 일본으로 옮긴다」, 『연합뉴스』, 2021.03.24., https://www.mk.co.kr/news/world/view/2021/03/277610/.

36 유회경, 「메신저 '라인' 국적 뭐야?… 경영진은 일본: 네이버, 라인주식회사 지분 100% 소유」, 『문화일보』, 2013.08.26., http://www.munhwa.com/news/view.html?no=2013082601032024100002.

37 김영민, 「[이슈인사이드] 현해탄 건너 촉발된 네이버 '라인' 국적논란, 그렇다면 롯데는?」, 『중앙일보』, 2016.08.04., https://www.joongang.co.kr/article/20398253#home.

38 만약 동일한 사태가 일본 회사에서 벌어졌고, 그 회사가 한국어 사용자의 대개 연인 간의 대화 10억 건을 보유하고 있으며 일본어 챗봇까지 개발하여 서비스하고 있는 상태라면, 한국의 수사·사법기관은 어떠한 법리를 들어 이에 접근해야 할까?

39 Scatter Lab, Inc, "戀愛の科學－戀愛心理コラムと戀愛診斷", Google Play のアプリ, https://play.google.com/store/apps/details?id=com.scatterlab.soljr&hl=ja&gl=US(최종 검색일: 2022.05.16.).

40 Scatter Lab, Inc., "연애의 과학－심리학 연애팁과 심리 테스트", Apps on Google Play. https://play.google.com/store/apps/details?id=com.scatterlab.soljr&hl=kr&gl=US. (최종 검색일: 2022.5.16.).

41 직접적으로 언급한 사용자 의견을 계수한 기준으로 다음의 열쇠 말을 사용하였다. 이루다, 카톡 대화, 개인정보, 동의, 윤리의식, 사생활 보호, 임의 사용, 범죄/죗값/불법/법의 심판 등. 반면 다음의 열쇠 말만이 포함되었을 뿐 명확하게 의견 대상을 지시하지 않은 경우는 계수하지 않았다. 실망, 별 0개, 황당, 탈퇴, 삭제, 장난, 뒤통수 등.

42 구글 뉴스 검색에서 연애의과학 앱의 일본어 서비스 명인 "恋愛の科学"으로 검색하였을 때 나오는 26개의 결과 중, 오직 4 건만이 이루다 관련 보도이며, 이 중 3건은 한국 언론의 일본어 기사이고 (한겨레, 연합뉴스), 오직 1건 만이 일본 매체의 보도이다(현대 비즈니스). (최종 검색일: 2022. 5. 16.) チェ・ミニョン, 「わずか1日で"嫌悪"を学習したＡＩ、「イルダ」が韓国社会に投げかけた質問」, 『ハンギョレ Japan』[한겨레 재팬], 2021.01.11., http://japan.hani.co.kr/arti/economy/38801.html; 김태균, 「韓国のＡＩチャットボット 個人情報流出・差別発言で運営停止」, 『聯合ニュース』[연합뉴스], 2021.01.12., https://jp.yna.co.kr/view/AJP20210112003200882; チェ・ミニョン, 「［記者手帳］ＡＩチャットボット「イルダ事件」が投げかけた問題とは」, 『ハンギョレ Japan』[한겨레 재팬] 2021.01.16., http://japan.hani.co.kr/arti/economy/38864.html; 金敬哲, 「韓国「男性アイドル性的搾取」

vs.「AI女子大生セクハラ」論争」,『現代ビジネス』, [현대비지니스], 2021.01.16., https://gendai.ismedia.jp/articles/-/79314.

43 山川晶之,「LINE、官公廳などに「データは日本に閉じている」と說明していた–特別委員會が報告」,『CNET Japan』, 2021.6.11., https://japan.cnet.com/article/35172239/; 이은주,「"日 특별위 "라인, 한국 서버에 데이터 보관 사실 은폐""」,『IT조선』, 2021.06.15., http://it.chosun.com/site/data/html_dir/2021/06/15/2021061501841.html; 노재웅,「3년 걸려 韓→日 데이터 이전한다는 라인, 정부 신뢰 되찾을까」,『이데일리』, 2021.6.21., https://www.edaily.co.kr/news/read?newsId=03716246629082376&mediaCodeNo=257; 정예린,「"라인, 데이터 센터 위치 사실 은폐" … 日특별위 발표」,『더구루』, 2021.06.14., https://www.theguru.co.kr/news/article.html?no=22302.

44 스캐터랩, "이루다 개인정보처리방침 및 이용약관 개정 안내", 이루다 페이스북 페이지, https://www.facebook.com/ai.luda/posts/533888941642289(최종 검색일: 2022.05.16.).

45 국무조정실, 행정자치부, 방송통신위원회, 금융위원회, 미래창조과학부, 보건복지부,「개인정보 비식별 조치 가이드라인 - 비식별 조치 기준 및 지원·관리체계 안내」, 관계부처 합동, 2016, https://www.privacy.go.kr/cmm/fms/FileDown.do?atchFileId=FILE_000000000827059&fileSn=0(최종검색일: 2022.05.17.); 데이터 세트를 비식별화하는 다양한 방식은 재식별 가능성을 소거하는 것이 목적이 아니라 데이터 세트의 정보량 손실을 최소화하는 것이 목적이라는 논의에 대하여 다음을 참고하라. 오요한,「한국 정부가 권고한 개인정보 비식별화 조치, 어떤 수준인가」,『과학잡지 에피 10호— '포스트-프라이버시' 빅데이터와 인공지능의시대, 위기에 처한 프라이버시』, 이음, 2019, 93-110쪽.

46 국무조정실 외, 앞의 글, 7쪽.

47 통상적으로 '가명처리' 기법만 단독 활용된 경우는 충분한 비식별 조치로 보기 어렵다. 국무조정실 외, 앞의 글, 7쪽.

48 국무조정실 외, 같은 글, 31쪽.

49 개인정보보호위원회, 앞의 글, 28쪽.

50 개인정보보호위원회, 같은 글, 20~21쪽.

51 김정민,「[팩플] '이루다' 그후 반년… "루다는 관계의 불평등 해결할 AI 될 것"」,『중앙일보』, 2021.08.03., https://www.joongang.co.kr/article/24119834#home.

52 송상훈, 앞의 글.

53 최형균,「'이루다' 개발사 사외이사 한자리는 엔씨소프트 몫」,『비즈워치』, 2021.

01.19., http://news.bizwatch.co.kr/article/mobile/2021/01/18/0014.

54 윤민혁, 「NC, AI 챗봇 '이루다' 개발사 스캐터랩 영업권 '전액 손실'」, 『서울경제』, 2021.03.17., https://www.sedaily.com/NewsVIew/22JUDQWEOC.

55 최형균, 앞의 글.

56 KIFRS, 「관계기업에 대한 지분법의 적용」, 『K-IFRS 기준서』, KIFRS.com: 회계사를 위한 No.1 업무파트너, https://www.kifrs.com/s/8/30(최종 검색일: 2022.05.16.).

57 주식회사 엔씨소프트, "사업보고서 (제22기)" https://ncsoft-brand-web.s3.ap-northeast-2.amazonaws.com/ncsoft/invest/business/20200129/엔씨소프트 사업보고서 2018.pdf(최종 검색일: 2022.05.16.).

58 '포스크리에이티브파티'에 "당사 IP[지적재산권] 기반 애니메이션/실사 영화 제작 및 기술 R&D 협업" 목적으로 220억 원의 지분 인수, '문피아'에 "게임화를 염두한 텍스트 기반 스토리 확보" 목적으로 50억 원의 지분 인수.

59 런던의 스타트업 'Sensible Object Limited'의 약 1백만 달러 지분 인수.

60 이수호, 「김택진 "프로그래밍 시대 끝났다"…AI가 게임까지 개발」, 『뉴스1』, 2018.03.15., https://www.news1.kr/articles/?3261724.

61 오시영, 「[AI 365] 30대 창업 베테랑이 꿈꾸는 '일이 즐거운' 스타트업 - [인터뷰] 김종윤 스캐터랩 대표」, 『IT조선』, 2019.08.07., http://it.chosun.com/site/data/html_dir/2019/08/05/2019080501522.html.

62 주식회사 엔씨소프트, 「사업보고서 (제23기)」, 2020.03.30., https://ncsoft-brand-web.s3.ap-northeast-2.amazonaws.com/ncsoft/invest/business/20200407/엔씨소프트 사업보고서 2019.pdf(최종 검색일: 2022.05.16.).

63 주식회사 엔씨소프트, 「분기보고서 (제23기)」, 2019.11.14., 전자공시시스템 DART, https://dart.fss.or.kr/dsaf001/main.do?rcpNo=20191114001398(최종 검색일 : 2022.05.16.).

64 이은주, 앞의 글.

65 채새롬, 「엔씨소프트·연합뉴스, AI기반 미디어 공동연구 시작한다」, 『연합뉴스』, 2018.05.16., https://www.yna.co.kr/view/AKR20180516036900017.

66 Jacob, Devlin, et al. "Bert: Pre-training of deep bidirectional transformers for language understanding" arXiv preprint arXiv:1810.04805 (2018); Proceedings of NAACL-HLT 2019 (Annual Conference of the North American Chapter of the Association for Computational Linguistics: Human Language Technologies), pages 4171-4186.

67 Jacob Devlin & Ming-Wei Chang, "Open Sourcing BERT: State-of-the-Art Pre-training for Natural Language Processing", Google AI Blog, https://ai.googleblog.

com/2018/11/open-sourcing-bert-state-of-art-pre.html(최종 검색일: 2022.05.16.).

68 "The Staggering Cost of Training SOTA AI Models", 2019.06.27., Synced(최종 검색일: 2022.05.16.); 이동준·김성동, "엄~청 큰 언어 모델 공장 가동기! (LaRva: Language Representation by Clova)", Deview 2019, https://deview.kr/2019/schedule/291에서 재인용(최종 검색일: 2022.05.16.).

69 다른 한편, 그럴수록 스타트업 입장에서는 자사가 독자적으로 보유한 데이터 세트가 사업에 기여하는 가치가 더 올라가는 셈이었다. 다만 앞서 추정하였듯, 엔씨는 스캐터랩의 독자 보유 데이터 세트에 큰 매력을 느끼지 않았던 것으로 보인다.

70 소성렬, 「엔씨소프트, 'NCSOFT AI DAY 2018' 개최」, 『전자신문』, 2018.02.26., https://zdnet.co.kr/view/?no=20180226134522.

71 안희찬, 「엔씨소프트, 'NC AI DAY 2019' 개최…KAIST 하제 최우수 동아리 선정」, 『매일경제』, 2019.01.28., https://www.mk.co.kr/news/it/view/2019/01/56690/.

72 박민제, 「AI가 야구 캐스터 '홍분' vs '차분'으로 바꿔준다? 손정의가 주목한 NC 인공지능 기술」, 『중앙일보』, 2019.07.19., https://www.joongang.co.kr/article/23529649.

73 정윤경, 「엔씨, 야구앱 '페이지' 시즌3…"종료직후 AI 편집 영상 제공"」, 『뉴스1』, 2020.05.17., https://www.news1.kr/articles/?3927871.

74 이다니엘, 「[인터뷰] "게임, AI 구현에 최적… 진화된 정보탐색·문답 서비스 주력" - 이연수 엔씨소프트 NLP센터 실장」, 『국민일보』, 2020.04.24., http://news.kmib.co.kr/article/view.asp?arcid=0924134348; 엔씨소프트, "The Originality | Language AI Lab Executive Director, 이연수", NC 공식 블로그, 2020.07.20., https://blog.ncsoft.com/the-originality-nlp-lee-200720/(최종 검색일: 2022.05.16.).

75 전미준, 「엔씨소프트, AI 윤리 개선을 위한 'AI Framework' 시리즈 공개」, 『인공지능신문』, 2021.04.30., http://www.aitimes.kr/news/articleView.html?idxno=20904.

필자 약력

강승식

서울대학교 컴퓨터공학과를 졸업하고 서울대학교 대학원에서 석사학위와 박사학위를 취득하였다. 현재는 국민대학교 소프트웨어학부 교수로 학생들을 지도하고 다양한 국책과제를 수행 중이다. 2013년부터 2016년까지 한국정보과학회 부회장을 역임했으며 2021년부터 한국언어학회 부회장직을 맡고 있다. 일찍이 한국어 형태소분석기를 개발하여 한국어 자연어처리(NLP) 분야의 발전에 큰 기여를 하였다. HAM으로 명명된 한국어 형태소 분석기는 네이버의 초기 검색엔진에서 핵심 모듈의 기능을 수행했다. 형태소 분석, 기계학습 및 딥러닝을 주제로 유튜버 활동을 활발하게 하고 있다. 저서로는 『한국어 형태소 분석과 정보검색』, 『컴파일러와 오토마타』 등이 있다.

김건우

서울대학교 물리학과를 졸업하고, 서울대학교 과학사·과학철학 협동과정 대학원에서 과학철학으로 석사학위를, 서울대학교 법학대학원에서 법철학으로 박사학위를 받았다. 현재 광주과학기술원(GIST) 기초교육학부 교수로 재직하고 있다. 주된 연구 관심사는 일반 법철학의 다양한 측면에서 법의 토대를 검토하는 한편 인공지능 등 첨단 과학기술을 둘러싼 윤리적, 법적, 사회적 문제를 탐색하는 데에 있다. 역서로는 『법률가처럼 사고하는 법』이 있으며, 관련 분야에서 다수의 논문이 있다.

김정룡

한양대학교 기계공학과를 졸업하고, 오하이오 주립대학교에서 산업공학 석사학위를 취득하였으며, 동 대학에서 인간공학 박사학위를 취득하였다. 현재 한양대학교 ICT융합학부 교수로 재직 중이며, 한양대에리카 인공지능융합연구센터장을 맡고 있다. 대한인간공학회와 한국HCI학회 회장을 역임하였으며, 230여 편의 논문을 게재하였고, 최근에는 뇌파와 근전도 같은 생체신호와 인공지능을 융합한 연구를 진행하고 있다. 저서로는 *Psychophysiological Measurement of Physical and Cognitive Work*, 『작업관련성 근골격계질환 예방을 위한 인간공학』 등이 있다.

양일모

서울대학교 철학과를 졸업하고 같은 대학 대학원에서 동양철학 전공으로 석사학위, 도쿄대학 대학원 인문사회계연구과에서 박사학위를 받았다. 현재 서울대학교 자유전공학부 교수로 재직하고 있다. 저서로는 『근현대한국총서』 1~7, 『옌푸: 중국의 근대성과 서양사상』, 『민본과 민주의 개념적 통섭』(공저) 등이 있고, 역서로는 『천연론』(공역), 『관념사란 무엇인가』(공역) 등이 있다. 논문으로는 「한학에서 철학으로—20세기 전환기 일본의 유교 연구」, 「유교적 윤리 개념의 근대적 의미 전환—20세기 전후 한국의 언론잡지 기사를 중심으로」, 「중국철학사의 탄생—20세기 초 중국철학사 텍스트 성립을 중심으로」, "Translating Darwin's Metaphors in East Asia" 등이 있다.

오요한

서울대학교 전기·컴퓨터공학부(현 전기·정보공학부)에서 학사와 석사를 마치고, LG전자에서 소프트웨어 리서치 엔지니어로 근무했다. 서울대학교 과학사·과학철학 협동과정(현 과학학과)에서 석사를 마친 후, 현재 미국 렌슬리어 공과대학교(RPI, Rensselaer Polytechnic Institute)에서 과학기술학 박사과정에 재학 중이다. 컴퓨터 과학·엔지니어링 분야의 연구개발 커뮤니티, 정보·매체기술 및 기술플랫폼의 하부구조, 그리고 글로벌 플랫폼 자본주의 담론 등에 관심을 두고 비판적·질적 사회과학 방법론을 통해 연구하고 있다.

윤미선

서울대학교에서 영어영문학과 미학을 공부하고, 런던대학교 킹스칼리지에서 석사학위를, 케임브리지대학교에서 박사학위를 취득하였다. 현재 순천향대학교 영미학과 교수로 재직하면서 한국포스트휴먼학회 연구위원 및 출판이사로 활동하고 있다. 19세기 영어권 소설과 출판 미디어, 디지털 인문학, 비판 AI 이론, VR/AR 등을 주요 연구 분야로 삼고 있으며 논문으로는 「《길 위 1번지》, AI 제임스의 소설: '소설의 기술'과 인공신경망 알고리즘의 글쓰기」, 「19세기 말의 정보 자본주의와 《드라큘라》: 정보조직의 기술화와 단행본 서사의 재탄생」 등이 있다.

장윤정

이화여자대학교 의과대학을 졸업하고, 서울대학교 보건대학원에서 보건정책 전공으로 보건학 석사학위, 가톨릭대학교에서 의료정보 전공으로 보건학 박사학위를 받았으며, 서울대학교 의과대학에서 생명윤리로 인문의학박사를 수료하였다. 현재 국립암센터에서 암관리정책부장으로 재직하며, 보건의료정책에 대한 자문과 첨단과학기술에 대한 윤리적·사회적·법적 함의(Legal, Ethical & Social Implication)에 대한 연구를 하고 있다. 이와 관련한 다수의 저서와 논문이 있다.

정성훈

서울대학교 철학과 학부와 대학원에서 사회철학을 공부했고, 니클라스 루만의 체계이론과 사회이론에 관한 연구로 철학 박사학위를 받았다. 고려대학교 법학연구원 박사후 연수, 서울시립대학교 도시인문학연구소 HK연구교수 등을 거쳐 현재 인천대학교 인천학연구원 연구교수로 근무하고 있다. 루만의 사회이론에 관한 연구와 함께 인권, 사랑, 공동체 등을 주제로 한 논문들을 여러 편 써 왔다. 2019년부터 한국포스트휴먼학회 연구이사를 맡으면서 인공소통, 전자인격, 인공지능의 편향 등을 주제로 연구를 진행하고 있다. 저서로는 『도시 인간 인권』, 『괴물과 함께 살기: 아리스토텔레스에서 루만까지 한 권으로 읽는 사회철학』 등이 있다.

정원섭

서울대학교 철학과를 졸업하고 같은 대학 대학원에서 서양철학 전공으로 석사학위와 박사학위를 받았다. 현재 경남대학교 자유전공학부 교수로 재직하고 있다. 저서로는 『공적이성과 입헌민주주의』(대한민국학술원 우수도서), 『제4차 산업혁명시대 인문정책 방향』, 『인공지능과 새로운 규범』(공저) 등이 있고, 역서로는 『정의와 다원적 평등』(공역), 『기업윤리』(공역) 등이 있다. 논문으로는 “Democratic Socialism or Property-Owning Democracy?”(미국철학회 Foreign Promising Philosopher 최우수상 1998), 「인권의 현대적 역설」, 「인공지능 시대 기본소득」, 「인공지능의 편향성과 공정성」 등이 있다.